Ferit Küçükay

Dynamik
der Zahnradgetriebe

Modelle, Verfahren, Verhalten

Mit 69 Abbildungen

Springer-Verlag
Berlin Heidelberg New York
London Paris Tokyo 1987

Dr.-Ing., Dr.-Ing. habil. Ferit Küçükay
Leiter für Getriebesysteme
Bayerische Motoren Werke AG, München

ISBN 3-540-17111-8 Springer-Verlag Berlin Heidelberg New York
ISBN 0-387-17111-8 Springer-Verlag New York Heidelberg Berlin

CIP-Kurztitelaufnahme der Deutschen Bibliothek.
Küçükay, Ferit:
Dynamik der Zahnradgetriebe: Modelle, Verfahren, Verhalten/ Ferit Küçükay.
Berlin; Heidelberg; New York; London; Paris; Tokyo: Springer, 1987.
ISBN 3-540-17111-8 (Berlin . . .)
ISBN 0-387-17111-8 (New York . . .)

Druck: Color-Druck, G. Baucke, Berlin; Bindearbeiten: B. Helm, Berlin
2362/3020 543210

Für meine Frau
Şöhret

Vorwort

Zahnradgetriebe sind die am meisten verwendeten Drehmomentwandler im Maschinenbau. Dynamische Probleme, insbesondere Schwingungsprobleme spielen in Zahnradgetrieben eine ständig wachsende Rolle. In Antriebssträngen ist das Getriebe neben anderen Aggregaten mitbestimmend für das Geräuschverhalten. Höhere Leistungen bei ständig zunehmender Tendenz zur Leichtbauweise sowie die Verbesserung des Geräuschverhaltens erfordern eine genaue Analyse der in Getrieben auftretenden, verschiedenartigen Schwingungserscheinungen. Es fehlte deshalb in der Vergangenheit nicht an Untersuchungen, die der Klärung und Berechnung der Schwingungen in Zahnradgetrieben dienten und seit über 80 Jahren in zahlreichen Veröffentlichungen dokumentiert sind. Die steigende Kapazität der Rechenanlagen ermöglichte es in der letzten Zeit, nun auch für Zahnradgetriebe umfangreichere Rechenmodelle zu verwenden.

Im vorliegenden Buch wird -ohne Anspruch auf Vollständigkeit- versucht, für ein Teil aus dem weiten Gebiet der Zahnradgetriebe, nämlich für evolventenverzahnte Stirnrad- und Planetengetriebe, die bisher bei dynamischen Untersuchungen bekannt gewordenen Modelle und mathematischen Ansätze systematisch darzustellen und -wo es notwendig ist- so zu erweitern, daß zumindest für den vorgegebenen Rahmen ein Gesamtbild der vielfältigen, in diesen Getrieben auftretenden Schwingungsphänomene entsteht. Die dargestellten Methoden lassen sich jedoch auch auf andere Getriebetypen, wie z.B. Kegelradgetriebe, übertragen und sind deshalb vom allgemeinen Charakter.

Zusammen mit dem derzeitigen Stand der Erkenntnisse auf diesem Gebiet werden Modellierungsfragen erläutert. Eine theoretische Schwingungsuntersuchung ist nur so gut wie das zugrundegelegte Ersatzmodell mit den dafür zu bestimmenden Parametern. Im Mittelpunkt steht deshalb die mechanische und die mathematische System-

beschreibung. Durch die hier vorgeschlagene Vorgehensweise mit
Hilfe von Strukturvektoren lassen sich die Bewegungsgleichungen
übersichtlich und rechnergerecht herleiten. Neben dem statischen
Systemverhalten werden die Eigenschwingungen und die erzwungenen
Schwingungen betrachtet. Auf die Besonderheiten der nichtlinearen
und parametererregten Zahnradschwingungen wird in einem gesonder-
ten Kapitel eingegangen. Bei Schaltgetrieben im Kfz-Getriebebau
bilden die nicht im Kraftfluß befindlichen und deshalb lose
mitdrehenden Radsätze eine unerwünschte Geräuschquelle. Die als
Klappern oder Rasseln bekannten Schwingungserscheinungen lassen
sich praxisnah unter Verwendung einer erweiterten mechanischen
Stoßtheorie berechnen. An einem Pkw-Fünfgangschaltgetriebe werden
die Einflüsse der maßgeblichen Getriebeparameter auf die genannten Schwingungserscheinungen und die daraus resultierenden
Geräusche untersucht. In der Zusammenfassung am Ende wird ein
kurzer Überblick über die einzelnen Kapitel geboten.

Das Buch ist aus einer Schrift entstanden, die zur Habilitation
an der Technischen Universität München für das Fachgebiet "Mecha-
nik" führte.Für die Anregung zu dieser Arbeit und die wohlwollen-
de Förderung danke ich herzlich Herrn Professor Dr. F. Pfeiffer.
Meinem verehrten Lehrer, Herrn Professor Dr. Dr. K. Magnus und
Herrn Professor Dr. H. Rettig danke ich für zahlreiche Diskus-
sionen und wertvolle Hinweise. Für das sorgfältige Durchlesen der
Arbeit und die daraus entstandene hilfreiche Kritik möchte ich
Herrn Priv. Doz. Dr.-Ing.habil. H. Bremer und Herrn Dr.-Ing. H.
Brandl herzlich danken. Und schließlich gilt mein Dank dem
Springer-Verlag für die gute Zusammenarbeit.

München, September 1986   Ferit Küçükay

Inhaltsverzeichnis

BEMERKUNGEN ZUR SCHREIBWEISE

Fett gedruckte Klein- bzw. Großbuchstaben kennzeichnen
die Vektoren bzw. die Matrizen. Ableitungen nach der
Zeit werden durch darüber gesetzte Punkte dargestellt.
Unvermeidbare Doppelbezeichnungen erklären sich aus dem
Text. Sie sind i.a. durch Indizierungen unterschieden.

1 Einleitung

1.1 Einführung

Das Zahnradgetriebe ist Bestandteil eines Antriebsstranges, dem
weitere Elemente, wie z.B. Motor, Kupplung und Arbeitsmaschine
angehören. Zu den häufigsten Aufgaben der Zahnradgetriebe gehört
die Anpassung des Motormoments bzw. der -drehzahl an die Arbeitsmaschine. Wichtige Anforderungen an die Getriebeeinheit sind
hierbei niedriger Preis, geringer Raumbedarf, Leichtbau sowie
schwingungs- und geräuscharmer Lauf. Insbesondere die letztge-
nannte Aufgabe erfordert bereits in der Konstruktionsphase die
Kenntnis über das dynamische Verhalten des Antriebsstranges.

Die einzelnen Antriebselemente können für sich komplizierte
Schwingungssysteme darstellen. So treten in Zahnradgetrieben fast
alle in der Schwingungstechnik bekannten Schwingungen, wie nicht-
lineare, parameter-, stör- und selbsterregte Schwingungen, auf.
Bei gering verspannten Zahnradgetrieben können schwingungsförmige
Bewegungen durch fortlaufende Stöße zwischen den einzelnen Zähnen
(Rasselschwingungen) angeregt werden.

In der Industrie wird bei Getriebeauslegungen das Schwingungsverhalten des Getriebes fast nur mit Hilfe von überschlägigen Verfahren berücksichtigt, wie sie in DIN-Normen beschrieben sind.
Bei genaueren Untersuchungen werden Messungen durchgeführt. Das
Ziel der intensiven Hochschulforschung in den letzten Jahren und
heute war und ist deshalb, die "teueren" Versuche weitgehend
durch effektive theoretische Getriebemodelle mit entsprechenden
Rechenprogrammen zu reduzieren, die eine praxisnahe Simulation
des Getriebes erlauben.

Trotz des vorhandenen hohen Kenntnisstandes auf dem Gebiet der
Dynamik der Zahnradgetriebe ist das gesetzte Ziel noch nicht
erreicht. Dabei liegen die Probleme im wesentlichen in der Erstellung von geeigneten Ersatzmodellen und ihrer mathematischen

Behandlung, wobei die Modellbildung ein allgemeines Problem in fast allen Bereichen der Technik darstellt.

Mit der steigenden Leistungsfähigkeit von Rechenanlagen werden in der Zukunft die theoretischen Schwingungsuntersuchungen an Zahnradgetrieben sich immer mehr durchsetzen. Auch auf dem Getriebesektor ist die CAE-Anwendung ein aktuelles Thema. Die Entwicklung in der Zukunft erfordert vor allem die Lösung der erwähnten zwei Problemkreise, nämlich die mechanische Modellierung des Getriebes mit zugehörigen Systemparametern und die mathematische Behandlung des mechanischen Ersatzmodells. Bei der Lösung dieser Probleme ist ein Zusammenwirken mehrerer Fachgebiete notwendig. Maschinendynamik, Technische Mechanik, numerische Mathematik sind die wichtigsten von ihnen.

In der Technik werden die verschiedenartigsten Zahnradgetriebetypen eingesetzt. Dynamische Probleme treten insbesondere bei schnellaufenden Getrieben auf. Die vorliegende Arbeit ist dem Problemkreis der Schwingungen in evolventenverzahnten Stirnrad- und Planetengetrieben gewidmet. Die erzielten Ergebnisse können durch entsprechende Erweiterungen und Modifikationen auch auf andere Getriebe, wie z.B. Kegelradgetriebe, übertragen werden.

1.2 Modellierungsfragen mit Literaturhinweisen

Die Untersuchung des dynamischen Verhaltens von Zahnradgetrieben ist seit über 80 Jahren Gegenstand der Forschung (HARRIS /29/). Dabei ging es in sehr vielen Arbeiten um die möglichst praxisnahe Bestimmung der dynamischen Zahnkräfte und Auslenkungen,die für die Tragfähigkeit des Getriebes maßgeblich sind und bei der Beurteilung des Geräuschverhaltens eine wichtige Rolle spielen. Die meisten Arbeiten, vgl. z.B. AURICH /3/, BÖHM /8/, OPITZ /74/, RETTIG /84/, STRAUCH /93/, TUPLIN /97/, ZEMAN /105/, NAKADA, /70/, KUBO /56/, PEEKEN, TROEDER, DIEKHANS /78/, ZIEGLER /106/, beschäftigen sich mit dem dynamischen Verhalten von einstufigen Zahnradgetrieben. Lediglich in wenigen Arbeiten, vgl. MOLERUS

/63/, GOLD /26/, MÜLLER /68/, GEBHARDT /23/, SPEER /92/, werden
mehrstufige Zahnradgetriebe untersucht. Bei Planetengetrieben,
vergl. Kap. 1.3, existieren ebenfalls nur wenige Arbeiten, die
sich mit ihrem dynamischen Verhalten beschäftigen.

Der erste Schritt bei Schwingungsuntersuchungen an realen,
schwingungsfähigen Systemen besteht in der Erstellung eines mechanischen Ersatzmodells, das die wesentlichen Eigenschaften des
betrachteten technischen Systems erfassen muß. Ein solches Modell
sollte so umfangreich und kompliziert wie nötig, jedoch so einfach wie möglich konzipiert sein. Hierbei spielen die Erfahrungen
und der Spürsinn des Ingenieurs eine maßgebliche Rolle. Eine
allgemein gültige Vorgehensweise bei der Erstellung des mechanischen Ersatzmodells ist nicht bekannt.

"Von der Qualität der Modellbildung hängen im technischen Ent-
wicklungsprozeß in einem meist unterschätzten Maße Entwicklungs-
zeiten und damit -kosten ab, da gute Modelle nicht nur von sich
aus schon schnellere Lösungsprozesse induzieren, sondern auch zu
größerer Transparenz führen und damit noch einmal die Bewältigung
einer technischen Aufgabe beschleunigen" (PFEIFFER /82/). Nach
/82/ ist ein Modell als gut zu bezeichnen, wenn es

o   die an ihm vollzogene Theorie, die Realität einer Maschine
     oder eines Geräts genau genug wiedergibt und

o   das Verständnis für die technischen Abläufe des betrachteten
     Geräts verbessern hilft.

Spezielle Aufgabenstellungen erfordern eine Verfeinerung dieser
globalen Kriterien für ein gutes Modell. Bei der Erstellung des
mechanischen Ersatzmodells von Zahnradgetrieben spielen mehrere
Gesichtspunkte eine Rolle. Die wesentlichen von ihnen sollen im
nächsten Kapitel angesprochen werden.

1.2.1.   Mechanisches Ersatzmodell

Der Aufbau der meisten Antriebsstränge mit Zahnradgetrieben legt es nahe, als Ersatzmodell ein Mehrkörpersystem zu verwenden. Dabei beeinflussen die Höhe der Belastung und die im Getriebe wirksamen Erregerquellen die zu bildenden Ersatzmodelle sehr wesentlich. Ferner ist für die Komplexität des Modells das Ziel der Schwingungsuntersuchung maßgeblich. Die Anzahl der Freiheitsgrade hängt von der Anzahl der zu berücksichtigenden schwingungsfähigen Bauteile ab.

o   Belastung

Die Größe der An- und Abtriebsmomente und damit die Verspannung des Getriebes beeinflußt in Verbindung mit den elastischen Bauteilen im wesentlichen den Arbeitspunkt der Kennlinie der Koppelelemente, wie Verzahnung, Lager und Kupplungen. Während bei einer nur wenig oder gar nicht verspannten Getriebestufe (z.B. lose mitlaufende, nicht momentübertragende Losradstufen in Schaltgetrieben) die Elastizitäten der Zähne primär keinen Einfluß auf das Schwingungsverhalten ausüben, müssen sie bei hinreichend stark verspannten Getriebestufen entsprechend einer Feder-Kennlinie (Kraft-Verformungs-Diagramm) berücksichtigt werden. Im erstgenannten Fall sind die Zähne vielmehr als stoßübertragende Elemente zu modellieren, vergl. PFEIFFER, KÜCÜKAY /81/.

Bei großen Drehmomentschwankungen oder im Resonanzfall kommen Spiele in der Verzahnung und/oder im Lager zum Tragen, die entsprechend einer nichtlinearen Kennlinie mit Spiel berücksichtigt werden müssen. Das Abheben der Zahnflanken bei bestimmten Erregerfrequenzen führt aufgrund der typischen Eigenschaft solcher Systeme mit spielbehafteten Kennlinien zu Sprüngen in der Resonanzkurve (GERBER /24/, BRAUER /10/, KÜCÜKAY /54/, KUBO /48/). Das Abheben der Zahnflanken erfolgt besonders ausgeprägt bei instationärem Betrieb, wenn z.B. bei Anfahr- oder Abbremsvorgängen durch die wechselnden Drehmomente entsprechende Schwingungen mit großen Amplituden angefacht werden (WINTER, KOJIMA /102/).

Die dabei entstehenden hochfrequenten Schwingungen werden in der
Getriebedynamik als "Hämmern" bezeichnet (PEEKEN, TROEDER, TOOTEN
/79/).

Lagerspiele in Zahnradgetrieben können ebenfalls in Abhängigkeit
von der zu übertragenden Leistung einen wesentlichen Einfluß auf
das Schwingungsverhalten des Getriebes, insbesondere auf die Höhe
der Zahnkräfte ausüben, vergl. z.B. OSMAN, BAHGAT, SANKAR /75/.

o   Erregerquellen

Für Zahnradgetriebe kommen Erregerquellen in Frage, die innerhalb
oder außerhalb des Getriebes vorhanden sein können. Die inneren
Erregerquellen sind

- variable Zahnsteifigkeit infolge der entsprechend dem
  Überdeckungsgrad wechselnden Anzahl der eingreifenden
  Zähne,

- Zahnfehler durch Verzahnungsabweichungen,

- Reibkraftumkehr im Wälzpunkt auf den Zahnflanken,

- variable Wälzlagersteifigkeit infolge wechselnder
  Anzahl der tragenden Wälzkörper,

- Lagerformfehler,

- Unwuchten.

Als äußere Erregerquellen werden im wesentlichen

- schwankende äußere Momente

- Drehwegschwankungen der An- und/oder Abtriebswelle

wirksam. Durch sie werden im Getriebe stets erzwungene Schwingungen angeregt. Bei instationären Bewegungsvorgängen, wie z.B. bei Hochlauf oder Herunterlauf des Getriebes, können Schwingungen - auch bei fehlender Erregerfunktion - in Abhängigkeit von den Anfangsbedingungen und entsprechend den Eigenfrequenzen und Eigenformen des Systems hervorgerufen werden. In einem stationären Betriebszustand dagegen kann das System nur dann schwingen, wenn innere oder äußere Erregerquellen vorhanden sind, die auf das System einwirken. Die genaue Kenntnis dieser Erregerquellen mit zugehörigen Erregerfunktionen ist damit bei der Erstellung des mechanischen Ersatzmodells von großer Bedeutung. Hierbei interessieren insbesondere die Frequenz und die Intensität, d.h. die Amplitude der entsprechenden Erregerfunktion.

Liegt die Frequenz einer im System wirksamen Erregerfunktion mit hinreichend großer Erregerintensität in der Umgebung einer Eigenfrequenz, so ist diese Erregerfunktion für das Systemverhalten als wesentlich zu betrachten und sie muß im Ersatzmodell entsprechend berücksichtigt werden. Es liegt also nahe, zumindest bei linearen Modellen zuerst eine Eigenfrequenzanalyse durchzuführen, um dann ausgehend von den kritischen Drehzahlbereichen eine Auswahl der Erregerfunktionen treffen zu können.

o   Ziel der Schwingungsuntersuchung

Die Komplexität des mechanischen Ersatzmodells hängt von dem Ziel der Schwingungsuntersuchung ab. Interessiert man sich z.B. für die Tragfähigkeit oder das Geräuschverhalten der Verzahnung einer Getriebestufe, so muß der Verzahnungsbereich unter Berücksichtigung aller maßgeblichen Erregerquellen und Nichtlinearitäten, wie variable Zahnsteifigkeit und -dämpfung, Reibkraftumkehr im Wälzpunkt, Zahnfehler, variablen Überdeckungsgrad usw. modelliert werden, vgl. etwa LINKE /60/, PAGEL /76/. Zur Analyse bestimmter spezieller Eigenschaften, wie z.B. das Dämpfungsverhalten der Verzahnung, ist es sogar sinnvoll, jedes im Eingriff befindliche Zahnpaar mit seinen speziellen Anregungen für sich zu modellieren, vergl. z.B. GERBER /24/.

Dagegen genügt es bei einer theoretischen Eigenfrequenz- oder
Nachgiebigkeitsanalyse eines als Torsionsschwingungsmodell be-
trachteten Getriebes, wenn die Zahneingriffsbereiche durch eine
Feder mit konstanter Steifigkeit modelliert werden (MÜLLER /68/,
MURTHY /64/).

o   Anzahl der Freiheitsgrade

Mit steigender Anzahl der Freiheitsgrade werden die Ersatzmodelle
komplizierter, und die Behandlung der entsprechenden Bewegungsgleichungen am Rechner problematischer. Enthält ein Modell
mit vielen Freiheitsgraden zusätzlich Nichtlinearitäten (wie z.B.
Zahn- und Lagerspiele) und Parametererregung (z.B. infolge der
variablen Zahnsteifigkeit), so wird dieses Modell "undurchsich-
tig": Über die Eigenschaften der Lösungen der zugehörigen Bewegungsgleichungen, d.h. über die zu erwartenden Schwingungen,
können keine genauen Angaben mehr im voraus gemacht werden. Man
muß sich auf das Rechenprogramm und den Rechner "verlassen". Die
Interpretation der am Rechner nach zeitintensiven Integrationen
erzielten Ergebnisse wird schwieriger.

Nicht nur aus diesem Grunde, sondern auch aus Gründen der physikalischen Transparenz und der Zielsetzung muß abgewogen werden,
welche Freiheitsgrade und Erregerquellen notwendig sind. Interessiert man sich z.B. für die Lagerschwingungen eines Getriebes, so
müssen neben den Torsionsfreiheitsgraden natürlich auch die
Translationsfreiheitsgrade der Wellen berücksichtigt werden.

Die bei der Diskretisierung einer Welle zu verwendende Anzahl der
Massen hängt davon ab, welche Frequenzen und Intensitäten die
Erregerquellen im System aufweisen (NEIDHARDT /71/). Bei Zahnrad-
getrieben genügt es vielfach, wenn nur die ersten Biege- und
Torsionseigenfrequenzen der Wellen berücksichtigt werden.

Etwa im Laufe der letzten 50 Jahre sind bei Schwingungsuntersuchungen an Zahnradgetrieben von verschiedenen Autoren unterschiedlich umfangreiche Modelle erstellt worden. Einen Überblick
über die bis 1970 erschienenen Arbeiten geben LINKE /60/, RETTIG
/85/. Die neueren Arbeiten sind z.B. bei KÜCÜKAY /50/, LACHEN-
MAIER /59/ diskutiert.

1.2.2. Systemparameter

Die Leistungsfähigkeit eines Ersatzmodells hängt wesentlich von
der Genauigkeit der modellbeschreibenden Parameter ab. Der praxisnahen Bestimmung dieser Parameter kommt deshalb eine zentrale
Bedeutung zu. In Zahnradgetrieben, wie auch in den sonstigen An-
triebselementen, werden geometrische und physikalische Parameter
benötigt.

Die geometrischen Parameter sind relativ einfach zu bestimmen.
Sie können der Konstruktionszeichnung entnommen werden. Hierbei
ist zu beachten, daß nur die Grundparameter gewählt werden, auf
der die Konstruktion aufbaut, und nicht etwa die abgeleiteten
Parameter, die sich als Kombination der Grundparameter ergeben.

Die physikalischen Parameter bedürfen zum Teil umfangreicher
Messungen und/oder Rechnungen. Manche physikalischen Parameter
lassen sich sogar aufgrund ihrer sehr komplizierten Entstehungsmechanismen weder analytisch bestimmen noch genau genug mes-
sen, wie es z.B. häufig bei Dämpfungen der Fall ist.

Massen und Massenträgheitsmomente können in der Regel leicht
durch Pendelschwingungsversuche ermittelt werden /38/. Es gibt
auch Rechenprogramme zur theoretischen Ermittlung von Massenträg-
heitsmomenten, die zuverlässige Ergebnisse liefern, vgl. z.B.
WITFELD /104/.
Die Bestimmung der Steifigkeiten der nachgiebigen Bauteile, wie
Wellen, Paßfeder, Lager, Verzahnung usw., kann nach den in der
Literatur bekannt gewordenen Methoden erfolgen:

Die von SCHMIDT /89/, WEBER, BANASCHEK /99/, WINTER, PODLESNIK
/103/, ZIEGLER /106/ angegebenen Formeln erlauben mit guter Genauigkeit die Ermittlung der Zahnpaarsteifigkeiten (Steifigkeit
eines im Eingriff befindlichen Zahnpaares) und Gesamtzahnsteifigkeiten, auch unter Berücksichtigung der Radkörperverformungen.
Insbesondere ist die in /103/ angegebene Formel zur schnellen
Abschätzung der Zahnsteifigkeit sehr gut geeignet. Anhaltspunkte
bezüglich der Zahnsteifigkeiten findet man in DIN 3990 /14/. Eine
genauere Berechnung der Zahnsteifigkeit mit anteilmäßiger Berücksichtigung der Radkörpersteifigkeit ist z.B. mit Hilfe der
Finiten-Elemente-Methode möglich, vgl. etwa NOPPEN /73/, BLANCK
/7/.

Die sich entsprechend dem Überdeckungsgrad aus den Zahnpaarsteifigkeiten ergebende Gesamtzahnsteifigkeit stellt im Betrieb infolge der wechselnden Anzahl der eingreifenden Zähne eine periodische Funktion dar. Ferner weist die entsprechende Kennlinie
wegen des lastabhängigen Überdeckungsgrades und der lastabhängigen Zahnpaarsteifigkeit sowie des stets vorhandenen Zahnspiels
Nichtlinearitäten auf /55/. Die Berücksichtigung dieser Effekte
ist mit den in der Literatur ausgearbeiteten Formeln möglich, die
z.B. von GERBER /24/ übersichtlich dargestellt sind.

Die Steifigkeiten der Verbindungselemente, wie Paßfedern und
Vielkeilprofile können nach den von RIVIN, KOTLYARENKO /87/ er-
mittelten Gleichungen bestimmt werden. Bei der Bestimmung der
Wellentorsionssteifigkeiten ist zu beachten, daß evtl. vorhandene
Wellennuten und -absätze auf die Steifigkeitswerte einen wesent-
lichen Einfluß ausüben (JARAUSCH, MADER /44/).

Die Wälzlagersteifigkeiten stellen wegen der wechselnden Anzahl
der tragenden Wälzkörper periodische Funktionen dar. Außerdem
weist die zugehörige Lagerkennlinie (Kraft-Verformungs-Diagramm)
einen progressiven Verlauf auf. Ferner enthalten die Kennlinien
wegen der Lagerluft Spiel, das bei nicht vorgespannten Lagern
zum Tragen kommt. ESCHMANN /21/ gibt für verschiedene Wälzlager
die entsprechenden Steifigkeiten in Form von Diagrammen an.

Schnell laufende Turbo-Stirnradgetriebe sind im allgemeinen gleitgelagert. Auch bei den schnell laufenden Planetengetrieben werden bei der Lagerung der Planetenräder sowie der Lagerung der schnellen Welle Gleitlager verwendet. Die Berechnung der entsprechenden Steifigkeiten setzt die Kenntnis der Lagerbelastung nach Größe und Richtung voraus. Neben den Steifigkeitskoeffizienten für die zwei zueinander senkrecht stehenden radialen Hauptrichtungen werden die Steifigkeitskoeffizienten der sogenannten Kreuzkopplung benötigt, so daß man für ein radiales Gleitlager insgesamt vier Steifigkeitskoeffizienten benötigt. Entsprechend den Lagereigenschaften sind diese Koeffizienten z.B. von GLIE-NICKE /25/ angegeben.

Die Schwingungsamplituden im Bereich einer Eigenfrequenz hängen im hohen Maße von dem <u>Dämpfungsverhalten des Systems</u> ab. Dabei werden die Getriebeeigenfrequenzen selbst nur wenig beeinflußt, da die entsprechenden Dämpfungsmaße maximal bei etwa 5% liegen (BÖHM /9/).

Die genaue Kenntnis der Dämpfung ist vielmehr für die Beurteilung des Amplituden-Frequenz-Verhaltens wichtig. Von besonders großer Bedeutung ist die zuverlässige Kenntnis der Dämpfungsparameter der Koppelelemente, die im Betrieb "hohen" Verformungen ausgesetzt sind. Als solche Koppelelemente kommen in erster Linie Lager und Zähne in Frage. Die für die Wälzlager gemessenen und gerechneten Dämpfungswerte, vergl. /57/, geben nur grobe Anhaltspunkte über die tatsächlichen Dämpfungsverhältnisse im Lager. Zuverlässige Angaben über Wälzlagerdämpfungen existieren in der Literatur nicht, so daß man ihren Einfluß im konkreten Fall durch Parameterrechnungen abschätzen und gegebenenfalls an Hand von Messungen anpassen muß.

Ähnlich wie die vier Steifigkeitskoeffizienten müssen bei den Gleitlagern die entsprechenden vier Dämpfungskoeffizienten berücksichtigt werden. Angaben hierzu findet man bei GLIENICKE /25/.

Zur Berechnung der Werkstoffdämpfung der Wellen existieren Ansätze, die auf Dämpfungsarbeit und potentieller Energie basieren, vergl. z.B. DUBBEL /16/, und in der Regel brauchbare Ergebnisse für den gesuchten Dämpfungsparameter liefern.

Die Zahndämpfung dagegen stellt ein noch nicht vollständig gelöstes Problem dar. Die in der Literatur durch theoretische und/oder experimentelle Arbeiten bekannt gewordenen Zahndämpfungsparameter weichen erheblich voneinander ab (KÜCÜKAY /50/). Eine auf der Störungsrechnung basierende Näherungsmethode, vergl. /51/, und eine weitere auf der Fouriertransformation der Bewegungsgleichung basierende Identifikationsmethode, vergl. MÜLLER /67/, erlauben die Bestimmung der Zahndämpfung unter alleiniger Verwendung von Resonanzkurven der dynamischen Zahnkraft, wobei den Untersuchungen ein mit acht Freiheitsgraden modelliertes Stirnradgetriebe zugrunde liegt.

Ergebnisse neuerer Untersuchungen von GERBER /24/ zeigen, daß die mittlere Dämpfung einer Geradverzahnung proportional zur Überdeckung ist und mit der Last zunimmt; bei Schrägverzahnung ist sie proportional der Profilüberdeckung. Dort sind ferner zur Berechnung des Dämpfungsmaßes und der Dämpfungskonstante eines Zahnpaares Gleichungen - gültig bei Schmierung mit Mineralöl - angegeben, deren Leistungsfähigkeit mit Hilfe von Prüfstandmessungen nachgewiesen werden.

1.2.3. Das mathematische Modell

Die mathematische Modellierung, d.h. die Herleitung der Bewegungsgleichungen stellt nach der Erstellung des mechanischen Ersatzmodells den zweiten Schritt bei dynamischen Untersuchungen dar. Hierzu bietet sich die Methode nach Newton/Euler (Impuls- und Drallsatz) oder nach Lagrange (Lagrange'sche Gleichungen 2. Art) an. Die genannten Methoden und andere Prinzipien, wie z.B. d'Alembert-Prinzip führen natürlich zum gleichen Ergebnis, d.h. zu denselben Bewegungsgleichung.

Bei den Schwingungsuntersuchungen in Zahnradgetrieben interessiert man sich für die kleinen Abweichungen von einer vorgegebenen "Sollbewegung". Eine Sollbewegung ist z.B. die Drehung einer Welle, die aufgrund der Motorleistung, der Übersetzung und der Verluste berechnet wird. Die Schwingungen um diese Sollbewegung stellen dann die kleinen Abweichungen dar. Sollbewegungen ohne Abweichungen wären nur bei starren Systemen ohne Erregerquellen und ohne irgendwelche Störungen möglich. Dies trifft bei Zahnradgetrieben wie bei den meisten technischen Systemen nicht zu.

Die Eigenschaft, daß sich die Gesamtbewegung aus einer "großen" Sollbewegung und einer "kleinen" Abweichung zusammensetzt, kann bei der Herleitung der Bewegungsgleichung ausgenützt werden: Man führt bereits in der Kinematik nur die Koordinaten ein, die die kleinen Bewegungen beschreiben und berücksichtigt gleichzeitig die Erregerfunktionen, wie z.B. die variable Zahnsteifigkeit, schwankende äußere Momente, die von der "großen" Bewegung abhängen.

Entsprechend den im mechanischen Ersatzmodell zugelassenen Freiheitsgraden, Erregerquellen und Nichtlinearitäten erhält man für die Bewegungsgleichung ein mehr oder weniger kompliziertes Differentialgleichungssystem 2. Ordnung. Die so berechnete Bewegungsgleichung kann folgende Eigenschaften aufweisen:

-   störerregt (oder zwangserregt) infolge schwankender äußerer Momente, Drehungleichförmigkeiten der An- und Abtriebswellen, Zahnfehler,

-   parametererregt (oder rheonom) wegen zeitveränderlicher Systemparameter, wie z.B. Zahnsteifigkeit,

-   nichtlinear wegen nichtlinearer Federkennlinien der Koppelelemente, wie z.B. lastabhängige Zahn- und Lagersteifigkeit, Lager- und Zahnspiele, nichtlineare Kupplung,

- nicht konservativ, z.B. infolge der kreuzgekoppelten Gleitlagerkoeffizienten,

- gekoppelt durch die gegenseitige Beeinflussung der
   eingeführten Freiheitsgrade.

Eine Bewegungsgleichung, die die oben erwähnten Eigenschaften
aufweist, stellt ein gekoppeltes, parameter- und störerregtes,
nichtkonservatives und nichtlineares Differentialgleichungssystem
2. Ordnung dar.

Werden im mechanischen Ersatzmodell zusätzlich Schwingungen mit
unstetigen Übergängen zugelassen, wie sie in wenig oder gar
nicht verspannten Zahnradstufen in Form von Stößen auftreten, so
ergeben sich in der entsprechenden Bewegungsgleichung weitere
Nichtlinearitäten, die Sprünge in den Geschwindigkeiten bewirken.

Matriziell dargestellt, erhält man die allgemeine Bewegungsgleichung als

$$M\ddot{q} + (D+G)\dot{q} + (K+N)q = h(t) + f(t,q,\dot{q}) \qquad (1.1)$$

q: Lagevektor
M: Massenmatrix
D: Dämpfungsmatrix
G: Matrix der gyroskopischen Kräfte (Gyromatrix)
K: Matrix der konservativen Fesselungskräfte
   (symmetrische Steifigkeitsmatrix)
N: Matrix der nichtkonservativen Fesselungskräfte
   (schiefsymmetrische Steifigkeitsmatrix)
h(t): Erregervektor
$f(t,q,\dot{q})$: Vektor der nichtlinearen Terme

wobei die Dimension der Matrizen von der Anzahl der Freiheitsgrade abhängt. In Zahnradgetrieben können die gyroskopischen
Kräfte und Gewichtskräfte gegenüber den sonstigen im System wirksamen Kräften vernachlässigt werden. Die Dämpfungskräfte, die

Fesselungskräfte, die Erregerkräfte sowie die Nichtlinearitäten sind für das Schwingungsverhalten maßgeblich. Die symmetrische Steifigkeitsmatrix ist zeitvariabel, wenn z.B. periodische Zahnsteifigkeiten berücksichtigt werden.

1.2.4. Behandlung der Bewegungsgleichung

Bereits bei der Herleitung der Bewegungsgleichung muß man sinnvollerweise Rücksicht auf ihre spätere Behandlung nehmen. Eine rechnerfreundlich aufgestellte Bewegungsgleichung läßt sich schnell und übersichtlich programmieren /53/.

Es ist nützlich, die Behandlung der Bewegungsgleichung in drei Schritten vorzunehmen:

- Ermittlung des statischen Verhaltens,
- Bestimmung der Eigenfrequenzen und Eigenvektoren
  des linearisierten Systems,
- Ermittlung des Zeitverhaltens und des Amplituden-
  Drehzahl-Verhaltens des nichtlinearen Systems.

Die genaue Erfassung des statischen Verhaltens ist die Voraussetzung für alle weiteren Schritte. Der statische Lagevektor q_O läßt sich aus der Gleichung

$$K_O q_O = h_O \qquad (1.2)$$

bestimmen, wobei h_O das mittlere An- und Abtriebsmoment und K_O die mittleren Steifigkeiten enthält:

$$\left.\begin{array}{l} h = h_O + h_1(t), \\ K = K_O + K_1(t). \end{array}\right\} \qquad (1.3)$$

Der Vektor $\mathbf{q}_O$ kennzeichnet den Arbeitspunkt, in dessen Umgebung die Schwingungen stattfinden und liefert bereits durch den Zusammenhang zwischen statischer Verformung und den Kräften in den Koppelelementen erste Aussagen über mögliche Schwachstellen der Konstruktion.

Die Bewegungsgleichung läßt sich um die statische Verformung $\mathbf{q}_O$ linearisieren. Weiterführende Aussagen bezüglich des Schwingungsverhaltens erhält man, wenn in einem ersten Schritt Dämpfungen, nichtkonservative Fesselung vernachlässigt werden, ebenso wie die periodischen Anteile der konservativen Lagekräfte. Das Systemverhalten wird dann durch das Eigenwertproblem

$$(\mathbf{K}_O - \omega_i^2 \mathbf{M}) \mathbf{g}_i = 0 \qquad\qquad (1.4)$$

$$i = 1, 2, .. f$$

f = Anzahl der Freiheitsgrade

charakterisiert, wobei ω_i die i-te Eigenfrequenz und $\mathbf{g}_i$ den entsprechenden Eigenvektor bedeuten. Unterprogramme zur Ermittlung der Eigenfrequenzen und Eigenvektoren gehören heute zum Inhalt jeder Programmbibliothek einer Rechenanlage, vgl. z.B. /43/.

Mit der Kenntnis der Eigenfrequenzen und Erregerfunktionen können die kritischen Drehzahlbereiche festgestellt werden, bei denen Amplitudenüberhöhung der Dauerschwingungen möglich sind. Während bei linearen, zeitinvarianten Systemen alle kritischen Drehzahlbereiche durch die Eigenfrequenzen eindeutig festliegen, hängen sie bei linearen zeitvarianten Systemen u.a. von der Erregerintensität ab (MAGNUS /62/, SCHMIDT /90/). Zahnradgetrieben gehören wegen der periodischen Zahnsteifigkeit in die Klasse der parametererregten Schwingungssysteme. Solche Systeme haben die Eigenschaft, daß bei Erregerfrequenzen, die in der Nähe von bestimmten Kombinationen der Eigenfrequenzen liegen, die Amplituden freier Schwingungen stark anwachsen können (MÜLLER, SCHIEHLEN

/66/, EICHER /19, 20/). Die Instabilitäten bei sogenannten Para-
meter- und Kombinationsresonanzen

$$\Omega = \frac{1}{p}(\omega_k \mp \omega_1),$$
(1.5)

p   = Die Ordnung der Resonanz (p = 1, 2, ...),

k, 1   = 1, 2, ...f; Anzahl der Freiheitsgrade,

ω_k, ω_1 = Eigenfrequenzen des ungedämpften, zeitinvarianten
          Systems

treten dann auf, wenn die Schwankungsanteile der periodischen
Koeffizienten bestimmte Werte überschreiten. In Gln. (1.5)
spricht man für k = 1 von Parameterresonanzen und für k ≠ 1 von
Kombinationsresonanzen. Diese Resonanzen hängen neben der Parameterintensität (Schwankung des periodischen Koeffizienten) im
wesentlichen von der Dämpfung ab. In /52/ werden für gerad- und
schrägverzahnte Stirnrad-Testgetriebe eines Verspannungsprüf-
stands Stabilitätskarten ermittelt, die den Einfluß der erwähnten
Parameter auf das Stabilitätsverhalten verdeutlichen.

Die "großen" Amplituden bei Resonanzen werden durch die stets
vorhandenen Spiele (Nichtlinearität) aufgefangen. Die Nichtlinearitäten können ferner die Lage der Eigenfrequenzen maßgeblich
beeinflussen (BREMER /11/).

Mit der Kenntnis der Eigenfrequenzen und Eigenvektoren ist man
bereits in der Lage, konstruktive Vorschläge zur Verbesserung des
Schwingungsverhaltens zu bringen: Durch gezielte Änderung geeig-
neter Konstruktionsparameter kann erreicht werden, daß keine der
Eigenfrequenzen im Betriebsfrequenzbereich liegen.

Oft reichen die Informationen bezüglich des Eigenverhaltens nicht
aus, um verbindliche Aussagen über das Schwingungsverhalten machen zu können. Dies gilt besonders dann, wenn die Erregerfre-

quenzen und Eigenfrequenzen im Betriebsfrequenzbereich liegen.
Man interessiert sich in diesem Fall für das Amplituden-Drehzahl-
Verhalten der Dauerschwingungen. Auch der Vergleich der theoretischen Ergebnisse mit Messungen erfordert die Kenntnis der Schwingungsamplituden, evtl. mit entsprechenden Phasenverschiebungen
gegenüber der Erregerfunktion. Zur Ermittlung der Dauerschwingungen muß der Lagevektor q in (1.1) im eingeschwungenen Zustand
bestimmt werden. Dies ist bei linearen, zeitinvarianten Systemen
mit Hilfe der Frequenzgangmethode oder der Methode der Modaltransformation relativ einfach und ohne großen Aufwand möglich
/66/.

Bei alleinigem Vorhandensein der Parametererregung können bei der
Ermittlung der Dauerschwingungen zur Vermeidung der numerischen
Simulation Näherungsmethoden, wie Störungsrechnung, asymptotische Methode, verwendet werden, die hinreichend genaue Ergebnisse liefern /50/. Für nichtlineare Getriebebewegungsgleichungen
können ebenfalls Näherungsmethoden, wie harmonische Balance,
Störungsrechnung, herangezogen werden. Ihre Handhabung und ihre
Genauigkeit ist bei einfachen Modellen, vgl. EICHER, STÜHLER
/18/, KÜCÜKAY /54/ leicht und sehr gut. Bei ihrer Anwendung auf
komplizierte Modelle mit vielen Freiheitsgraden, die nur mit
einem hohen analytischen Aufwand möglich ist, liegen jedoch bezüglich der Genauigkeit der erzielten Ergebnisse keine Erfahrungen vor, vgl. HORTEL /42/. Insbesondere ist der Gültigkeitsbe-
reich der erzielbaren Näherung nicht abgesichert.

Oft ist man also auf die numerische Simulation der Bewegungsgleichung angewiesen. Dies geschieht i.a. durch die Integration der Gl. (1.1) entsprechenden Zustandsgleichung

$$\dot{x} = A x + b \qquad (1.6)$$

wobei

$$x = \begin{bmatrix} q \\ \dot{q} \end{bmatrix} \qquad (1.7)$$

den Zustandsvektor und

$$A = \begin{bmatrix} O & \vdots & E \\ \hdashline -\bar{M}^{-1}(K+N) & \vdots & -\bar{M}^{-1}(D+G) \end{bmatrix} \tag{1.8}$$

die Zustandsmatrix bedeuten. Der Vektor

$$b = \begin{bmatrix} O \\ \hline \bar{M}^{-1}[h(t)+f(t,q,\dot{q})] \end{bmatrix} \tag{1.9}$$

enthält die Erregeranteile und Nichtlinearitäten. Bei der Integration von (1.6) können verschiedene Bibliotheksunterprogramme verwendet werden, denen unterschiedliche Integrationsverfahren, wie z.B. Runge-Kutta-Euler-Verfahren mit oder ohne Schrittweitensteuerung, Ein- oder Mehrschrittverfahren, zugrunde liegen (DIEKHANS /13/, SOMMER /91/).

1.3 Besonderheiten bei Planetengetrieben

Planetengetriebe werden vorzüglich für Aufgaben eingesetzt, die sich durch hohe Drehzahlen und großes Übersetzungsverhältnis auszeichnen. Sie besitzen gegenüber den konventionellen Stirnradgetrieben eine Reihe besonderer Vorteile: Koaxialer An- und Abtrieb, geringes Bauvolumen, geringes Leistungsgewicht sind einige davon.

Die kinematischen Grundlagen sowie weitere Eigenschaften, wie der Wirkungsgrad und das Leistungsverhalten der Planetengetriebe sind aus der Literatur bekannt, vergl. LOOMAN /61/, MÜLLER /65/, STRAUCH /94/. Da ein Planetengetriebe mit n Planeten 2n Zahneingriffe besitzt, entsteht hier aufgrund der stets vorhandenen verschiedenartigen Fertigungsfehler und dynamischen Verformungen das Problem der "gleichmäßigen" Lastübertragung der Planeten.

Konstruktive Maßnahmen, die möglichst gleichmäßige Lastverteilung gewährleisten, führen zu Ausgleichssystemen (BASTERT /54/,PICKARD /83/, FRITSCH /22/, ARNAUDOW /2/, DIZIOGLU /15/, EHRLENSPIEL /17/). Zur Beurteilung der Leistungsfähigkeit von verschiedenen Ausgleichssystemen liegen jedoch meist nur statische Ansätze mit näherungsweiser Betrachtung der Systemdynamik an Hand von einfachen Rechenmodellen zugrunde FRITSCH /22/, ARNAUDOW /2/, KOS /58/. ARNAUDOW /2/ berichtet von den bis 1968 erschienenen Arbeiten über den Lastausgleich in Planetengetrieben ausführlich.

Die ersten, systematischen Schwingungsuntersuchungen an Hand eines ebenen Schwingungsmodells in der Stirnschnittebene führten JARCHOW, WAGNER, VONDERSCHMIDT /48/. In /45, 98/ wird über die Ergebnisse aus /46/ berichtet. Einige theoretische Ergebnisse werden mit den an einem Verspannungsprüfstand ermittelten Meßergebnissen verglichen.

Die von HIDAKA, TERAUCHI, ISHIOKA, NOHARA, NAGAMURA /30/ bis /36/ durchgeführten, umfangreichen Messungen an einem Stoeckicht-Planetengetriebe liefern Aussagen über den Einfluß verschiedener Ausgleichsanordnungen sowie einer Reihe von Parametern auf die Torsionsschwingungen und Zahnkräfte. Es werden dabei die Hohlraddicke, die Exzentrizität der Räder und die Eingriffsphase der periodisch zeitvariablen Verzahnungssteifigkeit betrachtet. Ein partieller theoretischer Nachweis der experimentellen Ergebnisse wird mit einem Acht-Freiheitsgrademodell durchgeführt /37/, das dem realen Getriebe gegenüber starke Vereinfachungen aufweist.

HORTEL (/39/ bis /42/) stellt umfangreiche theoretische Untersuchungen an Planetengetrieben an. Die parameter- und störerregte sowie nichtlineare Bewegungsgleichung wird mit der Methode der sukzessiven Approximation der äquivalenten Integrodifferentialgleichungen näherungsweise untersucht. Ein Teil der theoretischen Ergebnisse wird am Analogrechner ausgewertet. Messungen werden nicht durchgeführt.

BALASUBRAMANIAN /4/ untersucht theoretisch die Dynamik von geradverzahnten Planetengetrieben an Hand eines stark vereinfachten ebenen Ersatzmodells. Bei der Berechnung der Zahnkräfte werden die statischen Verformungen der ringförmigen Räder berücksichtigt, wobei die Radkörpersteifigkeit nach dem Verfahren von BIEZENO, GRAMMEL /6/ berechnet wird. Hierbei wird der Radkörper als ebener, homogener Kreisring unter Radial- und Schubbelastung am Innen- und Außenrand betrachtet.

ANTONY /1/ betrachtet bei der dynamischen Analyse von Planetengetrieben den Planetenträger als elastisches Bauteil mit entsprechenden diskreten Ersatzsteifigkeiten. Der Ermittlung der Steifigkeiten liegt die Finite-Elemente-Methode zugrunde. Diese im wesentlichen für besonders elastisch konzipierte Träger gültige Vorgehensweise hat den Nachteil, daß die über die Finite-Elemente-Methode ermittelten statischen Verformungen von den im Lauf zu ermittelnden Eigenschwingungsformen wesentlich abweichen können. Die an Hand eines ebenen Modells theoretisch ermittelten Eigenfrequenzen werden durch Messungen weitgehend bestätigt.

Unter Verwendung eines ebenen Stirnschnittmodells mit 13 Freiheitsgraden gibt KÜCÜKAY /56/ eine Näherungsformel zur Berechnung der dynamischen Zahnkräfte und Zahnauslenkungen bei einem Planeten-Standgetriebe mit drei Planetenrädern an. Die Leistungsfähigkeit der Näherungsmethode wird an Hand von Ergebnissen der numerischen Integration der entsprechenden Bewegungsdifferentialgleichung überprüft. Dabei wird eine sehr gute Übereinstimmung zwischen der Näherungsrechnung und der numerischen Integration erzielt.

1.4 Ziel und Inhalt der Arbeit

Das Ziel der vorliegenden Arbeit ist es,

o Methoden zur mechanischen und mathematischen Beschreibung
   und Analyse des Schwingungsverhaltens von Stirnrad- und
   Planetengetrieben unter Berücksichtigung der wichtigsten
   Erregerquellen zu entwickeln und exemplarisch anzuwenden.

Damit soll ein Beitrag zur Dynamik der Zahnradgetriebe geleistet
werden. Eine einheitliche und systematische Vorgehensweise bei
der Erstellung der mechanischen Ersatzmodelle und der Herleitung
der Bewegungsgleichungen soll dabei die anschließenden Programmierungsarbeiten erleichtern und die Übertragung der Ergebnisse
auf Antriebsstränge mit anderen Zahnradgetrieben oder mit anderen
Getriebeanordnungen ermöglichen. Die Arbeit ist neben dem einführenden ersten Kapitel in weitere sechs Kapitel gegliedert:

o Erstellung der mechanischen Ersatzmodelle von unterschiedlich aufgebauten Zahnradgetrieben

o Mathematische Beschreibung der Systemdynamik ausgehend von
   mechanischen Ersatzmodellen

o Beschreibung des statischen Systemverhaltens und Herleitung
   von Näherungslösungen für stationäre Schwingungen

o Darstellung und Diskussion der numerischen Ergebnisse

o Untersuchung von besonderen Schwingungserscheinungen, wie
   Parameter- und Kombinationsresonanzen und nichtlineare Resonanzkurven mit überhängenden Ästen

o Untersuchung des Schwingungsverhaltens von gering verspannten Getriebestufen unter Berücksichtigung von stoß-
   artigen Übergängen im Lager- und Zahnbereich

Im Kapitel 2 werden ausgehend von drei verschiedenen Zahnradgetrieben, nämlich einem einstufigen Stirnradgetriebe, einem Kfz-
Schaltgetriebe und einem Kompaktplanetengetriebe /12/, die entsprechenden räumlichen, mechanischen Ersatzmodelle angegeben und
erläutert. Dabei werden "starre" Mehrkörpersysteme verwendet, die
aus starren Massenelementen, Federn, Dämpfern (unter Berücksichtigung von Spiel) bestehen. In den Modellen werden alle für
das "Innenleben" des Getriebes wesentlichen Erregerquellen, wie
zeitvariable Zahnsteifigkeit, Zahnfehler, schwankende An- oder
Abtriebsmomente, Spiele, nichtlineare Kupplungskennlinien, berücksichtigt. Beim Modell des Kfz-Schaltgetriebes werden zusätzlich die Freiheitsgrade der Elemente des restlichen Antriebsstranges, wie z.B. Schwungscheibe, Tilger usw. ebenfalls mitberücksichtigt.

Der Vergleich der Modelle zeigt, daß alle Modellelemente, wie
z.B. Zahneingriff und Lager, für die verschiedenen Getriebetypen
einheitlich mathematisch beschrieben werden können, was bei der
allgemeinen Herleitung der Bewegungsgleichungen von Zahnradgetrieben Vorteile bietet , vgl. Kapitel 3. Bei der Herleitung der
Bewegungsgleichungen wird eine rechnergerechte Vorgehensweise
angestrebt. Dabei werden die Matrizen der basierend auf der
Lagrange'schen Gleichungen 2. Art hergeleiteten Bewegungsgleichungen durch dyadische Produkte der eingeführten Strukturvektoren gebildet. Diese Strukturvektoren lassen sich für alle Koppelelemente des Getriebes im voraus ermitteln und für Anwendungsfälle beliebiger Getriebeanordnungen in Form eines Katalogs bereitstellen, was zu einer einheitlichen und übersichtlichen Vorgehensweise wesentlich beiträgt.

Die zur Beschreibung des statischen Systemverhaltens erforderlichen Beziehungen werden im Kapitel 4 hergeleitet. Ferner wird
dort eine Näherungslösung angegeben, die auf der Störungsrechnung
basiert und die Behandlung des durch die zeitvariable Zahnsteifigkeit parametererregten Systems als ein störerregtes System
erlaubt.

Im Kapitel 5 werden die numerischen Ergebnisse der drei exemplarisch verwendeten Getriebe, nämlich einstufiges Stirnradgetriebe,
Kfz-Schaltgetriebe und Kompakt-Planetengetriebe, dargestellt. Die
zugehörigen Rechenprogramme sind dabei nach der Vorgehensweise im
Kapitel 1.2.4 aufgebaut. Es werden die entsprechenden Eigenfrequenzen, Eigenformen, Zeitverläufe der Auslenkungen und Kräfte
sowie die Drehzahl-Amplituden-Verläufe ausgewählter Koordinaten
in Form von Diagrammen dargestellt und diskutiert. Einige theoretische Ergebnisse vom Antriebsstrang mit Schaltgetriebe werden
mit vorliegenden Messungen verglichen.

Bei Zahnradgetrieben können aufgrund der Parametererregung durch
die variable Zahnsteifigkeit die sogenannten Parameter- und Kombinationsresonanzen auftreten, die in bestimmten Drehzahlbereichen zu Instabilitäten führen können. Diese und weitere besondere
Schwingungserscheinungen, wie sprunghafte Änderung der Amplituden
beim Hoch- und Herunterlauf, werden im Kapitel 6 untersucht.

Das Kapitel 7 ist dem Problemkreis der Rasselschwingungen in
Zahnradgetrieben gewidmet. Dieses noch nicht vollständig er-
forschte Gebiet betrifft vor allem die Kfz-Schaltgetriebe, bei
denen diejenigen Schalträder, die nicht geschaltet und damit an
der Momentenübertragung nicht beteiligt sind, wegen fehlender
Verspannung klappern und Geräusche erzeugen. Zur Beschreibung der
bei solchen "Losradstufen" entstehenden Schwingungen wird die
Theorie mechanischer Systeme mit unstetigen Übergängen verwendet.
Zu einer ersten qualitativen Abschätzung des Getriebegeräusches
infolge der Rasselschwingungen wird (als ein dem Geräuschpegel
proportionales Maß) der kinetische Energieverlust eingeführt. Es
werden die Zeitverläufe der Rasselschwingungen sowie die Energie-
verlust-Drehzahl-Verläufe dargestellt und diskutiert. In einem
Simulationsprogramm werden die für die Rasselgeräusche wesentlichen Parameter, wie Erregercharakteristik, Zahn- und Lagerspiele,
Zahn- und Lagerdämpfung, variiert und ihr Einfluß auf das Geräuschverhalten untersucht.

2 Die mechanischen Ersatzmodelle

Wie bereits im vorhergehenden Kapitel erwähnt, werden in der vorliegenden Arbeit drei verschiedene Getriebe untersucht. Das erste ist ein einstufiges Stirnradgetriebe mit Gleitlagerung, wobei Gerad-, Schräg- und Doppelschrägverzahnung zugelassen werden. Zweitens wird als Beispiel eines mehrstufigen Getriebes ein Kfz-5 Gang-Schaltgetriebe betrachtet. Das dritte Getriebe ist ein geradverzahntes Kompaktplanetengetriebe mit drei Planetenrädern.

Alle Zahnradgetriebe besitzen als gemeinsames Modellelement die Zähne im Eingriffsbereich. Im nächsten Unterkapitel wird auf die Modellierung dieses Bereiches eingegangen. In den darauf folgenden Unterkapiteln werden die Schnittzeichnungen sowie die entsprechenden Modelle der erwähnten Getriebe dargestellt und erläutert. Dabei stehen die Eigenschaften und der Aufbau der Ersatzsysteme im Vordergrund.

2.1 Bemerkungen zur Modellierung des Zahneingriffsbereiches $\underline{s}$

2.1.1.   Belastungsabhängige Modellierung

Die Modellierung des Zahneingriffs hängt in erster Linie von der Belastung ab. Bei hinreichend großer Belastung sind die Räder gegeneinander verspannt; die Zähne werden in Richtung der Eingriffsnormalen verformt. In solchen Fällen liegt es nahe, die Zähne als Feder-Dämpfer-Elemente zu modellieren. Können die Zahnflanken infolge hoher dynamischer Kräfte bzw. großer Auslenkungen abheben, so enthält das Koppelelement neben Feder und Dämpfer zusätzlich ein Spiel, vgl. Bild 1, links.

Die Feder wird durch ein Kraft-Verformungs-Diagramm (Kennlinie) mit Spiel charakterisiert. Die Zahndämpfung wird proportional der Zahnauslenkungsgeschwindigkeit angesetzt. Dies führt, verglichen mit Messungen, zu hinreichend genauen Ergebnissen /24/.

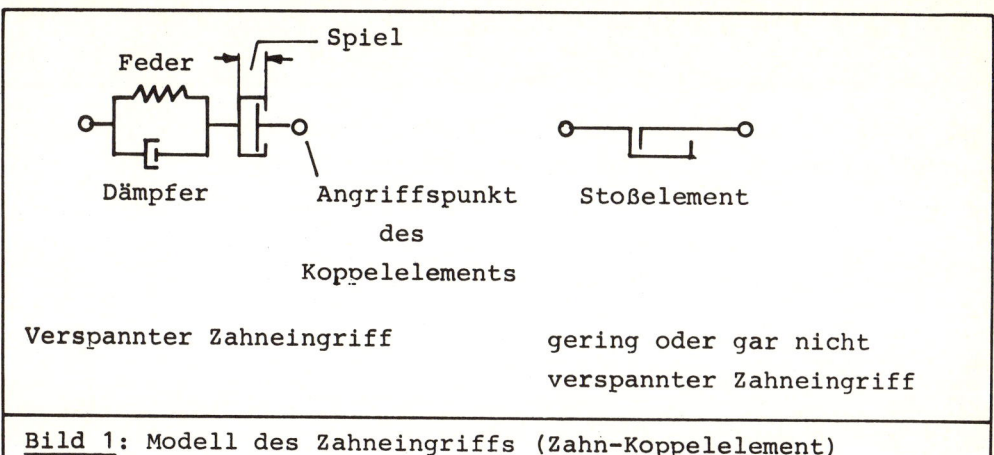

Feder

Spiel

Dämpfer

Angriffspunkt des Koppelelements

Stoßelement

Verspannter Zahneingriff

gering oder gar nicht verspannter Zahneingriff

Bild 1: Modell des Zahneingriffs (Zahn-Koppelelement)

Bei gering oder gar nicht belasteten Zahneingriffen, wie sie z.B. bei den lose mitlaufenden Stufen in Kfz-Schaltgetrieben vorhanden sind, treten stoßartige Schwingungen, Rasselschwingungen genannt, auf, vgl. Kap.7. In solchen Fällen ist es sinnvoll, den Zahneingriff als stoßübertragendes Element mit einer bestimmten Stoßzahl zu modellieren. Manche Autoren /95, 100/ verwenden bei Untersuchungen von Rasselschwingungen für den Zahneingriffsbereich spielbehaftete Feder- und Dämpferelemente, vgl. Bild 1, links. Mit dieser Vorgehensweise kann das tatsächliche Schwingungsverhalten nicht hinreichend genau bestimmt werden, da gerade bei der Ermittlung der Rasselschwingungen in "Losrad-Stufen" die Berücksichtigung der Stöße im Zahnbereich von zentraler Bedeutung ist:

Betrachtet man nämlich das Abheben im Zahnbereich bei einer nicht oder sehr wenig belasteten Radpaarung, so werden beim Schlagen der Zähne keine oder nur sehr geringe Zahnverformungen erzeugt, aus denen man auf keinen Fall entsprechend einem Kraft-Verformungs-Diagramm die Rückstellkraft berechnen kann. Aus diesem Grunde müssen bei solchen Systemen im Falle des Anschlagens oder des Rückschlagens die Stoßgesetze der Mechanik mit ausgewertet werden, was schließlich zur Betrachtung des Zahneingriffsbereichs als Stoßelement führt /81/.

2.1.2.   Modellierung der Zahnfehler (Verzahnungsabweichungen)

Das Koppelelement, das den Zahneingriffsbereich im Ersatzsystem
modelliert, muß neben Feder, Dämpfer und Spiel die Zahnfehler
berücksichtigen. In der Literatur findet man bei der Modellierung
der Zahnfehler zwei unterschiedliche Vorgehensweisen. Die erste
Vorgehensweise (vgl. z.B. /78, 96/) betrachtet die Zahnfehler als
Veränderung der Steifigkeit der Zahnfeder. Bei der zweiten Vorge-
ensweise (vgl. z.B. /50, 98, 100/) werden die Zahnfehler als
Verschiebung der Angriffspunkte der Koppelelemente, d.h. als
Wegerregung modelliert. Beide Vorgehensweisen führen zum gleichen
Ergebnis, wenn das zugehörige mathematische Modell, d.h. die
entsprechende Bewegungsgleichung mit Hilfe einer Näherungsmethode
behandelt wird /50/. Dennoch scheint die Modellierung der Verzah-
nungsfehler als Wegerreger realistischer zu sein /98/: Verzah-
nungsfehler, insbesondere Wälzabweichungen, führen während eines
langsamen Drehens zu Drehwinkelabweichungen der Räder. Im schnellen Betrieb werden diese durch die "große" Trägheit der Radmassen
und Steifigkeit der An- und Abtriebswellen behindert, so daß nun
in den Verzahnungen elastische Verformungen, d.h. Federwege auftreten müssen.

Bei den als Wegerreger angenommenen Zahnfehlern kann man zwischen
zwei Gruppen unterscheiden. Es handelt sich entweder um Zahnfehler, wie z.B. Flankenformfehler, Eingriffsteilungsfehler aufgrund
der Fertigungsungenauigkeiten /8, 47/ oder um absichtlich herge-
stellte Zahnfehler, wie Profilrücknahme zur Verminderung des
Einriffsstoßes und der damit verbundenen Zusatzkräfte /84, 88/.

2.1.3.   Zahnsteifigkeit

Die im Betrieb wirksame Zahnsteifigkeit ist eine periodisch zeitvariable Funktion, da entsprechend dem Überdeckungsgrad die Anzahl der sich im Eingriff befindlichen Zähne wechselt. Die Gesamtzahnsteifigkeit k_v ergibt sich als Summe der Zahnpaarsteifigkeiten k_p. Im __Bild 2__ ist der typische Verlauf der Gesamtzahnstei-

figkeit für eine Geradverzahnung mit Überdeckungsgrad $\varepsilon_o = 1,5$
qualitativ dargestellt. Es gelten folgende Abkürzungen:

k_{p1} = maximale Zahnpaarsteifigkeit,

k_{p2} = minimale Zahnpaarsteifigkeit,

k_p = Zahnpaarsteifigkeit,

k_v = Gesamtzahnsteifigkei,

p = Eingriffsteilung,

g = Eingriffsstrecke,

ε_o = der theoretische Überdeckungsgrad.

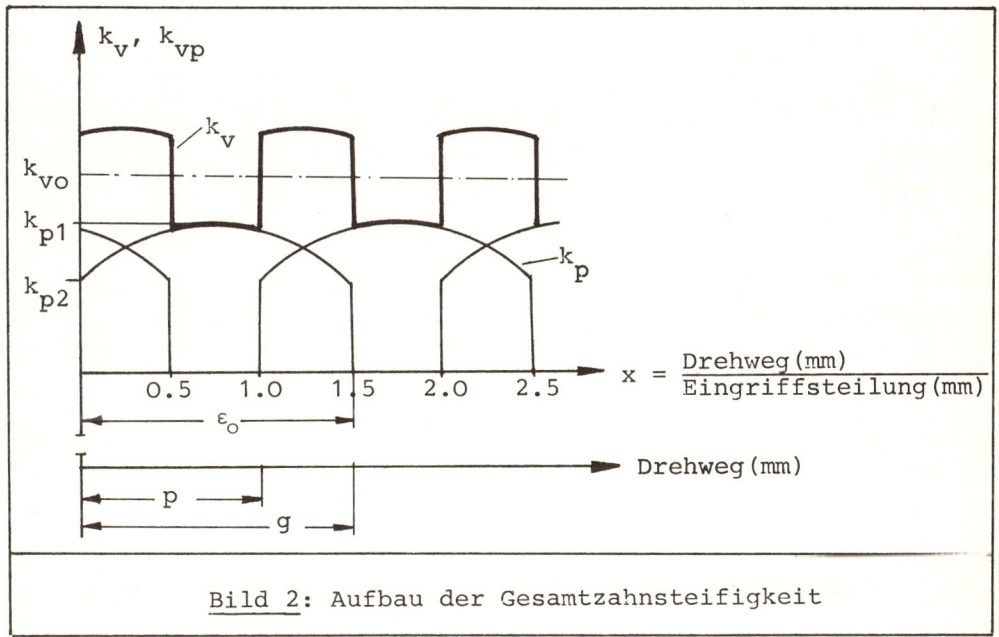

Bild 2: Aufbau der Gesamtzahnsteifigkeit

Die Zahnpaarsteifigkeit k_p ist über den Wälzweg nicht konstant. Am Eingriffsbeginn und Eingriffsende ist sie kleiner als in der Eingriffsmitte. Ferner ist die Zahnpaarsteifigkeit am Eingriffsbeginn etwas größer als die am Eingriffsende, wobei dieser Unterschied im Vergleich zu der erstgenannten Abweichung vernachlässigbar klein ist. Messungen /103/ und Finite-Elemente-Berechnungen /7/ zeigen, daß der Verlauf der Zahnpaarsteifigkeit parabelförmig ist. Er kann durch Polynome oder trigonometrische Funktionen angenähert werden /63, 106/. In der vorliegenden Arbeit wird er durch ein Polynom 2. Grades angenähert:

$$k_p(x) = k_{p2} + \frac{4}{\varepsilon_0}(k_{p1} - k_{p2})x - \frac{4}{\varepsilon_0^2}(k_{p1} - k_{p2})x^2. \qquad (2.1)$$

Dabei bedeuten k_{p1} die minimale Zahnpaarsteifigkeit am Eingriffsbeginn und -ende, k_{p2} die maximale Zahnpaarsteifigkeit in der Eingriffsmitte und x der bezüglich der Eingriffsteilung p normierte Drehweg.

Infolge der Zahnauslenkungen im Betrieb wird der theoretische Überdeckungsgrad ε_0 vergrößert /96/. Dies hat zur Folge, daß die Steigung der Zahnpaarsteifigkeit am Eingriffsbeginn und -ende nicht 90° beträgt, sondern etwas flacher wird. In /55/ wird gezeigt, daß es bei dynamischen Untersuchungen genügt, den tatsächlichen Überdeckungsgrad unter statischer Belastung als konstanten Wert in die Rechnung aufzunehmen.

Die minimale und maximale Zahnpaarsteigkeiten hängen von der Höhe der Zahnbelastung ab. Die entsprechenden Kennlinien weisen einen progressiven Verlauf auf. Bei der Bildung der Gesamtzahnsteifigkeit entsprechend dem Überdeckungsgrad reicht es nicht, wenn die im Eingriff befindlichen Zahnpaare als parallel geschaltete Feder betrachtet und die entsprechenden Steifigkeiten aufaddiert werden. Die so ermittelte Gesamtzahnsteifigkeit wäre erheblich höher als die tatsächliche Gesamtzahnsteifigkeit, da die tatsächliche Steifigkeit durch die Fortpflanzung der Radkörperverformung stark beeinflußt wird. Die verschiedenen Anteile, wie z.B. Hertz'sche Pressung, Verformung des Radkörperbereiches, Durchbiegung des Zahnes usw., die bei der Ermittlung der Zahnsteifigkeit eine Rolle spielen, sind in /103/ diskutiert.

2.2 Einstufiges Stirnradgetriebe

Im _Bild 3_ ist die Schnittzeichnung eines einstufigen, doppelschrägverzahnten Stirnradgetriebes mit Gleitlagern dargestellt. Das Getriebe überträgt eine Leistung von 7400 kW bei einer Antriebsdrehzahl von n = 1350 U/min. Der Antrieb erfolgt auf der

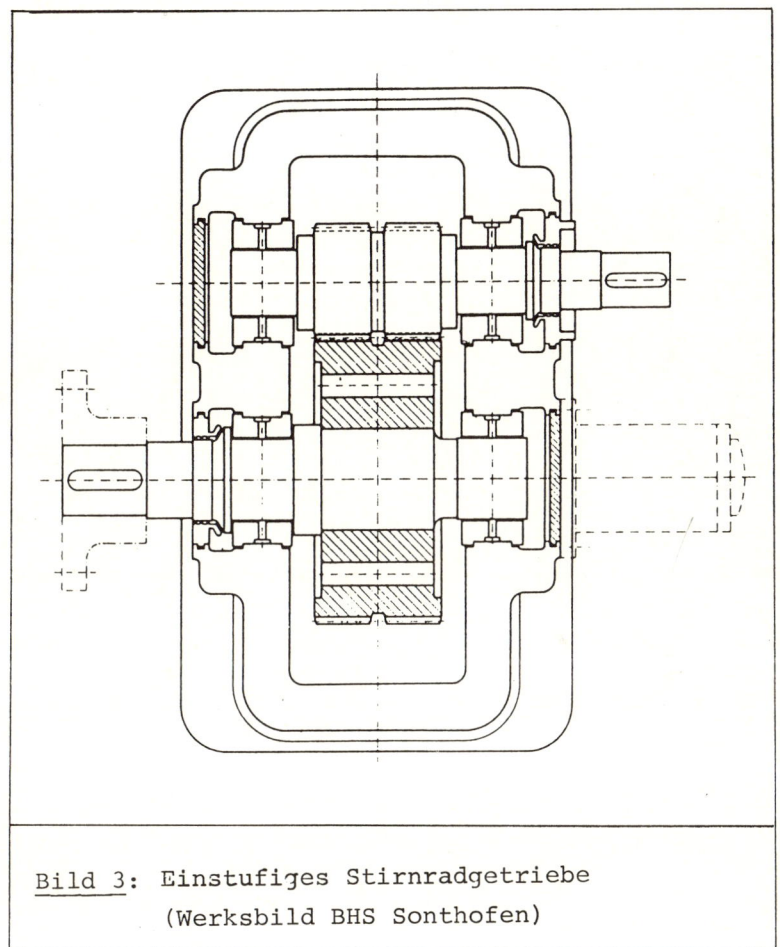

Bild 3: Einstufiges Stirnradgetriebe
(Werksbild BHS Sonthofen)

schnellaufenden Seite. Die Übersetzung liegt bei i = 6.5. Das zugehörige Ersatzmodell ist in Bild 4 dargestellt, wobei im Modell Axiallager eingeführt sind, die insbesondere bei einer Einfachschrägverzahnung zum Tragen kommen.

30

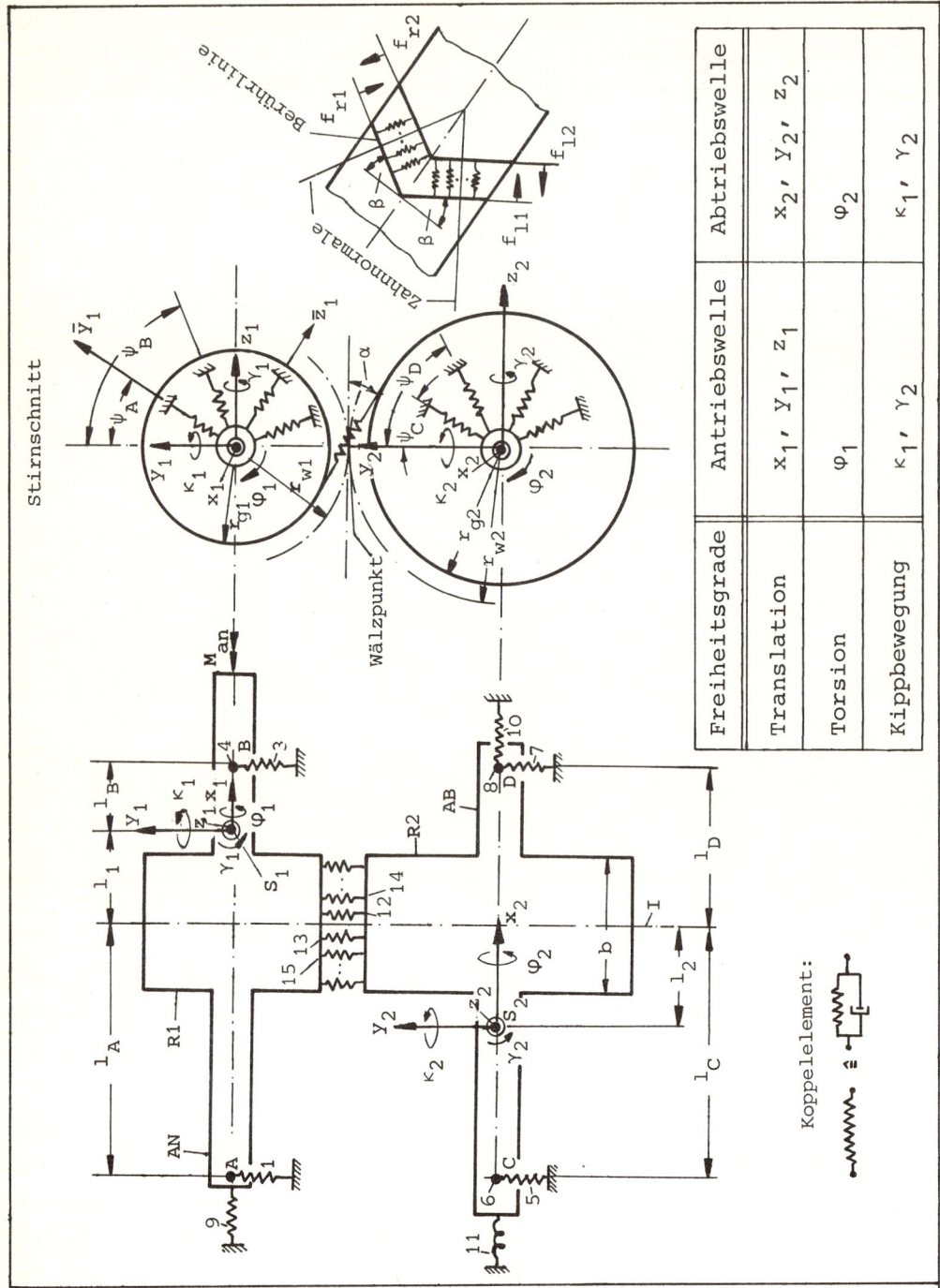

Bild 4: Das mechanische Ersatzmodell eines doppelschrägverzahnten Stirnradgetriebes

Die Antriebswelle AN bzw. die Abtriebswelle AB sind in A und B bzw. C und D gleitgelagert. In A und D sind zusätzlich Axiallager angeordnet, die bei einer Einfachschrägverzahnung eingebaut sind. Die Antriebswelle AN und das Antriebsrad R1 haben zusammen die Masse m_{AN}, die Massenträgheitsmomente J_1^x, J_1^y, J_1^z bezüglich der Hauptachsen x_1, y_1, z_1 und den gemeinsamen Schwerpunkt S_1. Die Abtriebswelle AB und das Abtriebsrad R2 besitzen in entsprechender Weise die Masse m_{AB}, die Massenträgheitsmomente J_2^x, J_2^y, J_2^z und den gemeinsamen Schwerpunkt S_2. Die Lager, die Verzahnung und die Kupplung werden im Modell durch Koppelelemente berücksichtigt, die aus Feder und Dämpfer bestehen und mit arabischen Ziffern durchnumeriert sind. Die radialen Gleitlager werden mit jeweils acht Gleitlagerkoeffizienten (vier für Steifigkeiten, vier für Dämpfungen) berücksichtigt. Exemplarisch sei an dieser Stelle angegeben, wie sich z.B. die radiale Lagerkraft $\mathbf{F}_A$ aus den vier Steifigkeitskoeffizienten $k_{1,1}^A$, $k_{1,2}^A$, $k_{2,1}^A$, $k_{2,2}^A$ und den vier Dämpfungskoeffizienten $d_{1,1}^A$, $d_{1,2}^A$, $d_{2,1}^A$, $d_{2,2}^A$ sowie den Lagerverschiebungen $\bar{y}_1$, $\bar{z}_1$ ergibt:

$$\mathbf{F}_A = \begin{bmatrix} k_{1,1}^A & k_{1,2}^A \\ k_{2,1}^A & k_{2,2}^A \end{bmatrix} \begin{bmatrix} \bar{y}_1 \\ \bar{z}_1 \end{bmatrix} + \begin{bmatrix} d_{1,1}^A & d_{1,2}^A \\ d_{2,1}^A & d_{2,2}^A \end{bmatrix} \begin{bmatrix} \dot{\bar{y}}_1 \\ \dot{\bar{z}}_1 \end{bmatrix}. \tag{2.2}$$

Die Koordinaten $\bar{y}_1$, $\bar{z}_1$ weisen in die Lagerhauptrichtungen, die belastungsabhängig sind. Sie sind gegenüber den Koordinaten y_1 und z_1 um den Winkel ψ_A gedreht. In (2.2) sollen die Koeffizienten $k_{1,2}^A, k_{2,1}^A$ und $d_{1,2}^A$, $d_{2,1}^A$, die i.a. voneinander verschieden sind, als Kreuzkoeffizienten und die restlichen Koeffizienten als Hauptkoeffizienten bezeichnet werden. Da man im Modell die den Kreuzkoeffizienten zugehörigen Koppelelemente zeichentechnisch nicht darstellen kann, sind dort nur die Koppelelemente in Lagerhauptrichtungen dargestellt (vgl. Koppelelemente 2, 3, 4, 5, 6, 7, 9, 10). Durch 1 und 8 werden die Koppelelemente der Axiallager gekennzeichnet. Die Hauptrichtungen der Lager B, C, D sind in Analogie zum Lager A um die Winkel ψ_B, ψ_C und ψ_D gedreht.

Das Getriebe ist über die Abtriebskupplung (Koppelel. 11) gegenüber dem Raum eingespannt. Diese Entkopplung des Getriebes mit der festen Einspannung vom restlichen Antriebsstrang entspricht einer gleichmäßigen Drehung des restlichen Antriebsstrangs.

Aufgrund relativ breiter Verzahnung wird der Eingriffsbereich durch mehrere Koppelelemente (12, 13, 14, ...) modelliert, wobei die Anzahl der Koppelelemente beliebig gewählt werden darf. Diese Art Modellierung erlaubt eine praxisnahe Simulation der Tragbilder im Verzahnungsbereich. Die wegen Schrägstellungen der Wellen und dynamischer Vorgänge vorhandenen Richtungsfehler der Verzahnung können durch unterschiedliche Steifigkeiten der Zahnkoppelelemente berücksichtigt werden. Zahl der Freiheitsgrade wird dabei nicht beeinflußt.

Die Zähne durchlaufen im Betrieb die ruhende Eingriffsebene, die die Grundkreiszylinder von Rad R1 und Rad R2 tangiert. Die Schnittlinien der Zahnflanken mit der Eingriffsebene sind die Berührlinien (vgl. Bild 4, rechts). Im Falle einer Geradverzahnung sind die Berührlinien parallel zu den Radachsen. Bei einer Schrägverzahnung schließen sie zur Radachse den Grundschrägungswinkel β ein, der bei rechtssteigender Flankenlinie positives Vorzeichen, bei linkssteigender Flankenlinie negatives Vorzeichen aufweist /72/. Die Zahnnormale, die in Richtung der Zahnnormalkraft weist, liegt in der Eingriffsebene und steht im Wälzpunkt senkrecht zu der Berührlinie. Die Eingriffsebene ist gegenüber der Tangentialebene der Wälzkreise im Wälzpunkt um den Eingriffswinkel α geneigt. Die Grund- bzw. Wälzkreisradien sind r_{g1}, r_{g2} bzw. r_{w1}, r_{w2}. Die Bewegungen der Wellen mit den Radkörpern werden durch die 12 verallgemeinerten Koordinaten x_1, y_1, z_1, φ_1, κ_1, γ_1 für die Antriebswelle und x_2, y_2, z_2, φ_2, κ_2, γ_2 für die Abtriebswelle beschrieben. Damit beträgt die Anzahl der Freiheitsgrade 12. Die Winkelkoordinaten κ_1, γ_1 und κ_2, γ_2 charakterisieren die Kippschwingungen um die Achsen y_1, z_1 und y_2, z_2, die Koordinaten φ_1, φ_2, die Torsionsschwingungen. Die translatorischen Koordinaten y_1, z_1 und y_2, z_2 wiedergeben die Radialschwingungen, die Koordinaten x_1, x_2 die Axialschwingungen.

Im Zahneingriffsbereich sind Zahnfehler zugelassen, die eine Verschiebung des Angriffspunktes der Zahn-Koppelemente bewirken und damit im System als Wegerregung vorhanden sind, vgl. Kap. 2.1.2. Bei einer Doppelschrägverzahnung werden für die beiden Verzahnungshälften unterschiedliche Fehlerfunktionen f_{r1}, f_{r2} bzw. f_{l1}, f_{l2} eingeführt, vgl. Bild 4, rechts.

Die Koppelemente im Zahnbereich weisen in Richtung der Zahnnormalen und stehen damit senkrecht zu den Berührlinien. Bei einer Doppelschrägverzahnung besitzen die entsprechenden Zahn-Koppelemente der Verzahnungshälften unterschiedliche Richtungen. Dies führt dazu, daß insbesondere bei Kipp- und Axialschwingungen die den jeweiligen Verzahnungshälften zugehörigen Koppelemente sehr unterschiedlich ausgelenkt werden, d.h. die Kräfte über die Zahnflanken unterschiedlich verteilt sind. Jede Kippbewegung der Wellen erzeugt eine axiale Verschiebung in den Zahn-Koppelementen, so daß auch beim Nichtvorhandensein von Axialschwingungen mit dem erwähnten Effekt gerechnet werden muß.

Aus dem <u>Bild 5</u> gehen die Verhältnisse hervor: Findet z.B. nur

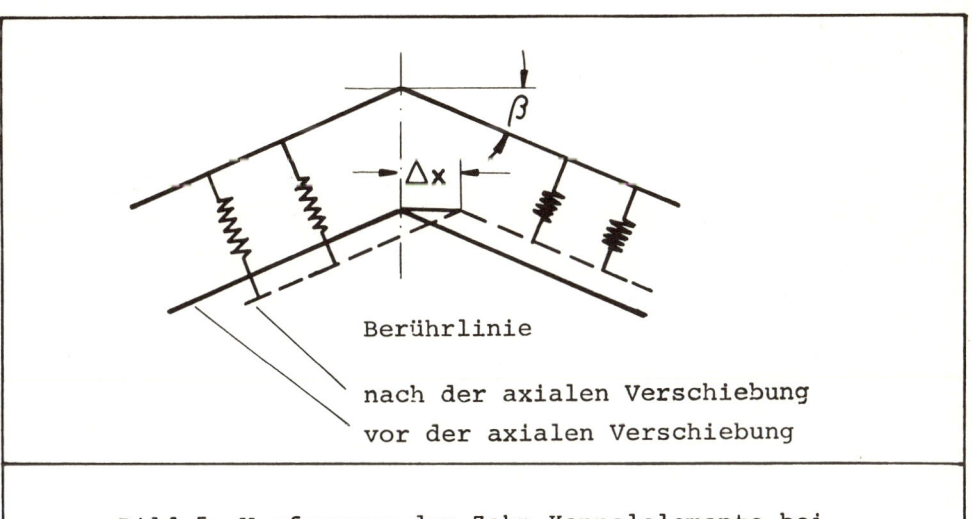

Berührlinie

nach der axialen Verschiebung

vor der axialen Verschiebung

<u>Bild 5</u>: Verformung der Zahn-Koppelemente bei axialer Verschiebung

eine Axialbewegung Δx des unteren Rads statt, so wird dies im Ersatzmodell durch die Axialverschiebung der sich in der Eingriffsebene befindlichen Berührlinien berücksichtigt. Die Axialverschiebung Δx nach rechts führt dazu, daß die statisch vorgespannten Koppelemente der linken Verzahnungshälfte entspannt und die der rechten Verzahnungshälfte weiter zusammengedrückt werden.

Die Zahnsteifigkeit wird als periodisch zeitvariable Funktion angesetzt. Dabei wird die Gesamtzahnsteifigkeit k_v (vgl. Bild 2) entsprechend der Anzahl der Zahn-Koppelemente in (durch die Vorfaktoren p_i gewichteten) Teilsteifigkeiten k_{vi} aufgeteilt:

$$k_v = \sum_{i=1}^{2m} k_{vi}; \quad k_{vi} = p_i k_v \qquad (2.3)$$

m = Die Anzahl der Koppelemente einer Verzahnungshälfte

k_{vi} = Steifigkeit des i'ten Zahn-Koppelements

Die Vorfaktoren p_i berücksichtigen die Steifigkeitsverteilung über der Zahnflanke. Die Gesamtzahnsteifigkeitsfunktion des vorliegenden, doppelschrägverzahnten Turbo-Getriebes ist in Bild 6 dargestellt. Bei der mathematischen Behandlung der Bewegungsgleichung des Getriebes (vgl. Kap. 3.2) wird der zugehörige Teil der Fourierreihe

$$k_v = \sum_{\nu=1}^{9} k_\nu^s \sin\nu\Omega t + k_\nu^c \cos\nu\Omega t \qquad (2.4)$$

benötigt. Der mit neun Fourierkoeffizienten angenäherte Steifigkeitsverlauf ist in Bild 6 duchgezogen dargestellt.Im Modell (vgl. Bild 4) sind die Lagerschwerpunktsabstände durch die Parameter l_A, l_B, l_C, l_D gekennzeichnet. Die Parameter l_1 bzw. l_2 sind die Abstände der Stufenebene I zu den Schwerpunkten S_1 bzw. S_2. Die Schwerpunktsabstände der Zahnkoppelemente werden entsprechend ihrer Anzahl z_f und der Zahnbreite b berechnet, wobei z_f gleich eins oder einer geraden Zahl sein kann. Die im mechanischen Ersatzmodell verwendeten Systemparameter sind im Anhang (A.1.) angegeben.

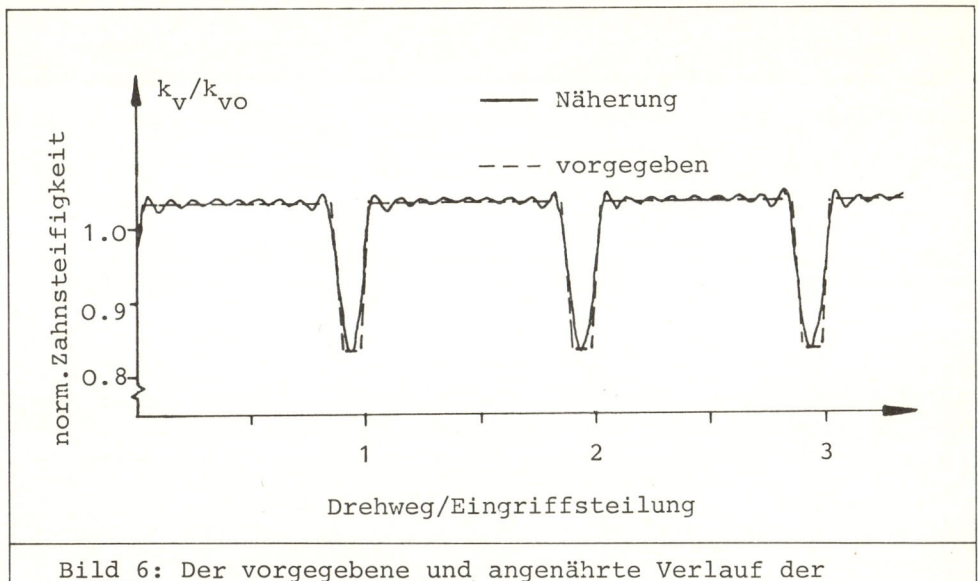

<u>Bild 6</u>: Der vorgegebene und angenährte Verlauf der Gesamtzahnsteifigkeit

2.3 Kfz-Schaltgetriebe

Als Beispiel eines zweistufigen Getriebes wird in diesem Kapitel ein Pkw-Fünfgang-Schaltgetriebe behandelt. Schaltgetriebe haben in den letzten Jahren hinsichtlich Leistungsgewicht, Verzahnungsauslegung und Geräuscharmut einen sehr hohen Entwicklungsstand erreicht. Die mit Schaltgetrieben ausgerüsteten Personenkraftwagen, die neu auf den Markt kommen, besitzen fast ausschließlich die "Fünfgang-Version". Der fünfte Vorwärtsgang dient meist zur Übersetzung der Drehzahl ins Schnelle und erlaubt deshalb bei höheren Fahrgeschwindugkeiten eine bessere Ausnützung des günstigen Motormoment-Drehzahl-Bereichs als im 4. Gang

Das <u>Bild 7</u> zeigt die Schnittzeichnung eines vollsynchronisierten Fünfgang-Pkw-Schaltgetriebes. Die Räder sind einfachschrägverzahnt, und die Wellen bzw. die Schalträder sind über Wälzlager gelagert. Anhand einer Prinzipskizze (vgl. <u>Bild 8)</u> werden im nächsten Unterkapitel der Aufbau des Getriebes und die kinematischen Zusammenhänge näher erläutert.

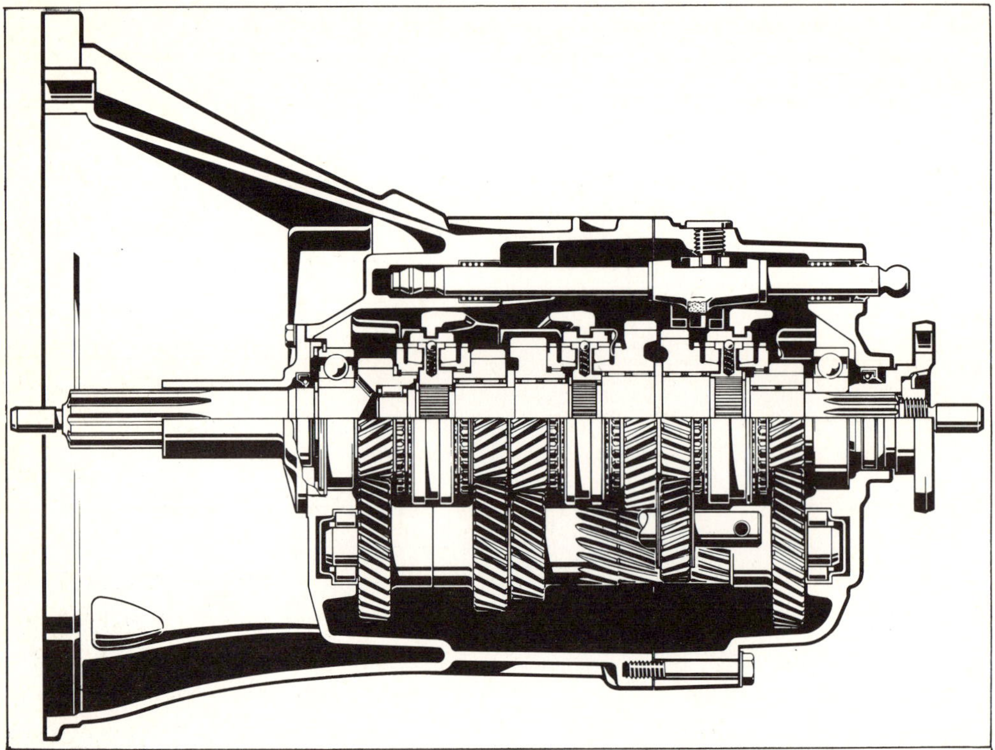

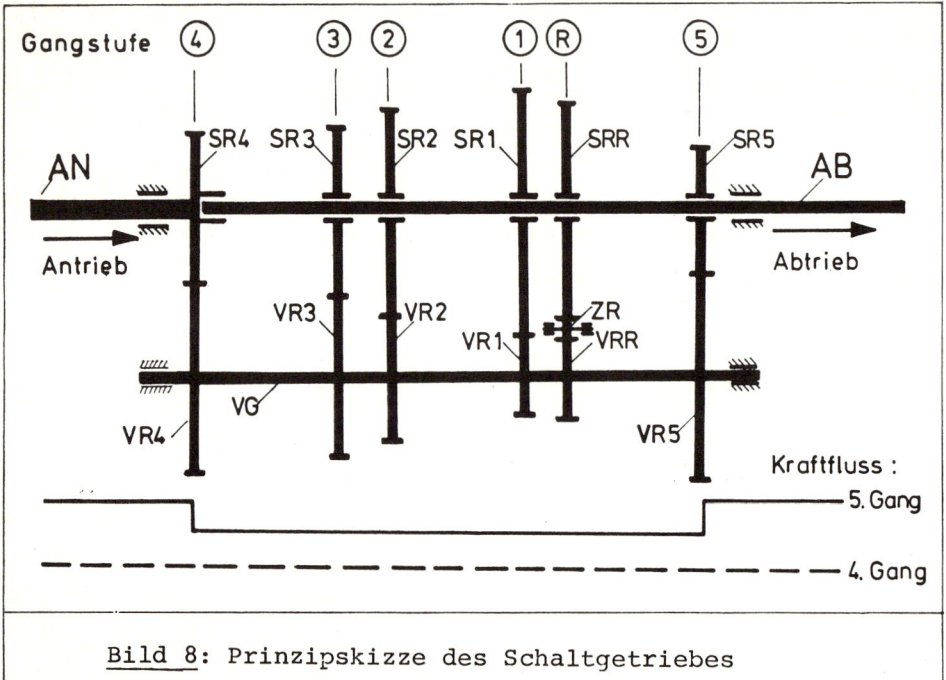

Bild 7: Fünfgang-Schaltgetriebe (Werksbild Zahnradfabrik Friedrichshafen)

Gangstufe ④   ③ ②   ① Ⓡ   ⑤

SR4   SR3   SR2   SR1   SRR   SR5

AN   AB

Antrieb   Abtrieb

VR3   VR2   ZR
VR1   VRR

VG

VR4   VR5

Kraftfluss:
———— 5. Gang

– – – – 4. Gang

Bild 8: Prinzipskizze des Schaltgetriebes

2.3.1.   Aufbau und Kinematik des Schaltgetriebes

Im Bild 8 ist der prinzipielle Aufbau des im Bild 7 gezeigten
Getriebes dargestellt. Die wesentlichen Bauteile sind die Antriebswelle AN, die Abtriebswelle AB, die Vorgelegewelle VG mit
den Vorgelegerädern VR1 bis VR5, die Schalträder SR1 bis SR5 und
das Zwischenrad ZR, das zur Richtungsumkehr im Rückwärtsgang
dient. Das Schaltrad SR4 (=Antriebsritzel) ist mit der Antriebswelle fest verbunden und steht mit dem Vorgelegerad VR4 stets im
Eingriff. Diese durch die Räder SR4 und VR4 gebildete Stufe wird
auch als "Konstante" bezeichnet. Die restlichen Schalträder sind
auf der Abtriebswelle drehbar angeordnet und befinden sich mit
den entsprechenden Vorgelegerädern im Eingriff.

Die zusammen kämmenden Schalträder und Vorgelegeräder bilden die
fünf Vorwärtsgangstufen 1, 2, 3, 4, 5 und die Rückwärtsgangstufe
R. Die Rückwärtsgangstufe (R. Stufe) besteht seinerseits aus den
zwei Stufen R1 und R2. Die R1. Stufe wird durch das Vorgelegerad
VRR und das Zwischenrad ZR gebildet, die R2. Stufe durch das
Zwischenrad ZR und das Schaltrad SRR. Die Schaltelemente (Schalt-
körper, Schaltmuffe, Synchronring), die übersichtlichkeitshalber
im Bild 8 nicht dargestellt sind, dienen dazu, daß ein (entsprechend der erwünschten Gangstellung gewähltes) Schaltrad mit der
Abtriebswelle formschlüssig verbunden werden kann.

Nach der im Bild 8 dargestellten Anordnung bildet der 4. Gang den
sogenannten direkten oder durchgeschalteten Gang, bei dem die
Antriebswelle direkt auf die Abtriebswelle geschaltet ist. Der
entsprechende Kraftfluß ist gestrichelt eingezeichnet. Bei der 4.
Gangstellung bleibt also die Vorgelegewelle außerhalb des Kraft-
flusses. Alle anderen Gänge erfordern einen Kraftfluß über die
Vorgelegewelle. Im Bild 8 ist exemplarisch der Kraftfluß im 5.
Gang angegeben.

2.3.2.   Verspanntes System und Rasselsystem

Aus den obigen Ausführungen geht hervor, daß man in Schaltgetrieben grundsätzlich zwischen zwei Schwingungssystemen unterscheiden kann. Das erste System - im folgenden auch verspanntes System genannt - wird durch die im Kraftfluß befindlichen und deshalb verspannten Elemente gebildet. Die nicht im Kraftfluß befindlichen und deshalb lose mitdrehenden Elemente bilden das zweite System - im folgenden auch Rasselsystem genannt. Entsprechend dem eingeschalteten Gang ergeben sich für die genannten Systeme mehr oder weniger komplizierte Ersatzmodelle:

Im 4. Gang (gestrichelt dargestellter Kraftfluß im Bild 8) ist das verspannte System relativ einfach aufgebaut; es besteht aus der An- und der Abtriebswelle. Das zugehörige Rasselsystem ist dagegen durch die lose mitdrehende Vorgelegewelle und die Schalträder bei dieser Gangstellung sehr kompliziert. Betrachtet man andererseits eine Gangstellung, die eine Kraftübertragung über die Vorgelegewelle erfordert, z.B. die 5. Gangstellung, so sind die Verhältnisse hier umgekehrt: Das Rasselsystem, das nur durch die nicht im Kraftfluß befindlichen Schalträder - ohne Vorgelegewelle - gebildet wird, ist einfach aufgebaut. Der Aufbau des durch Hinzunahme der Vorgelegewelle umfangreicher gewordenen verspannten Systems ist dagegen komplizierter.

Im Rasselsystem werden weitaus geringere Kräfte und Momente als im verspannten System übertragen. Daher ist es naheliegend, beide Systeme getrennt zu behandeln. Die Kopplung ist schließlich insofern vorhanden, als die Schwingungen des verspannten Systems als Erregerquelle auf das Rasselsystem einwirken. Der umgekehrte Weg, d.h. der Einfluß der Rasselschwingungen auf das verspannte System, ist vernachlässigbar. Beim verspannten System ist zu beachten, daß seine Massenverteilung durch die mit ihm drehenden "Losteile" beeinflußt wird.

Aufgrund der oben gemachten Annahmen ist es erlaubt, die Bewegungsgleichungen des Rasselsystems und des verspannten Systems

vollständig voneinander entkoppelt zu betrachten. Im folgenden
wird das mechanische Ersatzmodell des verspannten Systems erläutert, das eine Kraftübertragung über die Vorgelegewelle erfordert. Die Untersuchung des Rasselsystems in der 4. Gangstellung
ist Gegenstand des Kapitels 7.

2.3.3.   Das Ersatzmodell des verspannten Systems

Im **Bild 9** ist das Ersatzmodell des verspannten Systems dargestellt. Die Antriebswelle AN ist über die Mitnehmerscheibe MS und
die Kupplung (Koppelelement 22) mit der Schwungscheibe SB verbunden, an dem das Antriebsmoment M_{an} angreift. Über die Abtriebskupplung (Koppelelement 16) ist das Getriebe mit dem Rest
des Antriebsstranges gekoppelt. Das Ersatzmodell des Getriebes
enthält als wesentliche Elemente die An- und Abtriebswellen AN
und AB, die Vorgelegewelle VG, die Räder R1, R2 der Konstante,
die Räder R3, R4 der geschalteten Gangstufe sowie die wegen der
Übersichtlichkeit im Bild nicht dargestellten Schaltelemente und
Losräder, die an der Abtriebswelle angeordnet sind und nur die
Massenverteilung beeinflussen. Die Koppelelemente sind der Übersichtlichkeit halber nur durch den Anteil der Federn gekennzeichnet und mit arabischen Ziffern durchnumeriert. Das Antriebsmoment
wird über die Stufen I (Konstante) und II (geschaltete Stufe) auf
die Abtriebswelle übertragen. Die Stufen I und II mit den Koppelelementen 20 und 21 sind einfachschrägverzahnte Getriebestufen
(mit dem Grundschrägungswinkel β_i, dem Stirneingriffswinkel α_i,
i = I, II). Im Zahnbereich gelten die gleichen geometrischen Verhältnisse wie bei dem einstufigen Stirnradgetriebe (vgl. Bild 4),
nur mit dem Unterschied, daß hier eine Einfachschrägverzahnung
vorliegt. Die Grund- bzw. Wälzkreisradien der Räder R1 bis R4
werden mit r_{gi} bzw. r_{oi} (i = 1, 2, 3, 4) bezeichnet.

Die Torsionselastizitäten der Wellen werden mit den spielfreien
Koppelelementen 17, 18, 19 berücksichtigt. Die restlichen Koppelelemente, die die Lager und die Zahneingriffe charakterisieren,

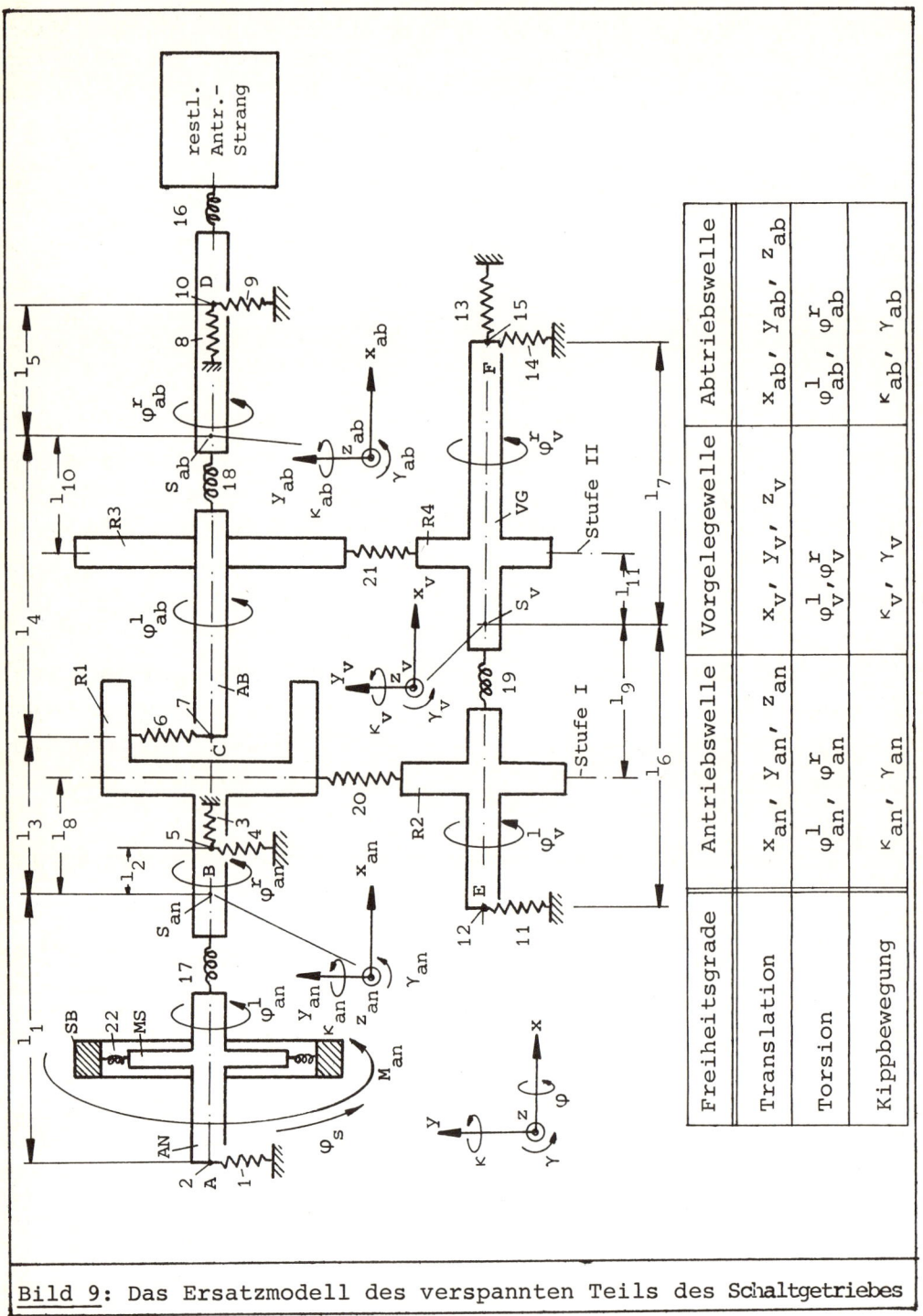

Bild 9: Das Ersatzmodell des verspannten Teils des Schaltgetriebes

enthalten Spiel. Die Koppelelemente der Zahneingriffe enthalten zusätzlich die Zahnfehlerfunktionen f_1, f_2 (für die Konstante) und f_3, f_4 (für die geschaltete Stufe), die eine Verschiebung der Angriffspunkte dieser Koppelememte bewirken und deshalb im System als Wegerregung vorhanden sind, vgl. Kap. 2.1.2.

Für jede Welleneinheit (Masse m_i) werden sieben Freiheitsgrade zugelassen, und zwar drei translatorische Freiheitsgrade x_i, y_i, z_i, zwei Kippfreiheitsgrade (Kippbewegung um y- und z-Achse) κ_i, γ_i und zwei Torsionsfreiheitsgrade φ_i^l, φ_i^r, mit i= an, ab, v (vgl. Bild 9). Damit beträgt die Anzahl der Freiheitsgrade des Getriebes 21. Die Ursprünge der Koordinatensysteme x_i, y_i, z_i befinden sich in den Schwerpunkten S_i (i = an, ab, v). Auf die Koordinaten x_i beziehen sich die Längsträgheitsmomente J_i^l und J_i^r die für die linken bzw. rechten Teile der Welleneinheiten maßgeblich sind. Die Querträgheitsmomente J_i^y und J_i^z sind bezüglich der Koordinaten y_i und z_i definiert (i = an, ab, v).

Die Wellen sind über die Koppelelemente 1 bis 15 in den Punkten A bis G gelagert. Die Schwerpunktsabstände der Lager A bis G sowie der Stufen I, II sind durch die Parameter l_1 bis l_{11} gekennzeichnet.

Die Kennlinien der Lagersteifigkeiten weisen einen progressiven Verlauf auf. Ferner sind sie spielbehaftet, vgl. <u>Bild 1o.</u>

Im verspannten System finden die Schwingungen um einen Arbeitspunkt statt; diesem Arbeitspunkt liegen die statische Lagerkraft und die entsprechende Lagerauslenkung zugrunde. Da im dynamischen Betrieb die Schwingungen unmittelbar in der Umgebung dieses Arbeitspunktes stattfinden, liegt es nahe, bei der späteren mathematischen Formulierung des Problems näherungsweise eine Ersatzkennlinie zu verwenden, die eine Tangente an die nichtlineare Kennlinie im Arbeitspunkt darstellt. Bei "großen" Schwingungsamplituden und kleinen Lagerkräften kann es im Lager zum Abheben kommen. In diesem - für das verspannte System seltenen - Fall gilt die Ersatzkennlinie in Verbindung mit dem Spiel eben-

42

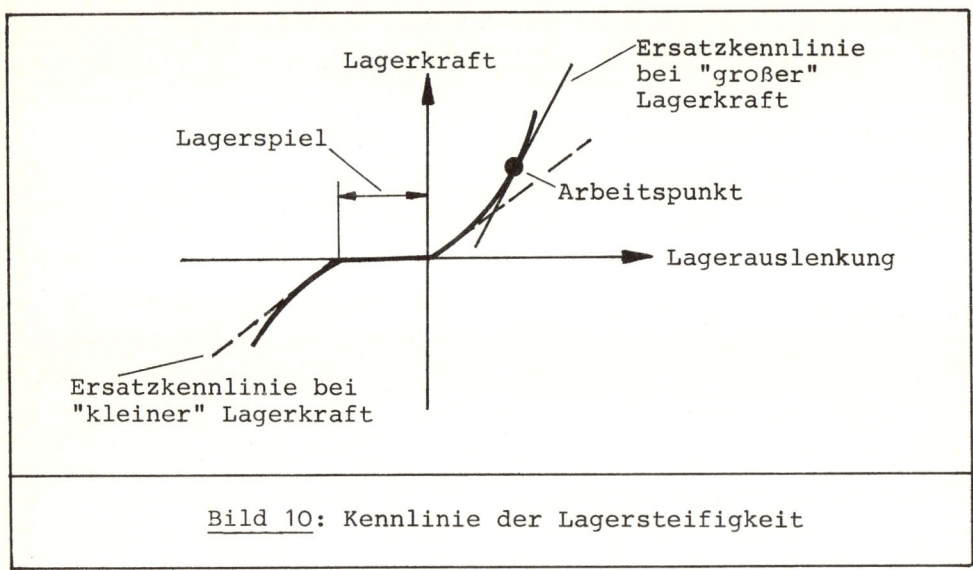

Bild 10: Kennlinie der Lagersteifigkeit

falls als eine gute Näherung, die wegen der relativ kleinen Lagerkraft näherungsweise durch die Knicke im Spielbereich der Kennlinie verläuft (vgl. die gestrichelte Kennlinie im Bild 10).

Die Steifigkeiten der Koppelelemente 20, 21 (vgl. Bild 9) sind - wegen der wechselnden Zahnsteifigkeit im Betrieb - periodisch zeitvariable Funktionen, vgl. Kap. 2.1.3. Die Zahnsteifigkeit k_{v4} der Konstante und die der 5. Gangstufe sind im Bild 11 darge- stellt. Beide Verläufe sind bezüglich der entsprechenden mittle- ren Steifigkeiten normiert. Bei ihrer Berechnung wurde von dem durch das mittlere Moment statisch verspannten Zustand ausgegan- gen und die zugehörigen Vergrößerungen der Überdeckungsgrade infolge der Zahnauslenkungen berücksichtigt.

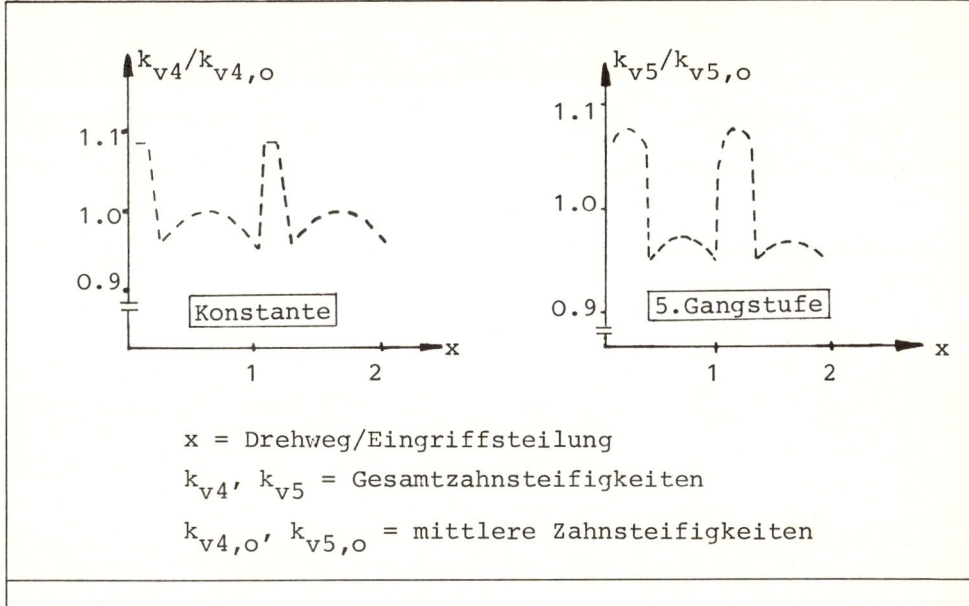

x = Drehweg/Eingriffsteilung

k_{v4}, k_{v5} = Gesamtzahnsteifigkeiten

$k_{v4,o}$, $k_{v5,o}$ = mittlere Zahnsteifigkeiten

Bild 11: Zahnsteifigkeitsverläufe der Konstante und der
fünften Gangstufe

2.3.4.   Berücksichtigung der restlichen Elemente des
Antriebsstranges

Das Schaltgetriebe ist Bestandteil eines Antriebsstranges, der
bei einem hinterradgetriebenen Kraftfahrzeug neben dem Schaltgetriebe die weiteren Baugruppen Motor, Motortilger,
Schaltkupplung, elastische Kupplung, Tilger, Gelenkwelle, Hinterachsgetriebe und Abtriebswellen mit Hinterrädern enthält. Bei
einer praxisnahen Analyse der Getriebeschwingungen müssen die
Einflüsse der genannten Elemente auf das Getriebe berücksichtigt
werden.

2.3.4.1. Beschreibung des Modells

In erster Näherung liegt es nahe, den Motor abgekoppelt vom restlichen Strang zu betrachten und nur das von ihm gelieferte Moment an der Schwungscheibe angreifen zu lassen. Das Motormoment ergibt sich entsprechend den Gasdruckverläufen in Zylindern sowie der Geometrie von Kurbelwelle, Pleuel und Kolben und weist einen periodischen Verlauf auf. Das Ersatzmodell des Antriebsstranges vom Schwungrad bis zu den Rädern ist im Bild 12 dargestellt. Die Elemente außerhalb des Getriebes weisen nur Torsionsfreiheitsgrade auf. Der Modellierung dieser Elemente und den entsprechenden Modellparametern liegen die Arbeiten /27/, /28/ zugrunde.

Die Wellen werden unter Berücksichtigung ihrer Torsionselastizität durch zwei Torsionsmassen diskretisiert. Dem aus drei Wellen und zwei Kreuzgelenken bestehenden Gelenkwellenteil werden drei Torsionsfreiheitsgrade zugeordnet, wobei J_{G1}, J_{G2}, J_{G3} die zugehörigen Trägheitsmomente und 24, 25, 26 die entsprechenden Koppelemente bedeuten (vgl. Bild 12). Der Tilger besitzt das Trägheitsmoment J_T und ist über das Koppelelement 23 mit der Getriebeabtriebswelle verbunden. Das Hinterachsgetriebe besteht aus dem Antriebsritzel (Trägheitsmoment zusammen mit dem rechten Teil der dritten Gelenkwelle J_{AR}) sowie dem Ausgleichskorb mit Tellerrad und Ausgleichsgetriebe (Gesamtträgheitsmoment zusammen mit dem rechten Teil der Abtriebswelle J_K), wobei durch das Koppelelement 27 der Zahneingriff zwischen Antriebsritzel und Tellerrad berücksichtigt wird. Das Koppelelement 28 charakterisiert die Elastizität der Abtriebswelle, das Koppelelement 29 die Reifenelastizität. J_R ist das Trägheitsmoment des Rads zusammen mit Radnabe und dem linken Teil der Abtriebswelle.

Damit kommen den 21 Freiheitsgraden des Getriebes weitere 8 Freiheitsgrade des restlichen Antriebsstranges hinzu, so daß sich für den gesamten Antriebsstrang 29 Freiheitsgrade ergeben. Die Zuordnung der zusätzlichen verallgemeinerten Koordinaten im Modell geht aus dem Bild 13 hervor.

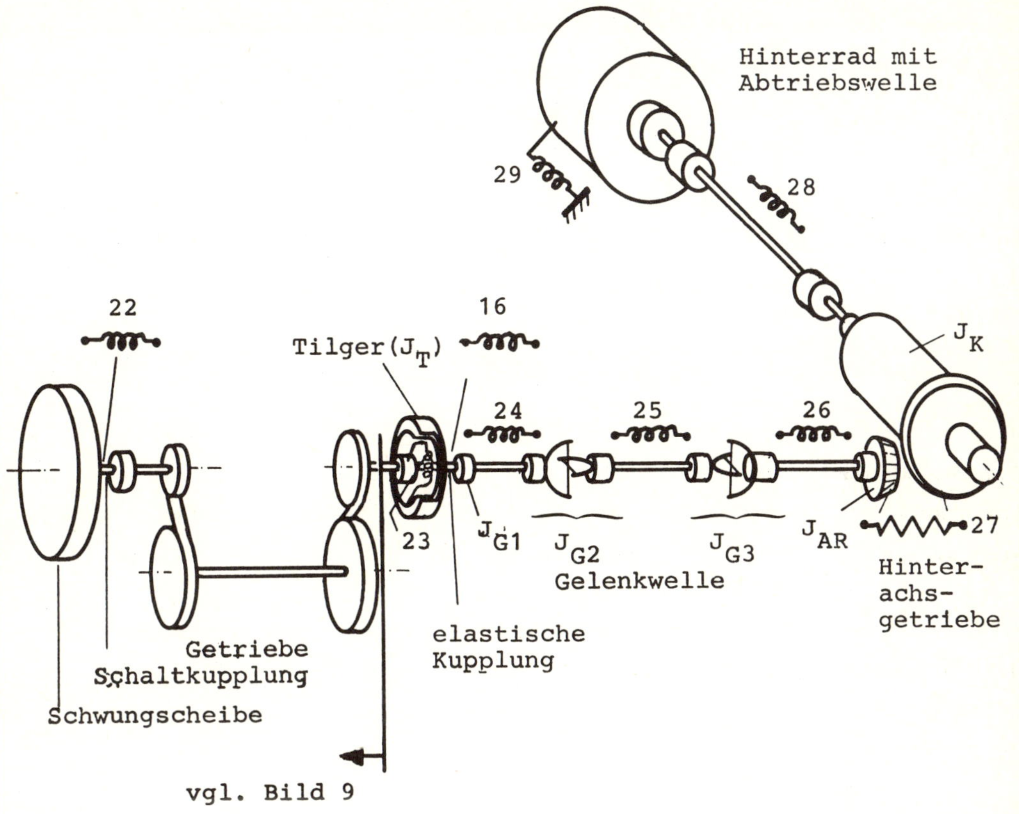

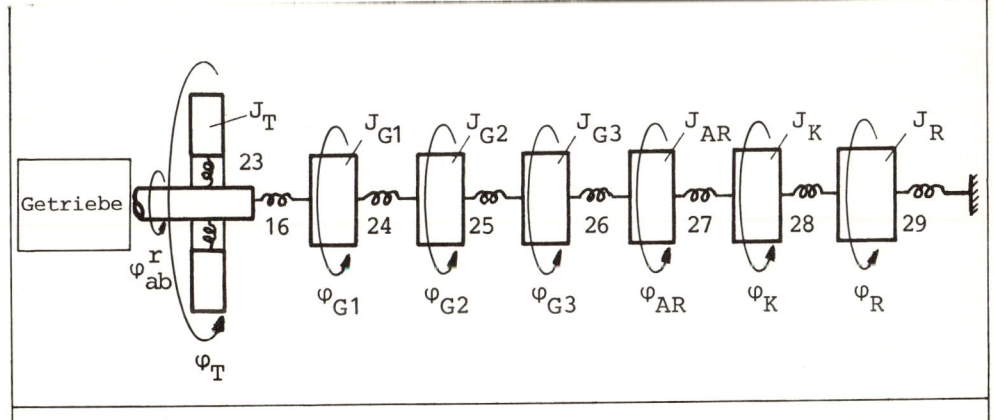

Bild 12: Ersatzmodell des Antriebsstranges

Bild 13: Zuordnung der Freiheitsgrade im Antriebsstrang

2.3.4.2. Kennlinien der Kupplungen

Das Getriebe befindet sich innerhalb des gesamten Antriebsstranges zwischen der Schaltkupplung und der elastischen Kupplung. Die Schaltkupplung - eine Einscheibenreibkupplung mit Torsionsdämpfer - weist eine stückweise lineare Federkennlinie auf, vgl. Bild 14.

Diese nichtlineare Kennlinie wird durch die sieben Kupplungsmoment-Verdrehwinkel-Wertepaare M_i, φ_i (i= 1,2,..,7)definiert, die die Koordindaten der Knickpunkte der Kennlinie sind. Ferner verläuft die Kennlinie im Zugbereich anders als im Schubbereich.

Bei Schwingungsuntersuchungen des verspannten Systems reicht es mit guter Näherung aus, wenn für die Kupplungsdämpfung ein geschwindigkeitsproportionaler Beiwert d_K eingeführt wird (vgl. /28/). Finden dagegen Schwingungen im "Null-Bereich" der Kennlinie statt, so ist es sinnvoller, eine Festkörperreibung mit der entsprechenden nichtlinearen Kennlinie zu berücksichtigen.

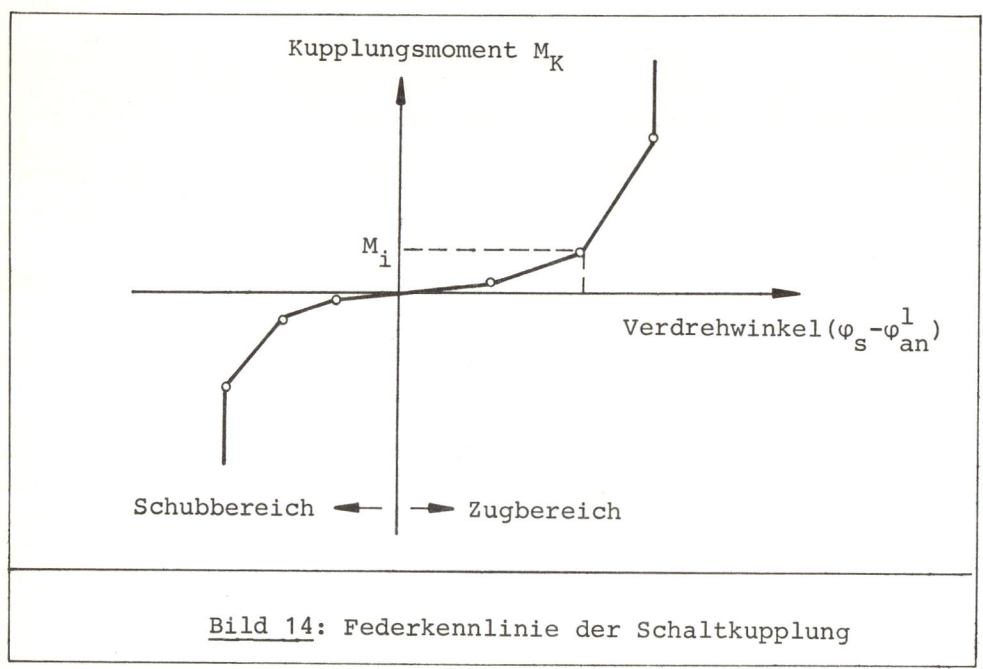

Bild 14: Federkennlinie der Schaltkupplung

Die elastische Abtriebskupplung besitzt ebenfalls eine nichtlineare Federkennlinie, die im Bild 15 dargestellt ist. Sie stellt
die Mittellinie einer gemessenen Hystereseschleife dar (im Bild
punktstrichliert dargestellt), aus dem der entsprechende Dämp-
fungsfaktor bestimmt wird. Die nichtlineare Federkennlinie läßt
sich hinreichend genau durch ein Polynom dritten Grades approximieren:

$$M_E(\varphi) = a_0\varphi + a_1\varphi^2 + a_2\varphi^3 \tag{2.5}$$

mit dem Verdrehwinkel $\varphi = \varphi^r_{ab} - \varphi_{G1}$, der sich aus der Drehung der
Abtriebswelle und der Drehung des linken Teils der Gelenkwelle
ergibt. Die entsprechende Steifigkeit k_{EK} erhält man als erste
Ableitung von $M_E(\varphi)$ nach φ .

Die auf der Basis der Hysterese und dem nach dem Ansatz in /16/
berechneten Dämpfungsfaktoren in Abhängigkeit vom Verdrehwinkel
lassen sich durch eine lineare Ersatzdämpfungskonstante d_{EK} ebenfalls hinreichend genau approximieren /27/.Die Parameter des
Schaltgetriebes zusammen mit den Parametern der Elemente des
restlichen Antriebsstranges sind im Anhang (A.2.) aufgeführt.

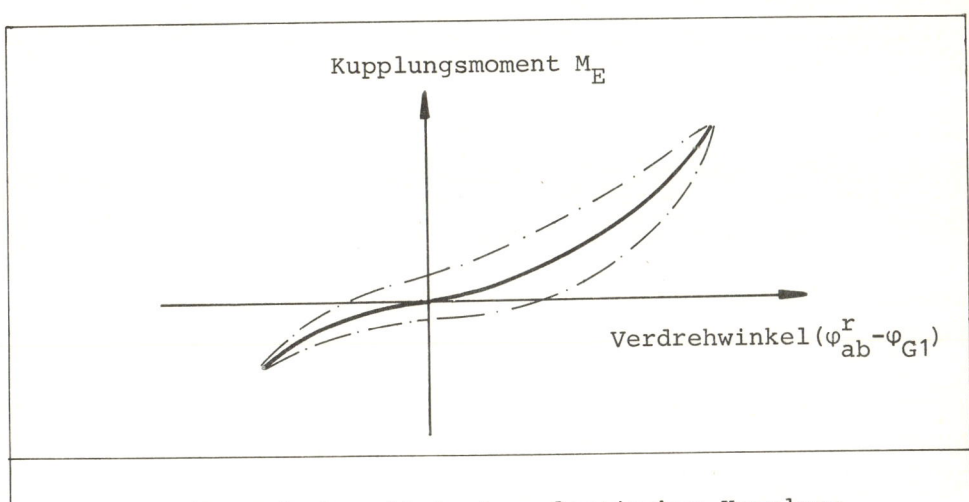

Bild 15: Federkennlinie der elastischen Kupplung

2.4 Kompaktplanetengetriebe

Das von der Firma BHS-Sonthofen entwickelte, neuartige Kompaktplanetengetriebe (vgl. /12/) zeichnet sich den herkömmlichen
Planetengetrieben gegenüber durch eine Reihe von Vorteilen aus:
Niedrigere Fertigungskosten, bessere Zugänglichkeit bei der In-
spektion und übersichtlichere Bauweise sind die wichtigsten von
ihnen. Im Bild 16 ist das Schnittbild des Getriebes einer Ver-
dichteranlage dargestellt. Es handelt sich hierbei um ein Beispiel aus der Baureihe der geradverzahnten Getriebe mit drei

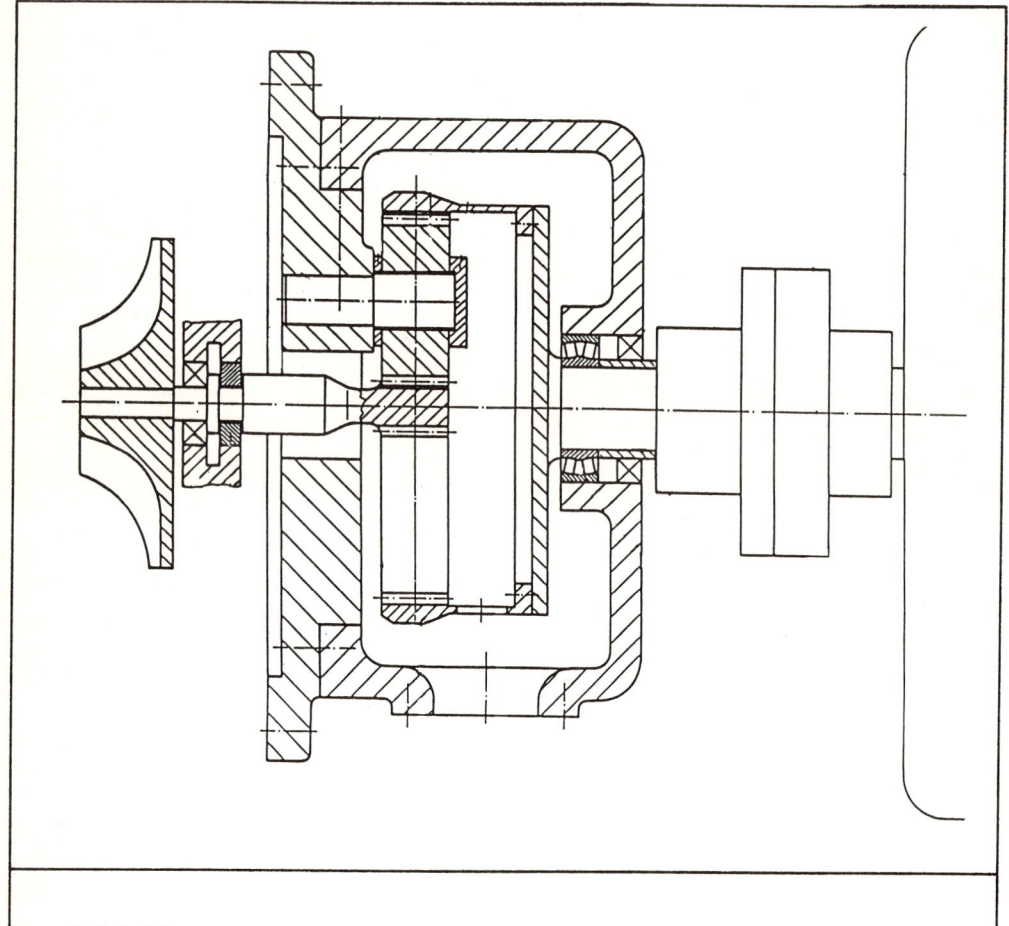

Bild 16: Kompaktplanetengetriebe (Werksbild BHS Sonthofen)

Planetenrädern. Der Planetenträger ist gehäusefest, so daß die betrachtete Ausführung einem Planetenstandgetriebe entspricht.

Das Getriebe weist eine Übersetzung von 8,9 auf. Die Antriebsleistung beträgt 550 kW bei einer Betriebsdrehzahl von n = 1485 U/min. Die Planetenräder sind auf den im Träger einseitig eingespannten Bolzen gleitgelagert. Das Hohlrad ist über einen Ringfortsatz mit dem Flansch der langsamlaufenden Welle verbunden, die ihrerseits über eine Kupplung mit der Antriebsmaschine gekoppelt ist. Die Laufradwelle des Verdichterrads ist mit dem Sonnenrad des Planetengetriebes fest integriert. Sie wird einerseits in einem Lager und andererseits in den Zahneingriffen mit den Planetenrädern geführt.

2.4.1 Das Ersatzmodell

Das Bild 17 zeigt das Ersatzmodell des Getriebes, wobei im Bild links der Stirnschnitt und rechts der Längsschnitt des Modells dargestellt sind. Die Antriebswelle mit dem Hohlrad haben den gemeinsamen Schwerpunkt S_H, die Masse m_H und besitzen neben den Radialfreiheitsgraden y_H, z_H und dem Drehfreiheitsgrad φ_H die Kippfreiheitsgrade κ_H und γ_H. J_H^x bzw. J_H^y und J_H^z sind ihr Längsträgheitsmoment bzw. ihre Querträgheitsmomente. Der gemeinsame Schwerpunkt der Laufradwelle und des Sonnenrads ist S_S. Wegen der zugelassenen Torsionselastizität (Koppelelement 15) der Laufradwelle besitzt diese Einheit (Masse m_S) die zwei Torsionsfreiheitsgrade φ_S^l, φ_S^r. Die entsprechenden Längsträgheitsmomente sind $J_{S,l}^x$ und $J_{S,r}^z$. Weiterhin weist sie die beiden radialen Freiheitsgrade y_S, z_S und die zwei Kippfreiheitsgrade κ_S und γ_S auf, wobei die zugehörigen Querträgheitsmomente mit J_S^x und J_S^z gekennzeichnet sind. Die Planetenräder P1, P2, P3 (Masse jeweils m_P, Längsträgheitsmoment jeweils J_P^x, Schwerpunkte S_{P1}, S_{P2}, S_{P3}) besitzen jeweils zwei Radialfreiheitsgrade y_{Pi}, z_{Pi} und einen Drehfreiheitsgrad φ_{Pi} (i = 1, 2, 3). Damit ergibt sich die Gesamtanzahl der Freiheitsgrade zu 20, wobei die Axialbewegungen nicht berücksichtigt werden (vgl. Bild 17).

50

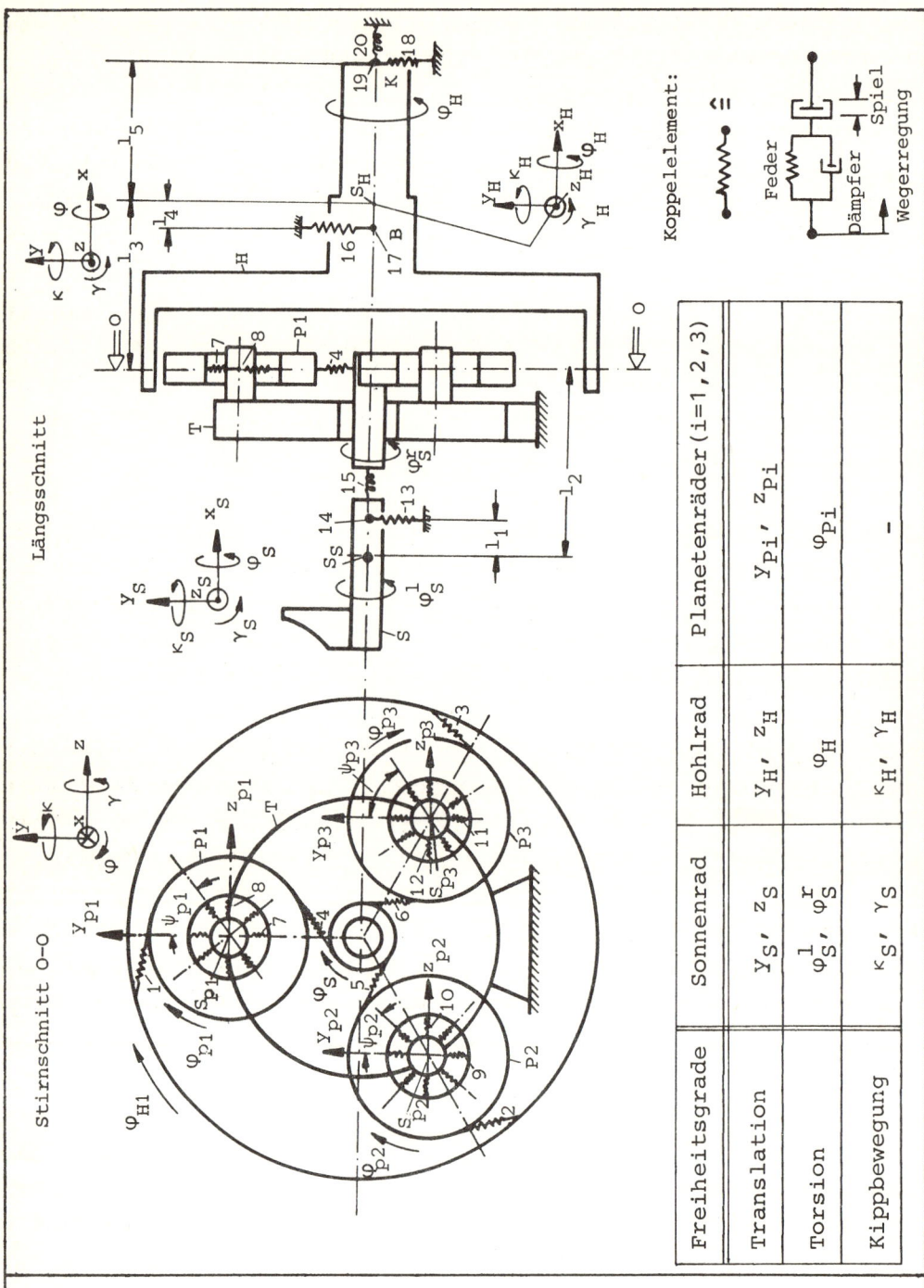

Bild 17: Ersatzmodell des Kompaktplanetengetriebes

Die Koppelelemente 1, 2, 3 bzw. 4, 5, 6 sind für die Verzah-
nungseingriffe am Hohlrad bzw. am Sonnenrad vorgesehen. Dabei
sind die geometrischen Verhältnisse im Eingriffsbereich zwischen
Planeten- und Sonnenrad dieselben, wie beim Stirnradgetriebe
(vgl. Kap. 2.2). Hier muß lediglich aufgrund der vorliegenden
Geradverzahnung der Grundschrägungswinkel $\beta = 0$ gesetzt werden.
Ähnliche Verhältnisse liegen auch in den Zahneingriffen zwischen
dem Hohlrad und den Planetenrädern vor. Dabei tangieren die
Wirkungslinien der entsprechenden Zahn-Koppelelemente den im
Stirnschnitt (vgl. Bild 17) der Übersichtlichkeit halber nicht
eingezeichneten Hohlradgrundkreis und die Grundkreise der Planetenräder.

Mit den Koppelelementen 7 bis 14 werden die Gleitlager der Planetenräder und der Laufradwelle berücksichtigt. Bezüglich der Bedeutung dieser Gleitlager-Koppelelemente wird auf das Kapitel 2.2
hingewiesen (vgl. dort Gln. (2.2)). Die Hauptrichtungen der Pla-
netenlager bzw. der Laufradwelle sind gegenüber den Koordinaten y
und z um die Winkel ψ_{Pi} (i = 1, 2, 3) bzw. ψ_A gedreht.

In den Koppelelementen 1, 2, 3 bzw. 7 bis 12 werden anteilmäßig
die Hohlradelastizität bzw. die Elastizität der Planetenbolzen
berücksichtigt. Das Wälzlager B der Antriebswelle wird durch die
Koppelelemente 16 und 17 modelliert. Die Radial- und Torsions-
nachgiebigkeiten der Kupplung K zwischen Antriebswelle und der
Antriebsmaschine sind durch die Koppelelemente 18, 19 und 20
charakterisiert. Die Parameter l_1 bis l_5 kennzeichnen die Schwerpunktsabstände der Lager, der Stirnschnittebene und der Kupplung.
Die Grundkreisradien von Planetenrad, Sonnenrad und Hohlrad sind
$r_{g,P}$, $r_{g,S}$, $r_{g,H}$, die Wälzkreisradien $r_{o,P}$, $r_{o,S}$, $r_{o,H}$. Alle Zahneingriffe weisen näherungsweise den gleichen Betriebseingriffs-
winkel α auf. Die Berücksichtigung der kleinen Betriebswinkelab-
weichungen in den Zahneingriffen des Planetenrads ist bei der Berechnung der Phasenverschiebungen der Zahnsteifigkeitsverläufe
wichtig.

In den sechs Zahneingriffen am Hohlrad und am Sonnenrad sind
folgende Zahnfehlerfunktionen wirksam:

Am Hohlrad,   Eingriff 1: $f_{1,H}$, $f_{1,P}$
               Eingriff 2: $f_{2,H}$, $f_{2,P}$
               Eingriff 3: $f_{3,H}$, $f_{3,P}$

Am Sonnenrad, Eingriff 4: $f_{4,S}$, $f_{4,P}$
               Eingriff 5: $f_{5,S}$, $f_{5,P}$
               Eingriff 6: $f_{6,S}$, $f_{6,P}$

Bezeichnet man die Grund-Fehlerfunktionen von Planetenrädern,
Sonnenrad, Hohlrad mit $f_{P1}(\Theta)$, $f_{P2}(\Theta)$, $f_{P3}(\Theta)$, $f_S(\Theta)$, $f_H(\Theta)$,
wobei Θ den auf dem Wälzkreis zurückgelegten Drehweg bedeutet, so
lassen sich die wirksamen Fehlerfunktionen in Abhängigkeit von
diesen Grund-Fehlerfunktionen und von der Anzahl der Planetenräder angeben. Bei einem Getriebe mit drei Planetenrädern gilt z.B.

$$f_{1,H} = f_H(\Theta), \qquad f_{2,H} = f_H(\Theta+120^\circ), \quad f_{3,H} = f_H(\Theta+240^\circ),$$

$$f_{4,S} = f_S(\Theta), \qquad f_{5,S} = f_S(\Theta+120^\circ), \quad f_{6,S} = f_S(\Theta+240^\circ),$$

$$f_{1,P} = f_{P1}(\Theta), \qquad f_{2,P} = f_{P2}(\Theta), \qquad f_{3,P} = f_{P3}(\Theta),$$

$$f_{4,P} = f_{P1}(\Theta+180^\circ), \quad f_{5,P} = f_{P2}(\Theta+180^\circ), \quad f_{6,P} = f_{P3}(\Theta+180^\circ).$$

$$(2.6)$$

2.4.2.   Zahnsteifigkeitsverläufe und Phasenverschiebungen

Im Bild 18 sind die Gesamtsteifigkeiten der Zähne zwischen dem
Hohlrad und dem Planetenrad bzw. zwischen dem Planetenrad und
Sonnenrad dargestellt. Wegen verschiedener Überdeckungsgrade
erhält man unterschiedliche Verläufe, die bezüglich ihrer Mittelwerte normiert sind. Bei ihrer Berechnung wurden die Vergrößerungen der Überdeckungsgrade infolge der statischen Zahnauslenkungen
berücksichtigt.

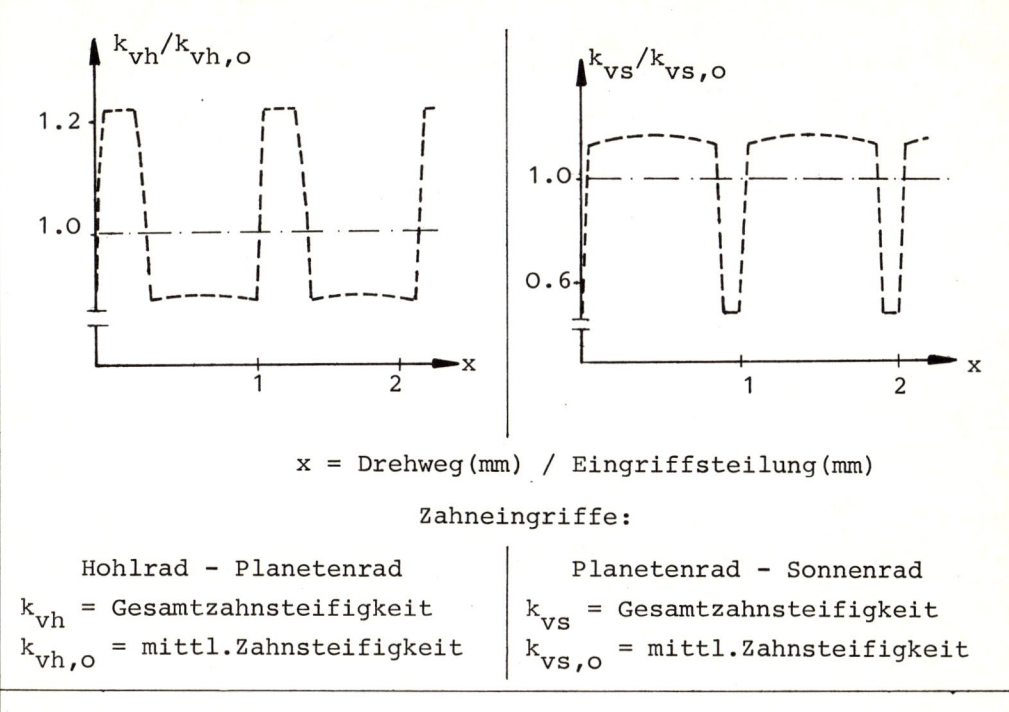

x = Drehweg(mm) / Eingriffsteilung(mm)

Zahneingriffe:

Hohlrad - Planetenrad	Planetenrad - Sonnenrad
k_{vh} = Gesamtzahnsteifigkeit	k_{vs} = Gesamtzahnsteifigkeit
$k_{vh,o}$ = mittl.Zahnsteifigkeit	$k_{vs,o}$ = mittl.Zahnsteifigkeit

Bild 18: Zahnsteifigkeitsverläufe des Kompaktplanetengetriebes

In den sechs Eingriffsbereichen (drei am Hohlrad und drei am Sonnenrad) kommen die Zähne nicht bei gleicher Winkelstellung der Räder zum Eingriff. Das heißt, die Steifigkeitsänderungen durch einen neuen Zahneingriff treten zu verschiedenen Stellungen der Räder ein. Folglich weisen die zugehörigen Zahnsteifigkeitsverläufe der Koppelelemente 1, 2, 3 (Zahneingriffe am Hohlrad) und 4, 5, 6 (Zahneingriffe am Sonnenrad) Phasenverschiebungen auf, die es zu berechnen gilt. Im Bild 19 sind die Verhältnisse qualitativ dargestellt:

Die Steifigkeiten k_{v1}, k_{v3} (vgl. Bild 19c) der Hohlradzahneingriffe 1, 2, 3 (vgl. Bild 19a) sind jeweils um den Betrag p_H phasenverschoben, wobei p_H den auf dem Wälzkreis zurückgelegten

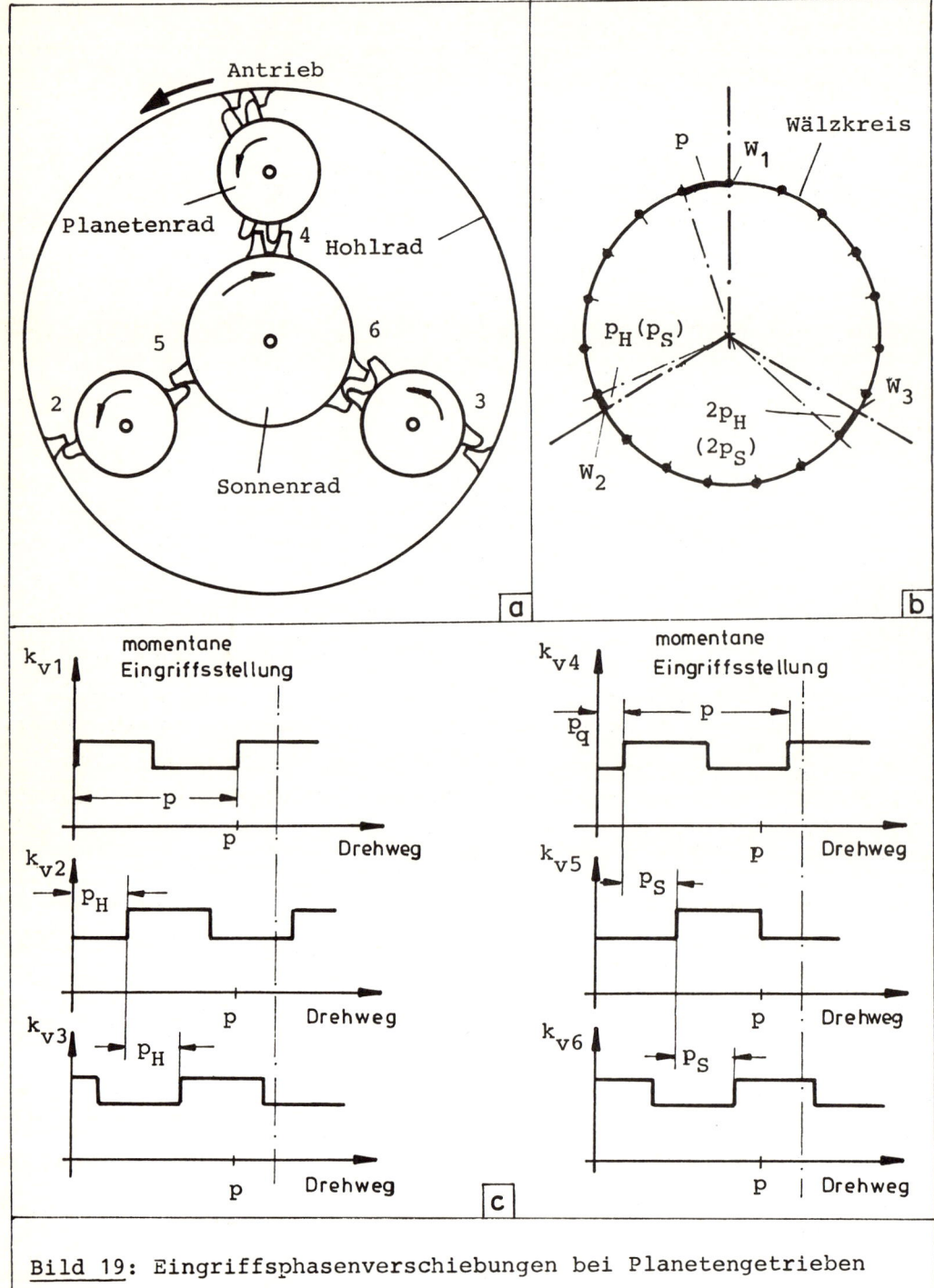

Bild 19: Eingriffsphasenverschiebungen bei Planetengetrieben

Weg bedeutet. Diesem Weg entspricht eine bestimmte Hohlraddrehung. Ein neuer Zahneingriff macht sich bei den qualitativ als Rechteckfunktion dargestellten Zahnsteifigkeiten durch die Erhöhung der Steifigkeit bemerkbar. Betrachtet man z.B. die Verläufe von k_{v1}, k_{v2}, k_{v3}, so stellt man fest, daß zwischen den neuen Zahneingriffen der Drehweg p_H (= Phasenverschiebung) zurückgelegt werden muß. Dabei ist p_H stets kleiner als die Eingriffsteilung p. Für die Steifigkeiten k_{v4}, k_{v5}, k_{v6} der Sonnenradzahneingriffe 4, 5, 6 gilt Analoges. Sie sind untereinander um den Betrag p_S phasenverschoben. Wie bereits erwähnt, stellen die Parameter p_H und p_S Wälzwege auf den entsprechenden Wälzkreisen dar und hängen nur von der Anzahl der Planetenräder, der Zähnezahl des Hohlrads bzw. des Sonnenrads und der Eingriffsteilung ab.

Im Bild 19b ist exemplarisch der Wälzkreis eines Rades (Hohlrad oder Sonnenrad) mit 19 Zähnen dargestellt. Den 19 Zähnen entsprechen 19 Eingriffsteilungen p auf dem Wälzkreis. Berücksichtigt man z.B. drei Planetenräder, so sind die entsprechenden Wälzpunkte W_1, W_2, W_3 um 120 Grad gegeneinander versetzt. Geht man nun davon aus, daß die Punkte auf dem Wälzkreis die Zähne charakterisieren und ein neuer Zahneingriff beim Übereinstimmen dieser Punkte mit den Wälzpunkten stattfindet, so kann man sich die geometrischen Verhältnisse zwischen p_H oder p_S und p leicht überlegen. Die formelmäßigen Zusammenhänge lauten

$$p_H = \left(\frac{z_H}{n_p} - c_H\right)p, \qquad p_S = \left(\frac{z_S}{n_p} - c_S\right)p. \qquad (2.7)$$

z_H = Zähnezahl des Hohlrads (positiv zu nehmen),
z_S = Zähnezahl des Sonnenrads,
n_p = Anzahl der Planetenräder,
c_H = Der ganzzahlige Teil des Wertes z_H/n_p,
c_S = Der ganzzahlige Teil des Wertes z_S/n_p,
p = Eingriffsteilung.

Für das Beispiel aus Bild 19b mit z_H (oder z_S) = 19 erhält man
für p_H (oder p_S)

$$p_H = \left(\frac{19}{3} - 6\right)p = 0,333p. \qquad (2.8)$$

Aus den obigen Ausführungen geht hervor, daß die Phasenverschiebungen p_H bzw. p_S verschwinden, wenn die Zähnezahl des Hohlrads
bzw. Sonnenrads durch die Anzahl der Planetenräder teilbar ist.
In solchen Fällen würden die Zähne am Hohlrad oder am Sonnenrad
zum gleichen Zeitpunkt in den Eingriff kommen und die Parametererregung im System intensivieren.

Wegen unterschiedlicher Verzahnungsgeometrie existiert eine weitere Phasenverschiebung p_q zwischen dem Zahneingriff am Hohlrad
und dem am Sonnenrad, vgl. Bild 19c. Die Berechnung von p_q ist
relativ kompliziert und erfordert i.a. die numerische Ermittlung
der Lösungen einer skalaren tranzendenten Gleichung, vgl. VONDER-
SCHMIDT /98/. Die in /98/ angegebenen Gleichungen lassen sich
jedoch wesentlich vereinfachen, wenn bei der Berechnung der Zahn-
dicke eine Näherung verwendet wird. Die Beziehungen zur Ermittlung von p_q sind im Anhang (A.4.) angegeben.

Die Parameter des Kompaktplanetengetriebes sind im Anhang (A.3.)
aufgeführt.

3 Mathematische Systembeschreibung

Nach der Erstellung des Ersatzmodells stellt die mathematische Beschreibung des Problems, d.h. die Herleitung der Bewegungs-differentialgleichung den zweiten Schritt einer theoretischen Schwingungsuntersuchung dar. Aus den Ausführungen des vorherge-henden Kapitels geht hervor, daß die Ersatzmodelle der betrachte-ten Getriebe aus gleichen Modellelementen bestehen. Diese sind

- o   starre Körper,
- o   Lager-Koppelelemente,
- o   Zahn-Koppelelemente,
- o   Torsions-Koppelelemente der Wellen
        und der Kupplungen.

Bei den Lager-Koppelelementen muß man zwischen Wälz- und Gleitla-ger unterscheiden. Ein allgemeines Ersatzmodell (ein starres Mehrkörpersystem), welches die genannten Modellelemente besitzt, ist im Bild 20 dargestellt. Es liegt nahe, die Bewegungsgleichung

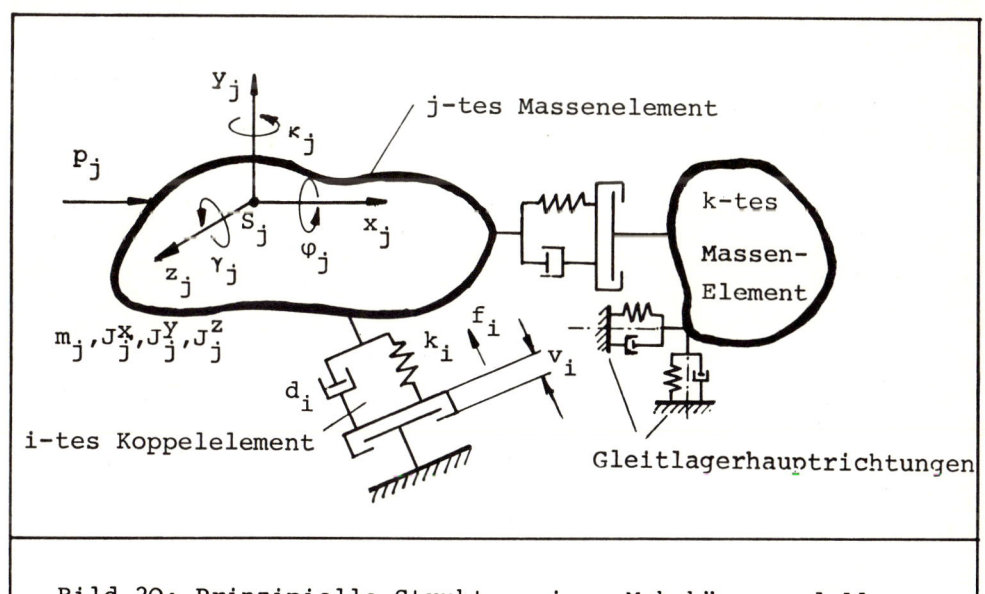

Bild 20: Prinzipielle Struktur eines Mehrkörpermodells
von Antriebssträngen mit Zahnradgetrieben

für dieses (starre) Mehrkörpersystem allgemein herzuleiten; die
speziellen Fälle der allgemeinen Gleichung können dann für die
verschiedenen Anwendungen der im Kapitel 2 erläuterten Getriebe
relativ leicht abgelesen werden. Zunächst sollen jedoch die Eigenschaften der Ersatzmodelle erläutert werden.

3.1 Eigenschaften der mechanischen Ersatzmodelle

Das Modell besteht aus n starren Massenelementen, die untereinander und/oder inertial über Koppelelemente verbunden sind.Das j-te
Massenelement (Schwerpunkt S_j, Masse m_j, Hauptträgheitsmomente
J_x^j, J_y^j, J_z^j) ist mit der Umgebung oder mit dem k-ten Massenelement
über Koppelelemente verbunden, die aus Federn und Dämpfern (Dämpfungsbeiwert d_i, Steifigkeitsbeiwert k_i) bestehen, die ihrerseits
Spiel v_i aufweisen können. Der Angriffspunkt der Feder kann durch
eine Wegerregerfunktion f_i verschoben werden. Ferner kann am
Massenelement eine eingeprägte, äußere Kraft(oder äußeres Moment)
p_j angreifen, die in Richtung der verallgemeinerten Koordinaten
des Gesamtsystems definiert ist. Diese Voraussetzung bedeutet
keine große Einschränkung, da in Antriebssträngen mit Zahnradgetrieben solche äußeren Kräfte und Momente fast immer in dieser
Form vorliegen. Die Funktionen f_i und p_j treten i.a. nur in
wenigen Koppel- bzw. Massenelementen auf, wie etwa in Zahnradstufen bzw. An- oder Abtriebselementen in Folge von Zahnfehlern
bzw. äußeren Momenten.

Gyroskopische Kräfte und Gewichtskräfte werden nicht betrachtet,
da sie meist gegenüber den sonstigen im System auftretenden
Kräften vernachlässigt werden dürfen. Die kleinen Schwingungen
des Massenelements werden mit den verallgemeinerten Koordinaten
x_j bis γ_j beschrieben, die in dem verallgemeinerten Lagevektor
zusammengefaßt sind:

$$\mathbf{q}_j = \left[x_j, y_j, z_j, \varphi_j, \kappa_j, \gamma_j \right]^T . \tag{3.1}$$

Das Modell des kompletten Antriebsstranges besteht aus n Massen-

elementen und m Koppelelementen. Die maximale Anzahl der Freiheitsgrade beträgt f_{max} = 6xn, wenn pro Massenelement 6 Freiheitsgrade zugelassen werden. Der Vektor **q** der verallgemeinerten
Koordinaten für das Gesamtsystem lautet

$$\mathbf{q} = \left[\mathbf{q}_1^T, \ldots, \mathbf{q}_n^T\right]^T. \tag{3.2}$$

Alle Größen des Koppelelements, d.h. d_i, k_i, v_i, f_i, und die
äußere "Kraft" $\mathbf{p}_j$ können allgemeine nichtlineare und/oder zeitvariable Funktionen darstellen. So sind im Modell z.B. auch
zeitvariable Zahnsteifigkeiten, nichtlineare Kupplungs- und La-
gerkennlinien usw. zugelassen.

Wie bereits im Kapitel 2.3 erwähnt, nehmen die Gleitlager im
Ersatzmodell eine Sonderstellung ein. Sie lassen sich zeichentechnisch anschaulich nicht darstellen. Für die vier Steifigkeitskoeffizienten (zwei Kreuzkoppelelemente, zwei Hauptkoppel-
elemente) können im Modell nur die den Hauptrichtungen entsprechenden Koppelelemente dargestellt werden, vgl. Bild 20.

3.2 Herleitung der Bewegungsgleichung

Zur Herleitung der Bewegungsdifferentialgleichungen für das System wird die Methode nach Lagrange (Lagrange'sche Gleichungen 2.
Art) gewählt.

Mit der kinetischen Energie T, der potentiellen Energie V, der
Dissipationsfunktion R, den Vektoren **u**, **ũ** der verallgemeinerten
Kräfte und dem verallgemeinerten Lagevektor **q** lautet die Lagran-
ge'sche Gleichung 2. Art als Vektorgleichung

$$\frac{d}{dt}\left(\frac{\partial T}{\partial \dot{\mathbf{q}}}\right) - \frac{\partial T}{\partial \mathbf{q}} + \frac{\partial V}{\partial \mathbf{q}} + \frac{\partial R}{\partial \mathbf{q}} = \mathbf{u} + \tilde{\mathbf{u}}, \tag{3.3}$$

wobei die Gesamtenergien sich aus Teilenergien der Massenelemente
bzw. Koppelelemente zusammensetzen:

$$T = \sum_{i=1}^{n} T_i, \quad V = \sum_{i=1}^{m} V_i, \quad R = \sum_{i=1}^{m} R_i. \tag{3.4}$$

Der Vektor **u** charakterisiert die eingeprägten äußeren Kräfte und Momente, der Vektor **ũ** die eingeprägten inneren nichtkonservativen Kräfte in Folge der Kreuzkopplung in den Gleitlagern. Aufgrund der im Kapitel 3.1 gemachten Voraussetzungen läßt sich **u** als Summe der Vektoren der eingeprägten äußeren Kräfte und Momente darstellen:

$$\mathbf{u} = \sum_{i=1}^{n_a} \mathbf{p}_i. \tag{3.5}$$

n_a = Anzahl der eingeprägten äußeren Kräfte und Momente.

Der Vektor **ũ** setzt sich entsprechend der Anzahl n_G der Gleitlager aus Teilvektoren zusammen:

$$\mathbf{\tilde{u}} = \sum_{i=1}^{n_G} \mathbf{\tilde{u}}_i. \tag{3.6}$$

Auf die Berechnung der Vektoren **ũ**$_i$ wird im Kapitel 3.2.1 näher eingegangen.

Als potentielle Energie kommt nur das Federpotential der Koppelelemente in Frage. Für das i-te Federpotential des i-ten Koppelelements erhält man

$$V_i = \int_0^{a_i} F_i(\xi) \, d\xi \tag{3.7}$$

mit der stückweise definierten Federkraft (vgl. z.B. Bild 10)

$$\mathbf{F}_i(a_i) = \begin{cases} k_i a_i & \text{für} \quad 0 < a_i \\ 0 & \text{für} \quad -v_i \le a_i \le 0 \\ k_i(a_i + v_i) & \text{für} \quad a_i < -v_i \end{cases} \tag{3.8}$$

wenn

$$a_i = s_i + f_i \qquad (3.9)$$

die effektive Federverformung bedeutet. Hierbei sind v_i das Spiel, s_i die Auslenkung des Koppelelements (vgl. Gln. (3.10)) und f_i die Wegerregerfunktion am Koppelelement (vgl. Bild 20). Bei den Gleitlagern sind für die Berechnung der Federkräfte (Gln.(3.8)) die entsprechenden Hauptkoeffizienten maßgeblich. Die Kreuzkoeffizienten führen zu Nicht-Potentialkräften, die im Kapitel 3.2.1 behandelt werden.

Der Federverformungsanteil s_i in Gln.(3.9) läßt sich darstellen als Skalarprodukt aus dem Lagevektor $\mathbf{q}$ und einem Strukturvektor $\mathbf{w}_i$ der den geometrischen Zusammenhang zwischen s_i und $\mathbf{q}$ wiedergibt /53/:

$$s_i = \mathbf{w}_i^T \mathbf{q} \qquad (3.10)$$

Zur Berechnung der Dissipationsfunktion R_i werden analoge Zusammenhänge verwendet. Für den linearen Fall (System ohne Spiel) ergibt sich R_i als

$$R_i = \frac{1}{2} \dot{\mathbf{q}}^T \mathbf{D}_i \dot{\mathbf{q}} \quad , \qquad (3.11)$$

wobei $\mathbf{D}_i$ die symmetrische Dämpfungsmatrix bedeutet (vgl. Gln. (3.25))

Die kinetische Energie ergibt sich als

$$T = \frac{1}{2} \dot{\mathbf{q}}^T \mathbf{M} \dot{\mathbf{q}} , \qquad (3.12)$$

wobei $\mathbf{M}$ eine diagonale Massenmatrix ist:

$$\mathbf{M} = \text{diag}\{m_1, m_1, m_1, J_1^x, J_1^y, J_1^z, \ldots, m_n, m_n, m_n, J_n^x, J_n^y, J_n^z\}$$

$$= \text{diag}\{m_i\}.$$

Mit den Gln. (3.3) bis (3.12) und den Ausführungen im nächsten Unterkapitel kann die Bewegungsdifferentialgleichung des Gesamtsystems angegeben werden.

3.2.1.   Gleitlageranteile

Wie bereits im Kapitel 2.2 erwähnt, lassen sich die in Lagerhauptrichtungen $\bar{y}$, $\bar{z}$ weisenden Kräfte in Abhängigkeit von den
acht Lagerkoeffizienten gemäß der Gln. (2.2) anschreiben. Dabei
sind $\bar{y}$ und $\bar{z}$ den vorgegebenen Lagerverschiebungskoordinaten s_η,
s_ζ gegenüber um den Winkel ψ gedreht. Für die weiteren Untersuchungen ist es sinnvoll, die radialen Lagerkräfte in Abhängigkeit von s_η, s_ζ zu beschreiben. Dies läßt sich mittels der
Transformationsmatrix

$$\mathbf{T} = \begin{bmatrix} \cos\psi & \sin\psi \\ -\sin\psi & \cos\psi \end{bmatrix} \qquad (3.13)$$

erreichen. Die Kräfte ohne Dämpfungsanteile lauten dann

$$\begin{bmatrix} F_\eta \\ F_\zeta \end{bmatrix} = \mathbf{T}^T \begin{bmatrix} k_{1,1} & k_{1,2} \\ k_{2,1} & k_{2,2} \end{bmatrix} \mathbf{T} \begin{bmatrix} s_\eta \\ s_\zeta \end{bmatrix}. \qquad (3.14)$$

In Gln. (3.14) läßt sich der Ausdruck vor dem Lagerverschie-
bungsvektor auf der rechten Seite als eine neue Steifigkeitsmatrix

$$\begin{bmatrix} k_\eta & \tilde{k}_\eta \\ \tilde{k}_\zeta & k_\zeta \end{bmatrix} = \mathbf{T}^T \begin{bmatrix} k_{1,1} & k_{1,2} \\ k_{2,1} & k_{2,2} \end{bmatrix} \mathbf{T} \qquad (3.15)$$

schreiben, wobei k_η, k_ζ die transformierten Hauptkoeffizienten
und $\tilde{k}_\eta$, $\tilde{k}_\zeta$ die transformierten Kreuzkoeffizienten bedeuten. Die
Zeilen der Gln. (3.14) ergeben sich somit als

$$F_\eta = k_\eta s_\eta + \tilde{k}_\eta s_\zeta, \qquad F_\zeta = k_\zeta s_\zeta + \tilde{k}_\zeta s_\eta. \qquad (3.16)$$

Die Lagersteifigkeitsmatrix (3.15) läßt sich in einen symmetrischen und einen schiefsymmetrischen Anteil aufteilen. Dabei werden durch den symmetrischen Anteil konservative und durch den
schiefsymmetrischen Anteil nichtkonservative Kräfte im System

hervorgerufen. Diese Aufteilung wird im folgenden aus Über-
sichtlichkeitsgründen nicht vorgenommen, sondern es werden die
infolge der Hauptkoeffizienten bzw. der Kreuzkoeffizienten er-
zeugten Kraftanteile $\bar{F}_\eta$, $\bar{F}_\zeta$ bzw. $\tilde{F}_\eta$, $\tilde{F}_\zeta$ getrennt behandelt. Sie
ergeben sich als

$$\bar{F}_\eta = k_\eta s_\eta, \quad \bar{F}_\zeta = k_\zeta s_\zeta, \tag{3.17}$$

$$\tilde{F}_\eta = \tilde{k}_\eta s_\zeta, \quad \tilde{F}_\eta = \tilde{k}_\zeta s_\eta. \tag{3.18}$$

Für $\bar{F}_\eta$, $\bar{F}_\zeta$ läßt sich ein Potential, vgl. Gln. (3.7), angeben und
entsprechend in der Bewegungsgleichung berücksichtigen. Bei F_η,
F_ζ können die zugehörigen verallgemeinerten Kräfte formuliert
werden:

$$\tilde{\mathbf{u}}_\eta = -\left(\frac{\partial s_\eta}{\partial \mathbf{q}}\right)^T \tilde{F}_\eta, \qquad \tilde{\mathbf{u}}_\zeta = -\left(\frac{\partial s_\zeta}{\partial \mathbf{q}}\right)^T \tilde{F}_\zeta. \tag{3.19}$$

Hierbei ist zu beachten, daß die auf den Körper wirkenden Lager-
schnittkräfte in negative Lagerverschiebungsrichtungen weisen.

Mit Gln. (3.10), (3.18) erhält man die Summe der auf Kreuzkoeffizienten basierenden verallgemeinerten Kräfte als

$$\tilde{\mathbf{u}}_\eta + \tilde{\mathbf{u}}_\zeta = -(\tilde{k}_\eta \mathbf{w}_\eta \mathbf{w}_\zeta^T + \tilde{k}_\zeta \mathbf{w}_\zeta \mathbf{w}_\eta^T)\mathbf{q} - (\tilde{d}_\eta \mathbf{w}_\eta \mathbf{w}_\zeta^T + \tilde{d}_\zeta \mathbf{w}_\zeta \mathbf{w}_\eta^T)\dot{\mathbf{q}}, \tag{3.20}$$

wenn zusätzlich die Dämpfungsanteile berücksichtigt sind.

3.2.2.   Darstellung der Bewegungsgleichung

Nach den bisherigen Ausführungen ergibt sich die Bewegungsdifferentialgleichung zu

$$\mathbf{M}\ddot{\mathbf{q}} + (\mathbf{D}+\tilde{\mathbf{D}})\dot{\mathbf{q}} + (\mathbf{K}+\tilde{\mathbf{K}})\mathbf{q} = \mathbf{u} + \mathbf{b}, \tag{3.21}$$

wobei $\mathbf{M}$ die Massenmatrix, $\mathbf{D}$ bzw. $\tilde{\mathbf{D}}$ die symmetrische Dämpfungsmatrix bzw. die unsymmetrische geschwindigkeitsabhängige Matrix K bzw. $\tilde{K}$ die konservative (symmetrische) bzw. die unsymmetrische Steifigkeitsmatrix darstellen. Es sei an dieser Stelle erwähnt, daß die unsymmetrische Matrix $\tilde{K}$ in einen symmetrischen und einen schiefsymmetrischen Anteil aufgeteilt werden kann, wobei der schiefsymmetrische Anteil die nichtkonservative Steifigkeitsmatrix N (vgl. Gln. (1.1)) ergeben würde. Der Vektor u enthält die äußere Belastung und mit dem Vektor b werden die Spiele sowie die inneren Erregerquellen des Systems charakterisiert.

Die radialen Gleitlager weisen jeweils zwei Koppelelemente auf. Geht man nun o.B.d.A. davon aus, daß bei n_G Gleitlagern die ersten $2n_G$ der insgesamt m Koppelelemente zu den Gleitlagern gehören, so lassen sich die Matrizen der Bewegungsgleichung (3.21) und der Vektor b mit Hilfe der dyadischen Produkte der eingeführten Strukturvektoren w_i (i = 1,.., m) folgendermaßen als Summen darstellen:

$$K = \sum_{i=1}^{m} K_i, \quad D = \sum_{i=1}^{m} D_i, \quad b = \sum_{i=2n_G}^{m} b_i, \quad (3.22)$$

$$\tilde{K} = \sum_{i=1}^{n_G} (\tilde{k}_\nu w_\nu w_\mu^T + \tilde{k}_\mu w_\mu w_\nu^T), \quad \text{mit } \nu=2i-1,\ \mu=2i, \quad (3.23)$$

$$\tilde{D} = \sum_{i=1}^{n_G} (\tilde{d}_\nu w_\nu w_\mu^T + \tilde{d}_\mu w_\mu w_\nu^T), \quad \text{mit } \nu=2i-1,\ \mu=2i, \quad (3.24)$$

$$K_i = k_i w_i w_i^T, \quad D_i = d_i w_i w_i^T, \quad (3.25)$$

$$b_i = \begin{cases} (-k_i f_i + d_i \dot{f}_i) w_i & \text{für} \quad 0 < a_i \\ (D_i q + K_i q) & \text{für} \quad -v_i \le a_i \le 0 \\ -\left[k_i (f_i + v_i) + d_i \dot{f}_i\right] w_i & \text{für} \quad a_i \le -v_i \end{cases} \quad (3.26)$$

Aus den Gln. (3.23), (3.24) geht hervor, daß die Strukturvektoren w_i (i = 1,.., m) zur übersichtlichen und rechnergerechten Bildung der Bewegungsgleichung wesentlich beitragen. Ferner kann anhand dieser Strukturvektoren gezeigt werden, daß z.B. die Steifigkeitsmatrix höchstens den Rang $m_w < m$ besitzt, wenn m_w die Anzahl der linear unabhängigen Strukturvektoren bedeutet. Damit hat man ein Kriterium in der Hand, mit dessen Hilfe man die kinematische Bestimmtheit bezüglich der gewählten verallgemeinerten Koordinaten überprüfen kann. Für kinematisch bestimmte Modelle muß die Steifigkeitsmatrix vollen Rang haben, was gleichzeitig bedeutet, daß die Anzahl der Koppelelemente mit entsprechenden linear unabhängigen Strukturvektoren mindestens der Anzahl der Freiheitsgrade entsprechen muß.

Da die Parameter m_i, d_i, $\tilde{d}_i$, k_i, $\tilde{k}_i$, f_i, v_i des mechanischen Ersatzmodells bekannt sind, kann die Bewegungsgleichung (3.21) als erstellt betrachtet werden, wenn die Strukturvektoren w_i (i = 1,.., m) angegeben sind. Diese basieren aber nur auf der Geometrie des Systems, so daß sie sich für die typischen Bausteine eines Antriebsstrangs im voraus ermitteln und für Anwendungen bereitstellen - abrufbereit speichern - lassen. Dies soll im nächsten Unterkapitel geschehen.

3.3 Strukturelemente des Antriebsstrangs

Als Strukturelemente sollen im folgenden diejenigen Bauteile eines Antriebsstranges bezeichnet werden, deren Geometrie zur Berechnung der im Kap.3.2 eingeführten Strukturvektoren maßgeblich ist. Die Erstellung der Strukturvektoren erfolgt unter Verwendung der verallgemeinerten Koordinaten des Strukturelements.

3.3.1.   Einfache Getriebestufe

Es wird eine Radpaarung mit Evolventenschrägverzahnung betrachtet, die insgesamt 12 Freiheitsgrade aufweist. Im Bild 21 sind der Stirn- und der Längsschnitt sowie der Zahneingriff dieser einfachen Getriebestufe mit den entsprechenden Koordinaten x_1 bis γ_1 für die obere Einheit (Antriebswelle und Antriebsrad) bzw. x_2 bis γ_2 für die untere Einheit (Abtriebswelle und Abtriebsrad) dargestellt. Im einzelnen bedeuten

$$\alpha = \text{Betriebseingriffswinkel im Stirnschnitt,}$$
$$\beta = \text{Grundschrägungswinkel,}$$
$$r_{g1}, r_{g2} = \text{Grundkreisradien,}$$
$$r_{o1}, r_{o2} = \text{Wälzkreisradien.}$$

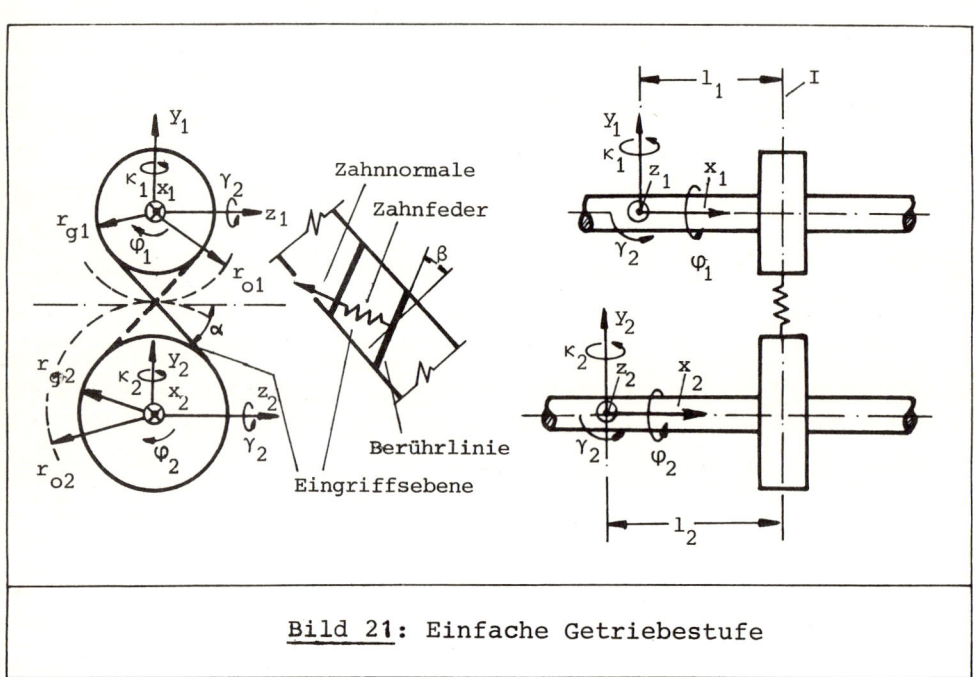

Bild 21: Einfache Getriebestufe

Für die Zahnauslenkung s_Z in Abhängigkeit von den Vektoren

$$\mathbf{q}_{Z1} = \left[x_1, y_1, z_1, \varphi_1, \kappa_1, \gamma_1\right]^T, \quad \mathbf{q}_{Z2} = \left[x_2, y_2, z_2, \varphi_2, \kappa_2, \gamma_2\right]^T \quad (3.27)$$

der verallgemeinerten Koordinaten erhält ·man

$$s_Z = \mathbf{w}_Z^T \left[\frac{\mathbf{q}_{Z1}}{\mathbf{q}_{Z2}} \right] \qquad (3.28)$$

mit dem Strukturvektor der Getriebestufe

$$\mathbf{w}_Z = \left[\frac{\mathbf{w}_{Z1}}{\mathbf{w}_{Z2}} \right], \qquad (3.29)$$

wobei

$$\mathbf{w}_{Z1} = \left[\tau_1, -\tau_2, \tau_3, -r_{g1}\tau_4, -l_1\tau_3, (r_{o1}\tau_1 - l_1\tau_2) \right]^T, \qquad (3.30)$$

$$\mathbf{w}_{Z2} = \left[-\tau_1, \tau_2, -\tau_3, -r_{g2}\tau_4, l_2\tau_3, (r_{o2}\tau_1 + l_2\tau_2) \right]^T \qquad (3.31)$$

die Teilstrukturvektoren bedeuten und folgende Abkürzungen gültig sind:

$$\tau_1 = \sin\beta, \quad \tau_2 = \sin\alpha\cos\beta, \quad \tau_3 = \cos\alpha\cos\beta, \quad \tau_4 = \cos\beta. \qquad (3.32)$$

Für den Fall der Richtungsumkehr der Räder ergeben sich wegen der im Bild 21 gestrichelt angedeuteten Eingriffsebene für die Teilstrukturvektoren die Ausdrücke

$$\mathbf{w}_{Z1} = \left[-\tau_1, -\tau_2, -\tau_3, r_{g1}\tau_4, l_1\tau_3, -(r_{o1}\tau_1 + l_1\tau_2) \right]^T, \qquad (3.33)$$

$$\mathbf{w}_{Z2} = \left[\tau_1, \tau_2, \tau_3, r_{g2}\tau_4, -l_2\tau_3, (-r_{o2}\tau_1 + l_2\tau_2) \right]^T. \qquad (3.34)$$

Es sei an dieser Stelle erwähnt, daß bei der Ermittlung der Zahnauslenkung s_Z nur von kleinen Auslenkungen (d.h. von kleinen Komponenten der Lagevektoren) ausgegangen wurde, so daß in Strukturvektoren Größen 2. Ordnung vernachlässigt sind. Das gleiche gilt bei der Ermittlung der Strukturvektoren für die restlichen Elemente in den nächsten Unterkapiteln. Ferner ist zu beachten, daß die Abstände l_1, l_2 der Koordinatenursprünge zu der Stufenebene I (vgl. Bild 21) positiv zu wählen sind, wenn die Stufenebene I die positive x-Achse schneidet. Liegt dagegen der Schnittpunkt der Stufenebene mit der x-Achse auf der negativen Seite, so ist der entsprechende Abstand als negative Größe in die Gleichungen einzusetzen.

3.3.2.   Geneigte Getriebestufe

Wenn alle Radachsen des Getriebes nicht in einer Ebene liegen, wie es z.B. bei Verwendung von Zwischenrädern zur Richtungsumkehr der Fall ist, entsteht eine geneigte Stufe, wie sie im Bild 22 dargestellt ist. Betrachtet man die Paarung Rad 1 und Rad 2, so

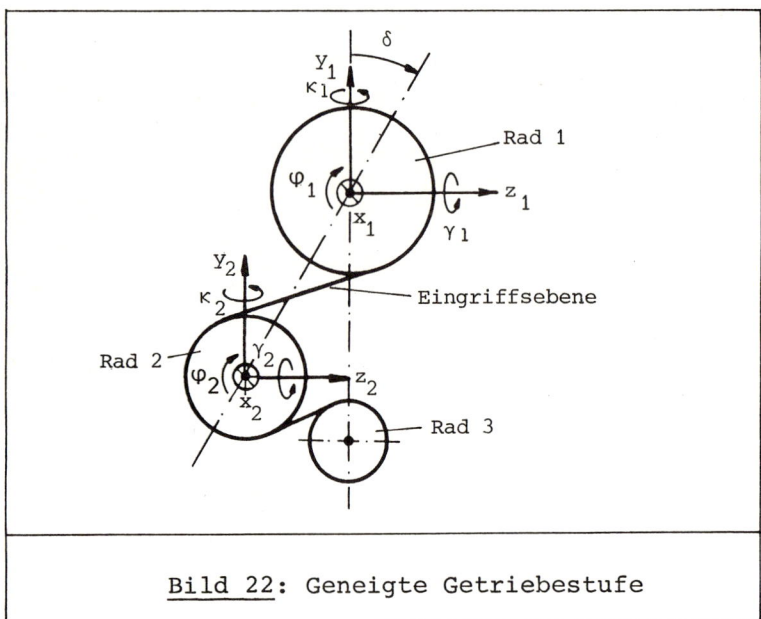

Bild 22: Geneigte Getriebestufe

stellt man fest, daß zur Darstellung der neuen Strukturvektoren w_{Zgi} der geneigten Getriebestufe eine Transformation erforderlich ist:

$$w_{zgi} = T_g w_{zi}, \quad i = 1,2. \tag{3.35}$$

Mit dem positiven Winkel δ zwischen den Hochachsen y_1, y_2 und der Verbindungslinie der Radmittelpunkte lautet die Transformationsmatrix

$$T_g = \begin{bmatrix} H & | & 0 \\ \hline 0 & | & H \end{bmatrix} \quad \text{mit} \quad H = \begin{bmatrix} 1 & 0 & 0 \\ 0 & \cos\delta & \sin\delta \\ 0 & -\sin\delta & \cos\delta \end{bmatrix}. \tag{3.36}$$

3.3.3. Innenverzahnte Getriebestufe

Die obigen Ergebnisse können in analoger Weise auf eine Innengetriebestufe, bestehend aus einem innenverzahnten Rad (Index 1) und einem außenverzahnten Rad (Index 2), übertragen werden. Im Bild 23 ist eine innenverzahnte Stufe dargestellt, die z.B. aus

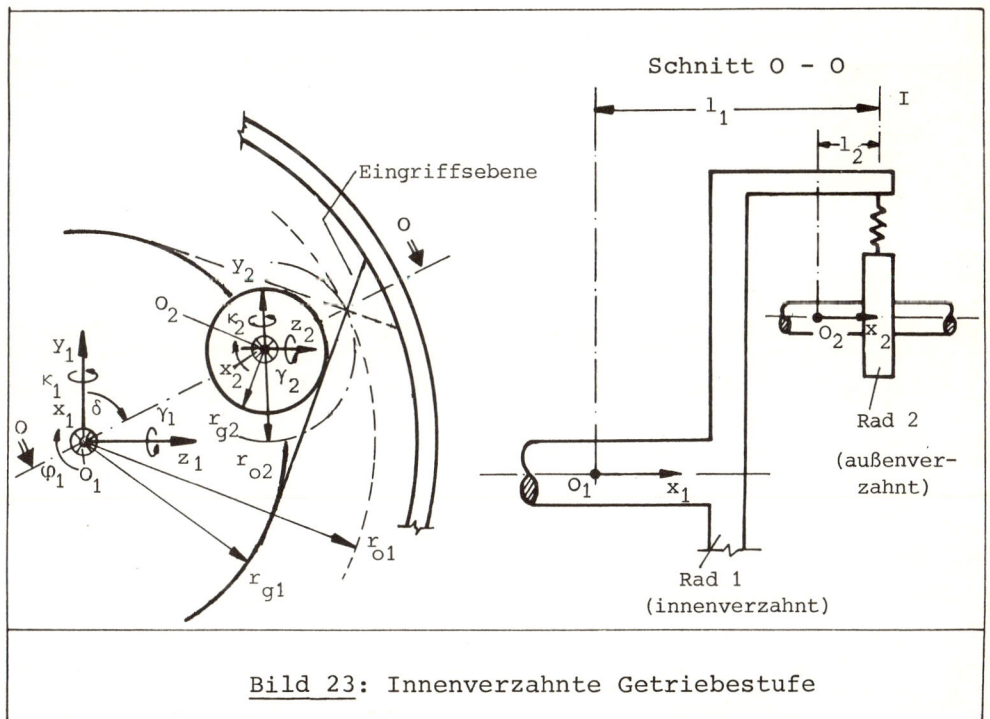

Bild 23: Innenverzahnte Getriebestufe

einem Planetenrad und einem Hohlrad besteht, wobei die Verbindungslinie der Radmittelpunkte gegenüber der Hochachse um den Winkel δ geneigt ist. Unter Berücksichtigung einer Einfachschrägverzahnung sowie der Abkürzungen in Gln. (3.32) und

$$s = \sin\delta, \quad c = \cos\delta \tag{3.37}$$

erhält man die Teilstrukturvektoren

$$\mathbf{w}_{Z1} = \begin{bmatrix} \tau_1 \\ -c\tau_2 - s\tau_3 \\ -s\tau_2 + c\tau_3 \\ r_{g1}\tau_4 \\ -cl_1\tau_3 + s(r_{o1}\tau_1 + l_1\tau_2) \\ -sl_1\tau_3 - c(r_{o1}\tau_1 + l_1\tau_2) \end{bmatrix}, \quad \mathbf{w}_{Z2} = \begin{bmatrix} -\tau_1 \\ c\tau_2 + s\tau_3 \\ s\tau_2 - c\tau_3 \\ -r_{g2}\tau_4 \\ cl_2\tau_3 - s(r_{o2}\tau_1 + l_2\tau_3) \\ sl_2\tau_3 + c(r_{o2}\tau_1 + l_2\tau_3) \end{bmatrix}. \tag{3.38}$$

Für den Fall der im Bild 23 gestrichelt eingezeichneten Eingriffsebene bei einer Richtungsumkehr gelten folgende Ausdrücke:

$$\mathbf{w}_{Z1} = \begin{bmatrix} -\tau_1 \\ -c\tau_2 + s\tau_3 \\ -s\tau_2 - c\tau_3 \\ -r_{g1}\tau_4 \\ cl_1\tau_3 - s(r_{o1}\tau_1 - l_1\tau_2) \\ sl_1\tau_3 + c(r_{o1}\tau_1 - l_1\tau_2) \end{bmatrix}, \quad \mathbf{w}_{Z2} = \begin{bmatrix} \tau_1 \\ c\tau_2 - s\tau_3 \\ s\tau_2 + c\tau_3 \\ r_{g2}\tau_4 \\ -cl_2\tau_3 - s(-r_{o2}\tau_1 + l_2\tau_2) \\ -sl_2\tau_3 + c(-r_{o2}\tau_1 + l_2\tau_2) \end{bmatrix}. \tag{3.39}$$

3.3.4. Lager- und Torsionselement

Betrachtet wird ein dreiwertiges Lager an einer Welle, deren Bewegungen mit dem verallgemeinerten Lagevektor

$$\mathbf{q}_W = \left[x_W, y_W, z_W, \varphi_W, \kappa_W, \gamma_W\right]^T \qquad (3.40)$$

beschrieben werden, vgl. **Bild 24**, links. Für die Lagerverschiebungen, d.h. für die Auslenkungen s_x, s_y und s_z der Lagerfedern in Richtung der Koordinaten x_W, y_W und z_W erhält man die Beziehung

$$s_i = \mathbf{w}_i^T \mathbf{q}_W, \quad (i=x,y,z), \qquad (3.41)$$

mit den Strukturvektoren

$$\mathbf{w}_x = \left[1,0,0,0,0,0\right]^T, \qquad (3.42)$$

$$\mathbf{w}_y = \left[0,1,0,0,0,1\right]^T, \qquad (3.43)$$

$$\mathbf{w}_z = \left[0,0,1,0,-1,0\right]^T, \qquad (3.44)$$

wobei der Schwerpunktsabstand l positiv zu wählen ist, wenn der Lagerpunkt auf der positiven x_W-Achse liegt.

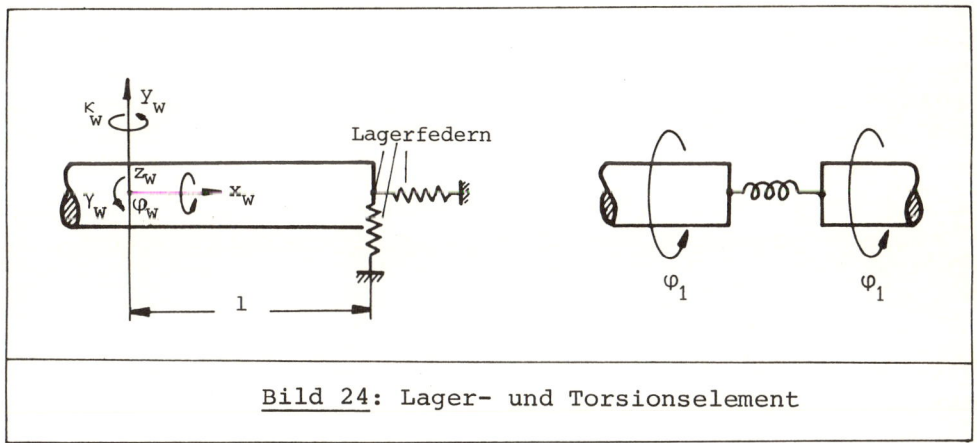

Bild 24: Lager- und Torsionselement

Zur Beschreibung der Auslenkung eines Torsionselements (vgl. Bild 24 , rechts) genügen die Winkelkoordinaten φ_1 und φ_2, die eine Drehung benachbarter Drehmassen und damit die Drehung der beiden Angriffspunkte der Federn erfassen. Die Federauslenkung s_f

ergibt sich zu

$$s_f = \mathbf{w}_f^T \mathbf{q}_f, \qquad (3.45)$$

wobei gemäß

$$\mathbf{q}_f = [\varphi_1, \varphi_2]^T, \quad \mathbf{w}_f = [1, -1]^T \qquad (3.46)$$

der Lagevektor $\mathbf{q}_f$ und der Strukturvektor $\mathbf{w}_f$ einfache Formen haben.

3.4 Bewegungsgleichungen der Getriebe

3.4.1. Bewegungsgleichung des einstufigen Stirnradgetriebes

Das mechanische Ersatzmodell des Turbo-Stirnradgetriebes wurde in Kap. 2.2 erläutert. Die zugehörige Bewegungsdifferentialgleichung hat die Struktur der Gln. (3.21). Es sind folgende Besonderheiten zu beachten.

Die vier Gleitlager des Getriebes weisen keine Spiele auf. Aufgrund des relativ hohen Drehmoments kommt das Zahnspiel ebenfalls nicht zum Tragen. Bei der Doppelschrägverzahnung werden für jede Verzahnungshälfte fünf Zahn-Koppelelemente verwendet. Die Abstände $l_i^{(1)}$ bzw. $l_i^{(2)}$ der Koppelelemente zum Schwerpunkt der An- bzw. Abtriebswelle ergeben sich zu

$$l_i^{(1)} = l_1 - \frac{b}{10}i, \quad l_i^{(2)} = l_2 - b + \frac{b}{10}i, \quad i = 1, 2, \ldots, 10, \qquad (3.47)$$

wobei b die auf die Radachse projizierte Gesamtzahnbreite bedeutet. Bei den Gleitlagern müssen zunächst die transformierten Steifigkeits- und Dämpfungsbeiwerte (vgl. Gln. (3.14)) ermittelt werden. Die Auswertung der Gln. (3.14) liefert für die Lager A, B, C, D die Hauptkoeffizienten k_η^i, k_ζ^i und die Kreuzkoeffizienten $\tilde{k}_\eta^i$, $\tilde{k}_\zeta^i$. Analoge Bezeichnungen gelten für die Dämpfungskoeffizienten. Für die bei der Bildung der Teilsteifigkeitsmatrizen $\mathbf{K}_i$

(vgl. Gln. (3.25)) und der Matrix $\tilde{K}$ (vgl. Gln. (3.23)) maßgeblichen Parameter k_1 bis k_8 bzw. $\tilde{k}_1$ bis $\tilde{k}_8$ ergeben sich dann aus den erwähnten Haupt- und Kreuzkoeffizienten (vgl. Tabelle 3.2).

Die Wegerregerfunktionen f_i (vgl. Gln. (3.9)) sind nur in den Zahn-Koppelelementen vorhanden. Für die linke und die rechte Verzahnungshälfte ergeben sich die entsprechenden Erregungen aus der Summe der Teilfehlerfunktionen:

$$f_l = f_{l1} + f_{l2}, \qquad f_r = f_{r1} + f_{r2}. \tag{3.48}$$

Der Lagevektor q, die Massenmatrix M, der Belastungsvektor u und die Strukturvektoren des Getriebes w_1 bis w_{21} sind in Tabelle 3.1 aufgeführt. Bei den Strukturvektoren w_{12} bis w_{21}

q	w_1	w_2	w_3	w_4	w_5	w_6	w_7	w_8	w_9	w_{10}	w_{11}	w_i (i=12, 13,...21)	M	u
x_1	1											τ_1	m_{AN}	
y_1		1		1								$-\tau_2$	m_{AN}	
z_1			1		1							τ_3	m_{AN}	
φ_1												$-r_{g1}\tau_4$	J_1^x	M_{an}
κ_1			1_A		-1_B							$l_i^{(1)}\tau_3$	J_1^y	
γ_1		-1_A		1_B								$r_{o1}\tau_1 + l_i^{(1)}\tau_2$	J_1^z	
x_2							1					$-\tau_1$	m_{AB}	
y_2						1		1				τ_2	m_{AB}	
z_2							1		1			$-\tau_3$	m_{AB}	
φ_2										1		$-r_{g2}\tau_4$	J_2^x	
κ_2							1_C		-1_D			$l_i^{(2)}\tau_3$	J_2^y	
γ_2						-1_C		1_D				$r_{o2}\tau_1 + l_i^{(2)}\tau_2$	J_2^z	

Abkürzungen: $\tau_1 = \sin\beta$ $\tau_2 = \sin\alpha\cos\beta$ $\tau_3 = \cos\alpha\cos\beta$ $\tau_4 = \cos\beta$

(nicht besetzte Felder sind Null)

Tabelle 3.1: Lagevektor q, Diagonale der Massenmatrix M, Belastungsvektor u und die Strukturvektoren w_1 bis w_{21} des einstufigen Stirnradgetriebes

74

ist zu beachten, daß in der Abkürzung τ_1 das Vorzeichen des Grundschrägungswinkels richtig berücksichtigt wird: Für rechtssteigende Flankenlinie ist β positiv für linkssteigende negativ zu wählen. Bei den restlichen Abkürzungen τ_2, τ_3, τ_4 spielt das Vorzeichen wegen Symmetrieeigenschaften der Cosinusfunktion keine Rolle.

Die Parameter der Koppelelemente sind in <u>Tabelle 3.2</u> enthalten. Die Bewegungsgleichung des einstufigen Stirnradgetriebes stellt wegen der periodischen Zahnsteifigkeiten ein parametererregtes Schwingungssystem dar. Durch die Zahnfehler und das äußere Moment ist sie außerdem zwangserregt.

i	1	2	3	4	5	6	7	8	9	10	11	12,13,...21 j=i-11
k_i	k_η^A	k_ζ^A	k_η^B	k_ζ^B	k_η^C	k_ζ^C	k_η^D	k_ζ^D	k_a^A	k_a^D	k_k	$p_{vj}\cdot k_v$
$\tilde{k}_i$	$\tilde{k}_\eta^A$	$\tilde{k}_\zeta^A$	$\tilde{k}_\eta^B$	$\tilde{k}_\zeta^B$	$\tilde{k}_\eta^C$	$\tilde{k}_\zeta^C$	$\tilde{k}_\eta^D$	$\tilde{k}_\zeta^D$				
d_i	d_η^A	d_ζ^A	d_η^B	d_ζ^B	d_η^C	d_ζ^C	d_η^D	d_ζ^D	d_a^A	d_a^D	d_k	$p_{vj}\cdot d_v$
$\tilde{d}_i$	$\tilde{d}_\eta^A$	$\tilde{d}_\zeta^A$	$\tilde{d}_\eta^B$	$\tilde{d}_\zeta^B$	$\tilde{d}_\eta^C$	$\tilde{d}_\zeta^C$	$\tilde{d}_\eta^D$	$\tilde{d}_\zeta^D$				
f_i												f_l für i=13,15,...21 f_r für i=12,14,...20

Tabelle 3.2: Parameter der Koppelemente des Stirnradgetriebes (nicht besetzte Felder sind Null)

3.4.2. Bewegungsgleichung des verspannten Antriebsstranges mit Schaltgetriebe

Das Schaltgetriebe und die Elemente des restlichen Antriebsstrangs stellen mit ihren 29 Freiheitsgraden und wirksamen Erregerquellen sowie Nichtlinearitäten ein relativ kompliziertes System dar. Die zugehörige Bewegungsgleichung läßt sich mit Hilfe der im Kap. 3.3 ausgearbeiteten Strukturvektoren in Form der Gln. (3.21) angeben.

Die in den Zahn-Koppelelementen der Konstante bzw. der geschalteten Gangstufe wirksamen Wegerregerfunktionen f_I bzw. f_{II} erhält man als Summe der Zahnfehlerfunktionen der einzelnen Räder:

$$f_I = f_1 + f_2, \quad f_{II} = f_3 + f_4. \tag{3.49}$$

Entsprechend der Anzahl der Freiheitsgrade beträgt die Dimension der Matrizen 29. Die Strukturvektoren weisen ebenso viele Komponenten auf. Der Lagevektor q, die diagonale Massenmatrix M, der Belastungsvektor u und die 29 Strukturvektoren sind in Tabelle 3.3.a bis Tabelle 3.3.c aufgeführt. Bei der Erstellung der Strukturvektoren gemäß den in Kap. 3.3 angegebenen Gleichungen ist zu beachten, daß die Eingriffsebenen in der Konstante und in der geschalteten Stufe wegen unterschiedlicher Drehrichtung der Räder verschiedene Positionen besitzen. So gilt z.B. nach dem Bild 21 im ersten Zahneingriff die mit durchgezogener Linie dargestellte und im zweiten die strichliert dargestellte Eingriffsebene, wobei die für die genannten Fälle maßgeblichen Strukturvektoren mit Gln. (3.30) bis Gln. (3.34) bekannt sind.

Die Parameter der Koppelelemente sind in Tabelle 3.4 aufgeführt, die sich aus den Parametern des Antriebsstrangs (vgl. A.2) ergeben. Schaltgetriebe besitzt keine Gleitlager. Folglich können in der zugehörigen Bewegungsgleichung die unsymmetrische Steifigkeitsmatrix $\tilde{K}$ und die unsymmetrische, geschwindigkeitsabhängige Matrix $\tilde{D}$ nicht vor.

	q	M	u	w_1	w_2	w_3	w_4	w_5	w_6	w_7	w_8	w_9	w_{10}	w_{11}	w_{12}
1	x_{an}	m_{an}				1									
2	y_{an}	m_{an}		1			1		1						
3	z_{an}	m_{an}			1			1		1					
4	φ^l_{an}	J^l_{an}													
5	φ^r_{an}	J^r_{an}													
6	κ_{an}	J^y_{an}			1_1			-1_2		-1_3					
7	γ_{an}	J^z_{an}		-1_1			1_2		1_3						
8	x_{ab}	m_{ab}									1				
9	y_{ab}	m_{ab}							-1			1			
10	z_{ab}	m_{ab}								-1			1		
11	φ^l_{ab}	J^l_{ab}													
12	φ^r_{ab}	J^r_{ab}													
13	κ_{ab}	J^y_{ab}								-1_4			-1_5		
14	γ_{ab}	J^z_{ab}									1_4	1_5			
15	x_v	m_v													
16	y_v	m_v												1	
17	z_v	m_v													1
18	φ^l_v	J^l_v													
19	φ^r_v	J^r_v													
20	κ_v	J^y_v													1_6
21	γ_v	J^z_v												-1_6	
22	φ_s	J_s	M_{an}												

nicht besetzte Felder sowie die restlichen Komponenten der Strukturvektoren sind Null

Tabelle 3.3.a.: Komponenten des Lagevektors **q** , der diagonalen Massenmatrix **M**, des Belastungsvektors **u** und der Strukturvektoren beim Schaltgetriebe

	w_{13}	w_{14}	w_{15}	w_{16}	w_{17}	w_{18}	w_{19}	w_{20}	w_{21}
1								$-\tau_1^I$	
2								$-\tau_2^I$	
3								τ_3^I	
4				1			-1		
5				-1				$-r_{g1}\tau_4^I$	
6	nicht besetzte Felder							$l_8\tau_3^I$	
7	und die restlichen							$-r_{o1}\tau_1^I+l_8\tau_2^I$	
8	Komponenten sind Null								τ_1^{II}
9	Abk.: $\tau_1^i=\sin\beta_i$, $\tau_4^i=\cos\beta_i$								$-\tau_2^{II}$
10	$\tau_2^i=\sin\alpha_i\cos\beta_i$, $\tau_3^i=\cos\alpha_i\sin\beta_i$								$-\tau_3$
11	$i=I,II$				1				$r_{g3}\tau_4^{II}$
12					-1				
13									$l_{10}\tau_3^{II}$
14									$r_{o3}\tau_1^{II}+l_{10}\tau_2^{II}$
15	1							τ_1^I	$-\tau_1^{II}$
16		1						τ_2^I	τ_2^{II}
17			1					$-\tau_3^I$	τ_3^{II}
18						1		$-r_{g2}\tau_4^I$	
19						-1			$r_{g4}\tau_4^{II}$
20			$-l_7$					$-l_9\tau_3^{II}$	$-l_{11}\tau_3^{II}$
21		l_7						$-r_{o2}\tau_1^I-l_9\tau_2^I$	$r_{o4}\tau_1^{II}-l_{11}\tau_2^{II}$
22							1		

Tabelle 3.3.b.: Komponenten der Strukturvektoren beim Schaltgetriebe

	q	M	w_{16}	w_{23}	w_{24}	w_{25}	w_{26}	w_{27}	w_{28}	w_{29}
12	φ_{ab}^{r}	J_{ab}^{r}	1	1			nicht	besetzte		
23	φ_{T}	J_{T}		-1			Felder und rest-			
24	φ_{G1}	J_{G1}	-1		1		liche Komponenten			
25	φ_{G2}	J_{G2}			-1	1	der Struktur-			
26	φ_{G3}	J_{G3}				-1	1	vektoren sind		
27	φ_{AR}	J_{AR}					-1	τ_{R}	Null	
28	φ_{K}	J_{K}	$\tau_{R}=\bar{r}_{g1}\cos\bar{\beta}$					τ_{T}	1	
29	φ_{R}	J_{R}	$\tau_{T}=\bar{r}_{g2}\cos\bar{\beta}$						-1	1

Tabelle 3.3.c.: Komponenten des Lagevektors **q**, der diagonalen Massenmatrix **M**
und der Strukturvektoren beim
Schaltgetriebe

i	1	2	3	4	5	6	7	8	9	10	11	12	13	14	15
k_i	k_y^A	k_z^A	k_x^B	k_y^B	k_z^B	k_y^C	k_z^C	k_x^D	k_y^D	k_z^D	k_y^E	k_z^E	k_x^G	k_y^G	k_z^G
d_i	d_y^A	d_z^A	d_x^B	d_y^B	d_z^B	d_y^C	d_z^C	d_x^D	d_y^D	d_z^D	d_y^E	d_z^E	d_x^G	d_y^G	d_z^G
v_i	v_y^A	v_z^A	v_x^B	v_y^B	v_z^B	v_y^C	v_z^C	v_x^D	v_y^D	v_z^D	v_y^E	v_z^E	v_x^G	v_y^G	v_z^G
f_i															

i	16	17	18	19	20	21	22	23	24	25	26	27	28	29	
k_i	k_{EK}	k_{an}	k_{ab}	k_{vg}	k_{v4}	k_{vs}	k_k	k_T	k_{G1}	k_{G2}	k_{G3}	k_{ZH}	k_{HA}	k_R	
d_i	d_{EK}	d_{an}	d_{ab}	d_{vg}	d_{v4}	d_{vs}	d_k	d_T	d_{G1}	d_{G2}	d_{G3}	d_{ZH}	d_{HA}	d_R	
v_i					v_I	v_{II}									
f_i					f_I	f_{II}									

Tabelle 3.4: Parameter der Koppelelemente des
Schaltgetriebes
(nicht besetzte Felder sind Null)

3.4.3. Bewegungsgleichung des Kompaktplanetengetriebes

In der Bewegungsgleichung des Kompaktplanetengetriebes (vgl. Kap. 2.4) kommen alle in Kap. 3.2.2 aufgeführten Matrizentypen vor. Dies liegt daran, daß die Wellen bzw. Planetenräder über Wälz- und Gleitlager gelagert sind. Wegen des äußeren Moments und der Zahnfehler sowie wegen der zeitvariablen Zahnsteifigkeiten ist die Bewegungsgleichung parameter- und störerregt. Kommen die Spiele in den Zahneingriffen oder im Wälzlager zum Tragen, so ist sie zusätzlich nichtlinear. Im stationären Betrieb unter hinreichend hoher Last liegt jedoch meistens ein lineares Verhalten vor.

Die Strukturvektoren der sechs Zahneingriffe des Kompaktplanetengetriebes (vgl. Bild 17) lassen sich nach Gln. (3.30), Gln. (3.31) bzw. Gln. (3.38) leicht anschreiben. Es ist zu beachten, daß wegen der vorliegenden Geradeverzahnung der Schrägungswinkel $\beta = 0$ gesetzt werden muß. Für die Zahneingriffe der Planetenräder P2 und P3 am Sonnenrad ist bei der endgültigen Formulierung der zugehörigen Strukturvektoren die Transformation nach Gln. (3.35) erforderlich, wobei der Winkel δ für P2 den Wert $\delta = 240^{\circ}$ und für P3 den Wert $\delta = 120^{\circ}$ annimmt. Die gleichen Winkel gelten bei der Ermittlung der Komponenten der Strukturvektoren in Gln. (3.38) für die Zahneingriffe der Planetenräder P2 und P3 am Hohlrad. Für die Zahneingriffe des Planetenrads P1 ist keine Transformation notwendig. Hier ist $\delta = 0$ zu setzen.

Der Vektor **q**, in dem die Lagekoordinaten der zugelassenen 20 Freiheitsgrade zusammengefaßt sind, die diagonale Massenmatrix **M**, der Belastungsvektor **u** sowie die Strukturvektoren mit ihren 20 Komponenten sind in Tabelle 3.5.a und Tabelle 3.5.b angegeben. Bei den Komponenten der Strukturvektoren wurden die trigonometrischen Ausdrücke durch Umformungen vereinfacht.

	q	M	u	w_1	w_2	w_3	w_4	w_5
1	y_H	m_H		$-\sin\alpha$	$\cos(30-\alpha)$	$-\cos(30+\alpha)$		
2	z_H	m_H		$\cos\alpha$	$-\sin(30-\alpha)$	$-\sin(30+\alpha)$		
3	φ_H	J_H^x		$r_{g,H}$	$r_{g,H}$	$r_{g,H}$		
4	κ_H	J_H^y		$l_3\cos\alpha$	$-l_3\sin(30-\alpha)$	$-l_3\sin(30+\alpha)$		
5	γ_H	J_H^z		$l_3\sin\alpha$	$-l_3\cos(30-\alpha)$	$l_3\cos(30+\alpha)$		
6	y_{P1}	m_P		$\sin\alpha$			$-\sin\alpha$	
7	z_{P1}	m_P		$-\cos\alpha$			$-\cos\alpha$	
8	φ_{P1}	J_P^x		$-r_{g,P}$			$r_{g,P}$	
9	y_{P2}	m_P			$-\cos(30-\alpha)$			$-\cos(30+\alpha)$
10	z_{P2}	m_P			$\sin(30-\alpha)$			$\sin(30+\alpha)$
11	φ_{P2}	J_P^x			$-r_{g,P}$			$r_{g,P}$
12	y_{P3}	m_P				$\cos(30+\alpha)$		
13	z_{P3}	m_P				$\sin(30+\alpha)$		
14	φ_{P3}	J_P^x				$-r_{g,P}$		
15	y_S	m_S					$\sin\alpha$	$\cos(30+\alpha)$
16	z_S	m_S					$\cos\alpha$	$-\sin(30+\alpha)$
17	φ_S^1	$J_{S,1}^x$	M_{an}					
18	φ_S^r	$J_{S,r}^x$		nicht besetzte			$r_{g,S}$	$r_{g,S}$
19	κ_S	J_S^y		Felder sind Null			$-l_2\cos\alpha$	$l_2\sin(30+\alpha)$
20	γ_S	J_S^z					$l_2\sin\alpha$	$l_2\cos(30+\alpha)$

Tabelle 3.5.a.: Komponenten des Lagevektors **q** , der diagonalen Massenmatrix **M** , des Belastungsvektors **u** und der Strukturvektoren beim Kompaktplanetengetriebe

w_6	w_7	w_8	w_9	w_{10}	w_{11}	w_{12}	w_{13}	w_{14}	w_{15}	w_{16}	w_{17}	w_{18}	w_{19}	w_{20}
										1		1		
											1		1	
														1
											l_4		$-l_5$	
										$-l_4$		l_5		
	1													
		1												
			1						nicht besetzte					
				1					Felder sind Null					
$\cos(30-\alpha)$					1									
$\sin(30-\alpha)$						1								
$r_{g,P}$														
$-\cos(30-\alpha)$							1							
$-\sin(30-\alpha)$								1						
									1					
$r_{g,S}$									-1					
$l_2\sin(30-\alpha)$								$-l_1$						
$-l_2\cos(30-\alpha)$							l_1							

Tabelle 3.5.b.: Komponenten der Strukturvektoren beim Kompaktplanetengetriebe

Ähnlich wie beim Turbo-Stirnradgetriebe (vgl. Kap. 3.4.1) müssen auch beim Kompaktplanetengetriebe die Steifigkeits- und Dämpfungskoeffizienten der Gleitlager mit Hilfe der Gln. (3.14) transformiert werden. Die sich nach der Transformation ergebenden Steifigkeits- und Dämpfungskoeffizienten k_η^i, k_ζ^i, d_η^i, d_ζ^i (Hauptkoeffizienten) sowie $\tilde{k}_\eta^i$, $\tilde{k}_\zeta^i$, $\tilde{d}_\eta^i$, $\tilde{d}_\zeta^i$ (Kreuzkoeffizienten) sind für die im mechanischen Ersatzmodell dargestellten Koppelelemente maßgeblich (i = P1, P2, P3, A). Die Zuordnung dieser Beiwerte zu den in Gln. (3.23) und Gln. (3.24) angegebenen Beiwerten k_i, d_i bzw. $\tilde{k}_i$, $\tilde{d}_i$ geht aus der Tabelle 3.6 hervor, wo außerdem die Parameter der restlichen Koppelelemente aufgeführt sind.

Entsprechend der Indizierung in Tabelle 3.6 ist bei der Bildung der Matrizen $\tilde{\mathbf{K}}$ und $\tilde{\mathbf{D}}$ (vgl. Gln. (3.23) und Gln. (3.24) zu beachten, daß der Summenindex i von 7 bis 14 läuft: i = 7 (1) 14.

i	1	2	3	4	5	6	7	8	9	10	11	12	13	14	15
k_i	k_{V1}	k_{V2}	k_{V3}	k_{V4}	k_{V5}	k_{V6}	k_η^{P1}	k_ζ^{P1}	k_η^{P2}	k_ζ^{P2}	k_η^{P3}	k_ζ^{P3}	k_η^{A}	k_ζ^{A}	k_S
$\tilde{k}_i$							$\tilde{k}_\eta^{P1}$	$\tilde{k}_\zeta^{P1}$	$\tilde{k}_\eta^{P2}$	$\tilde{k}_\zeta^{P2}$	$\tilde{k}_\eta^{P3}$	$\tilde{k}_\zeta^{P3}$	$\tilde{k}_\eta^{A}$	$\tilde{k}_\zeta^{A}$	
d_i	d_{V1}	d_{V2}	d_{V3}	d_{V4}	d_{V5}	d_{V6}	d_η^{P1}	d_ζ^{P1}	d_η^{P2}	d_ζ^{P2}	d_η^{P3}	d_ζ^{P3}	d_η^{A}	d_ζ^{A}	d_S
$\tilde{d}_i$							$\tilde{d}_\eta^{P1}$	$\tilde{d}_\zeta^{P1}$	$\tilde{d}_\eta^{P2}$	$\tilde{d}_\zeta^{P2}$	$\tilde{d}_\eta^{P3}$	$\tilde{d}_\zeta^{P3}$	$\tilde{d}_\eta^{A}$	$\tilde{d}_\zeta^{A}$	
f_i	f_1	f_2	f_3	f_4	f_5	f_6									
v_i	v_{V1}	v_{V2}	v_{V3}	v_{V4}	v_{V5}	v_{V6}									

i	16	17	18	19	20
k_i	k_y^{B}	k_z^{B}	k_y^{K}	k_z^{K}	k_φ^{K}
$\tilde{k}_i$					
d_i	d_y^{B}	d_z^{B}	d_y^{K}	d_z^{K}	d_φ^{K}
$\tilde{d}_i$					
f_i					
v_i					

Tabelle 3.6: Parameter der Koppelelemente des Kompaktplanetengetriebes (nicht besetzte Felder sind Null)

4 Analytische Lösungen

Aus dem vorhergehenden Kapitel geht hervor, daß die Bewegungsgleichungen der Getriebe i.a. komplizierte Differentialgleichungen darstellen, die sinnvoll nur noch an einem Rechner behandelt
werden können. Es ist dabei zweckmäßig, zunächst das statische
Systemverhalten zu untersuchen. Die hierzu erforderlichen Beziehungen werden im Kap. 4.1. hergeleitet.

Zur Ermittlung der Lösungen von parametererregten Systemen ist
i.a. die Integration der entsprechenden Zustandsgleichung erforderlich, die bei Systemen mit vielen Freiheitsgraden rechenzeit-
intensiv ist. Eine mögliche Abhilfe hierzu stellen die Näherungsmethoden dar, mit deren Hilfe das parametererregte System näherungsweise auf ein zeitinvariantes störerregtes System zurückge-
führt werden kann. Die Entwicklung der hierbei benötigten Beziehungen ist der Inhalt des Kapitels 4.2.

4.1 Beschreibung des statischen Verhaltens

Bei statischen Betrachtungen stehen die Ermittlung der Kräfte und
Momente an Bauteilen und in Koppelelementen sowie die Bestimmung
der Auslenkungen dieser Bauteile und der entsprechenden Koppelelemente bei konstanter Belastung im Vordergrund. Hierzu wird der
Antriebsstrang unter Zugrundelegung eines mittleren Moments verspannt. Bei Koppelelementen mit zeitvariablen Steifigkeiten werden die zugehörigen Mittelwerte verwendet. Bei der weiteren Behandlung muß man zwischen statisch bestimmten und statisch unbestimmten Modellen unterscheiden.

Statisch bestimmte Modelle erlauben die Berechnung der Kräfte und
Momente in Koppelelementen unter alleiniger Verwendung der
Gleichgewichtsbedingungen im Sinne der Stereo-Statik. Bei sta-
tisch unbestimmten Modellen dagegen müssen die entsprechenden
Elastizitäten berücksichtigt werden. Beide Modellarten lassen
sich mit Hilfe der im Kap. 3 eingeführten Strukturvektoren ein-

fach und übersichtlich behandeln.

4.1.1. Statisch bestimmte Modelle

Die statisch bestimmten Modelle sind diejenigen, bei denen die Kräfte und Momente in den Koppelelementen unter Zugrundelegung der eingeführten verallgemeinerten Koordinaten eindeutig mit Hilfe der statischen Gleichgewichtsbedingungen (ohne Berücksich- tigung der Elastizitätseigenschaften der Koppelelemente) ermit- telt werden können. Dies trifft bespielsweise bei den Modellen des verspannten Antriebsstrangs mit Schaltgetriebe (vgl. Bild 9) und des Planetenkompaktgetriebes (vgl. Bild 17) zu.

Betrachtet man den für das statische Verhalten maßgeblichen An- teil der Bewegungsgleichung (3.21)

$$\mathbf{K}_O \mathbf{q}_O = \mathbf{h}_O \qquad\qquad (4.1)$$

mit dem Lagevektor $\mathbf{q}_O$ der statischen Verformung, der mittlereren Steifigkeitsmatrix $\mathbf{K}_O$ und dem mittleren Belastungsvektor $\mathbf{h}_O$ (vgl. auch Kap. 1.2.4. Gln. (1.2)), so kann diese Gleichung mit den Strukturvektoren folgendermaßen umgeformt werden:

$$k_1 \mathbf{w}_1 \mathbf{w}_1^T \mathbf{q}_O + \ldots + k_n \mathbf{w}_n \mathbf{w}_n^T \mathbf{q}_O = \mathbf{h}_O \cdot \qquad\qquad (4.2)$$

Dabei entspricht n der Anzahl der Freiheitsgrade und der Anzahl der linear unabhängigen Strukturvektoren. Mit dem Parameter F_i als wirksame Kraft (oder als wirksames Moment) im i-ten Koppel- element

$$F_i = k_i \mathbf{w}_i^T \mathbf{q}_O, \qquad i = 1, \ldots, n \qquad\qquad (4.3)$$

erhält man für (4.2)

$$\mathbf{w}_1 F_1 + \ldots + \mathbf{w}_n F_n = \mathbf{h}_O \qquad\qquad (4.4)$$

oder in Matrizenschreibweise

$$\mathbf{Wf} = \mathbf{h}_O \qquad (4.5)$$

mit

$$\mathbf{W} = \left[\mathbf{w}_1 \,\vdots\, \mathbf{w}_2 \,\vdots\, \ldots \,\vdots\, \mathbf{w}_n\right] \qquad (4.6)$$

als Koeffizientenmatrix der Gleichgewichtsbedingungen und

$$\mathbf{f} = \left[F_1, F_2, \ldots, F_n\right]^T \qquad (4.7)$$

als Vektor der gesuchten Kräfte und Momente des stereo-statischen Problems.

Die statischen Auslenkungen s_{Oi} der Koppelelemente lassen sich dann einfach gemäß der Beziehungen

$$s_{Oi} = F_i/k_i \qquad (4.8)$$

bestimmen.

4.1.2.   Statisch unbestimmte Modelle

Das Modell des einstufigen Stirnradgetriebes (vgl. Bild 4) stellt ein statisch überbestimmtes System dar, bei dem die Zahl der Koppelelemente größer ist als die Zahl der Freiheitsgrade. Für die Anzahl m der zugehörigen Strukturvektoren gilt somit m > n. Bei solchen Modellen ist zu beachten, daß die Anzahl m_m der linear unabhängigen Strukturvektoren genau n sein muß, damit das System kinematisch bestimmt ist. Für den Fall m_m < n ist die zugehörige Steifigkeitsmatrix singulär.

Berechnet man aus

$$\mathbf{K}_O \mathbf{q}_O = \mathbf{h}_O \qquad (4.9)$$

den statischen Lagevektor $\mathbf{q}_O$ gemäß

$$\mathbf{q}_O = \mathbf{K}_O^{-1}\mathbf{h}_O \tag{4.10}$$

so erhält man den Vektor

$$\mathbf{s}_O = \left[s_{O1}, s_{O2}, \ldots, s_{Om}\right]^T, \tag{4.11}$$

der statischen Auslenkungen als Produkt der Matrix $\mathbf{W}^T$ der Strukturvektoren mit dem statischen Lagevektor $\mathbf{q}_O$:

$$\mathbf{s}_O = \mathbf{W}^T\mathbf{q}_O \tag{4.12}$$

Die Matrix $\mathbf{W}$ (vgl. Gln. (4.6)) hat dabei die Dimension (nxm).

Die Kräfte bzw. Momente in den Koppelelementen lassen sich mit Hilfe der Beziehung (4.8) ermitteln.

4.1.3. Statische Auslenkungen der verallgemeinerten Koordinaten

Neben der Belastung und der Auslenkung der Koppelelemente sind die statischen Auslenkungen der Bauteile und damit die der verallgemeinerten Koordinaten von Interesse, die im "statischen" Lagevektor $\mathbf{q}_O$ zusammengefaßt sind. Es sei an dieser Stelle erwähnt, daß bei der numerischen Integration der Bewegungsgleichung sinnvollerweise $\mathbf{q}_O$ als Start-Lagevektor eingesetzt werden sollte, um längere Einschwingzeiten und damit Rechenzeiten zu vermeiden.

Bei der Berechnung des Vektors $\mathbf{q}_O$ sind die evtl. im Modell vorhandenen Spiele zu berücksichtigen. Die nach Gln. (4.8) oder Gln. (4.12) ermittelten Auslenkungen s_{Oi} berücksichtigen die Spiele in den Koppelelementen nicht. Spiele kommen nach der im Kap. 3.2.2. getroffenen Vereinbarung dann zum Tragen, wenn die

Auslenkung s_{0i} negativ wird (vgl. Gln. (3.26)). In diesem Fall ergibt sich die effektive statische Auslenkung $s_{e,i}$ des i-ten Koppelelentents als

$$s_{e,i} = s_{0i} - v_i,\qquad(4.13)$$

wobei v_i das Spiel des Koppelelements bedeutet. Schreibt man die Beziehung (4.9) für die m Koppelelemente und deren effektiven Auslenkungen $s_{e,i}$ (i=1,..,m) untereinander

$$\mathbf{w}_1^T\mathbf{q}_0 = s_{e,1},$$
$$\vdots \qquad \vdots \qquad\qquad(4.14)$$
$$\mathbf{w}_m^T\mathbf{q}_0 = s_{e,m},$$

so erhält man das Gleichungssystem

$$\mathbf{W}^T\mathbf{q}_0 = \mathbf{s}_e,\qquad(4.15)$$

in dem $\mathbf{s}_e$ den bekannten Vektor der statischen Effektivauslenkungen der Koppelelemente und $\mathbf{q}_0$ den gesuchten "statischen" Lagevektor des spielbehafteten Systems darstellen. $\mathbf{W}$ ist dabei eine (mxn)-Matrix, die die Strukturvektoren als Spalten enthält.

4.2 Näherungslösung für stationäre Schwingungen

Die Bestimmung der Lösungen der Bewegungsdifferentialgleichung (3.21) ist in geschlossener Form nicht möglich. Deshalb ist man entweder auf Rechnersimulationen oder Näherungsverfahren angewiesen. Beim Vorhandensein von Spielen im System mit mehreren Freiheitsgraden liegt es nahe, die entsprechende Zustandsgleichung (1.6) numerisch zu integrieren. Liegt jedoch ein lineares, parametererregtes System vor, so können auch Näherungsmethoden, z.B. die Asymptotische Methode oder die Störungsrechnung, verwendet werden. Die üblichen Näherungsmethoden liefern im Rahmen der ersten Näherung fast dieselben Ergebnisse (vgl. /50/). Im folgen-

den werden für das stationäre Verhalten die Lösungen mit Hilfe
der einfachen Störungsrechnung hergeleitet, wobei spielfreie
Modelle zugrunde gelegt werden.

Die Bewegungsgleichung (3.21) lautet für den spielfreien Fall

$$\mathbf{M\ddot{q}} + \mathbf{P\dot{q}} + (\mathbf{K}_0 + \varepsilon\mathbf{K}_1(t))\mathbf{q} = \mathbf{h}_0 + \varepsilon\mathbf{h}_1(t). \qquad (4.16)$$

Dabei sind die geschwindigkeitsproportionalen Matrizen $\mathbf{D}$ und $\tilde{\mathbf{D}}$
in der Matrix $\mathbf{P}$ zusammengefaßt. Die lageabhängigen Matrizen und
der Störvektor $\mathbf{h}$ sind in einen konstanten und einen zeitvariablen Anteil aufgeteilt, wobei die Kleinheit der zeitvariablen
Anteile durch den Vorfaktor gekennzeichnet werden. Der Vektor
$\mathbf{h}_0$ enthält die mittlere äußere Belastung, der Vektor $\mathbf{h}_1(t)$ die
Zahnfehleranregung und die Schwankungsanteile der äußeren Be-
lastung und/oder die Unwuchterregung.

Bei asymptotischer Stabilität kann für die partikulären Lösungen
von (4.16) der Störungsansatz

$$\mathbf{q} = \mathbf{q}_0 + \varepsilon\mathbf{q}_1 + \varepsilon^2\mathbf{q}_2 + \dots \qquad (4.17)$$

gemacht werden, wobei im Rahmen der ersten Näherung nur ε-Glieder
bis einschließlich erster Ordnung berücksichtigt werden. Setzt
man (4.17) in (4.16) ein, so erhält man nach einem Koeffizienten-
vergleich bezüglich ε^0 und ε^1 folgende Gleichungen:

$$\varepsilon^0 : \quad \mathbf{M\ddot{q}}_0 + \mathbf{P\dot{q}}_0 + \mathbf{K}_0\mathbf{q}_0 = \mathbf{h}_0 , \qquad (4.18)$$

$$\varepsilon^1 : \quad \mathbf{M\ddot{q}}_1 + \mathbf{P\dot{q}}_1 + \mathbf{K}_0\mathbf{q}_1 = -\mathbf{K}_1(t)\mathbf{q}_0 + \mathbf{h}_1(t). \qquad (4.19)$$

Aus (4.18) erhält man als partikuläre Lösung den statischen
Lagevektor

$$\mathbf{q}_0 = \mathbf{K}_0^{-1}\mathbf{h}_0 , \qquad (4.20)$$

der im Kap. 4.1. (vgl. Gln. (4.15)) bereits behandelt wurde. Der

Vektor q_O stellt die nullte Lösung der Bewegungsgleichung im Sinne des Ansatzes (4.17) dar. Die erste Näherung q_1 läßt sich mit der bekannten Lösung q_O aus der zeitinvarianten Differentialgleichung (4.19) mit Hilfe des Frequenzgangverfahrens oder über eine Modaltransformation berechnen. Nachdem die Koeffizientenmatrizen der linearen Differentialgleichungen (4.18) und (4.19) dieselben sind und bei linearen Systemen das Superpositionsprinzip gilt, läßt sich für die ursprüngliche Gleichung (4.16) die quasistationäre Näherungsgleichung schreiben.

$$\mathbf{M\ddot{q}} + \mathbf{P\dot{q}} + \mathbf{K_O q} = \mathbf{h_O} + \mathbf{h_1}(t) - \mathbf{K_1}(t)\mathbf{q_O} \qquad (4.21)$$

Untersuchungen an Zahnradgetrieben in /50/ zeigen, daß die Näherungslösungen aus (4.21) die (mittels einer numerischen Integration der zugehörigen Zustandsgleichung berechneten) "exakten" Lösungen aus (4.16) hinreichend genau approximieren.

In (4.21) können die Lösungen für Erregerfunktionen mit unterschiedlichen Frequenzen ermittelt und anschließend superponiert werden. Es genügt also, die Vorgehensweise unter Verwendung des Erregervektors

$$\mathbf{g}(t) = \sum_{\nu=1}^{\infty} \mathbf{g}_\nu, \qquad \mathbf{g}_\nu = \mathbf{g}_\nu^c \cos\nu\Omega t + \mathbf{g}_\nu^s \sin\nu\Omega t \qquad (4.22)$$

für die Differentialgleichung

$$\mathbf{M\ddot{q}} + \mathbf{P\dot{q}} + \mathbf{K_O q} = \mathbf{g}(t) \qquad (4.23)$$

zu erläutern.

4.2.1.   Frequenzgangverfahren

Der ν-te Erregerterm in (4.22) läßt sich in komplexer Schreibweise darstellen als

$$\mathbf{g}_\nu = \mathbf{g}_{k,\nu} e^{i\nu\Omega t} + \overline{\mathbf{g}}_{k,\nu} e^{-i\nu\Omega t}, \quad i = \sqrt{-1}, \qquad (4.24)$$

wobei die komplexen Koeffizienten $g_{k,\nu}$ und $\bar{g}_{k,\nu}$ von den Fourierkoeffizienten g_ν^C und g_ν^S folgendermaßen abhängen:

$$g_{k,\nu} = \tfrac{1}{2}(g_\nu^C - i g_\nu^S), \qquad \bar{g}_{k,\nu} = \tfrac{1}{2}(g_\nu^C + i g_\nu^S), \qquad i = \sqrt{-1} \ . \qquad (4.25)$$

Die stationäre Antwort des Systems (4.23) auf die ν-te Erregerfunktion g_ν in (4.22) lautet

$$q_\nu = q_\nu^C \cos\nu\Omega t + q_\nu^S \sin\nu\Omega t \qquad (4.26)$$

oder in komplexer Schreibweise

$$q_\nu = q_{k,\nu} e^{i\nu\Omega t} + \bar{q}_{k,\nu} e^{-i\nu\Omega t}, \qquad (4.27)$$

wobei zwischen den komplexen Koeffizienten $q_{k,\nu}$, $\bar{q}_{k,\nu}$ und den Fourierkoeffizienten q_ν^C, q_ν^S der Zusammemhang

$$q_{k,\nu} = \tfrac{1}{2}(q_\nu^C - i q_\nu^S), \qquad \bar{q}_{k,\nu} = \tfrac{1}{2}(q_\nu^C + i q_\nu^S), \qquad i = \sqrt{-1} \ . \qquad (4.28)$$

besteht. Setzt man die Erregerfunktion (4.24) und den Lösungsansatz (4.27) in (4.23) ein, so erhält man mit der Frequenz $\Omega^* = \nu\Omega$ die Beziehung

$$q_{k,\nu} = F_M(\Omega^*) g_{k,\nu} \ , \qquad (4.29)$$

wobei $F_M(\Omega^*)$ die (fxf)-Frequenzgangmatrix

$$F_M = \left[-(\Omega^*)^2 M + i(\Omega^*)P + K_O \right]^{-1}, \qquad i = \sqrt{-1} \qquad (4.30)$$

darstellt.

Bei der praktischen Berechnung des Lösungsvektors q wird die komplexe Frequenzgangmatrix $F_M(\Omega^*)$ für die interessierenden Ω^*-Werte einmal berechnet. Danach werden die Lösungsvektoren gemäß (4.29) bestimmt und daraus die Fourierkoeffizienten q_ν^S und q_ν^C der ν-ten Teillösung ermittelt, indem der komplexe Vektor $q_{k,\nu}$

in seinen Real- und Imaginärteil zerlegt wird:

$$q_\nu^c = \text{Real}\left\{2\mathbf{q}_{k,\nu}\right\}, \quad q_\nu^s = -\text{Imag}\left\{2\mathbf{q}_{k,\nu}\right\} \qquad . \qquad (4.31)$$

Die Gesamtlösung auf die Erregung $\mathbf{g}(t)$ ergibt sich als Summe der Teillösungen:

$$\mathbf{q} = \sum_{\nu=1}^{\infty} \mathbf{q}_\nu . \qquad (4.32)$$

Bei der praktischen Berechnung genügt es, nur die ausschlaggebenden Fourierkoeffizienten mit in die Berechnung einzubeziehen.

Der wesentliche Vorteil dieser Methode besteht darin, daß bei der Ermittlung der Lösungen nur jeweils ein (komplexes) Gleichungssystem von der Ordnung f gelöst werden muß, so daß auch Systeme mit einer hohen Anzahl von Freiheitsgraden (etwa f > 20) mittels dieser Methode numerisch günstiger zu behandeln sind als z.B. die Methode der Modaltransformation. Sucht man die Lösungen für einen vorgegebenen, relativ breiten Frequenzbereich, so muß die Gleichung (4.29) entsprechend der gewählten Frequenzschrittweite bei sehr vielen Frequenzen gelöst werden. Dies führt zu hohen Rechenzeiten und ist deshalb ein wesentlicher Nachteil der Frequenzgangmethode. Demgegenüber bietet die Methode der Modaltransformation Vorteile an, die im nächsten Unterkapitel besprochen werden.

4.2.2.   Die Methode der Modaltransformation

Eine Entkopplung der Bewegungsgleichung (4.23) des mechanischen Systems, d.h. seine Darstellung in Hauptkoordinaten, ist nur noch unter Zugrundelegung der entsprechenden Zustandsdarstellung

$$\dot{\mathbf{x}} = \mathbf{A}\mathbf{x} + \mathbf{b}, \qquad (4.33)$$

$$A = \begin{bmatrix} 0 & \vdots & E \\ \cdots\cdots & \vdots & \cdots\cdots \\ -M^{-1}K_O & \vdots & -M^{-1}P \end{bmatrix}, \quad b = \begin{bmatrix} 0 \\ \cdots\cdots \\ M^{-1}g \end{bmatrix} \tag{4.34}$$

möglich. Mit Hilfe der Ähnlichkeitstransformation

$$x = Xy, \tag{4.35}$$

wobei **X** die Modalmatrix und **y** den Vektor der Normal- oder Hauptkoordinaten bedeuten, geht (4.33) über in

$$\dot{y} = \Lambda y + X^{-1}b \tag{4.36}$$

wobei Λ die Diagonalmatrix der Eigenwerte ist, sofern alle Eigenwerte verschieden sind oder der Rangabfall von $(\lambda_j E - A)$ für einen mehrfachen Eigenwert λ_j gleich dessen Vielfachheit ist. Dies wird für die weitere Analyse vorausgesetzt. Der ν-te Erregervektor b_ν, welcher der ν-ten Erregerfunktion g_ν (vgl. (4.22)) entspricht, lautet

$$b_\nu = b_\nu^c \cos\nu\Omega t + b_\nu^s \sin\nu\Omega t = b_{k,\nu} e^{i\nu\Omega t} + \overline{b}_{k,\nu} e^{-i\nu\Omega t}, \quad i = \sqrt{-1} \tag{4.37}$$

mit

$$b_{k,\nu} = \frac{1}{2}(b_\nu^c - i b_\nu^s), \qquad \overline{b}_{k,\nu} = \frac{1}{2}(b_\nu^c + i b_\nu^s), \qquad i = \sqrt{-1} . \tag{4.38}$$

Für die ν-te Lösung des Systems (4.33) gilt der Ansatz

$$x_\nu = x_\nu^c \cos\nu\Omega t + x_\nu^s \sin\nu\Omega t = x_{k,\nu} e^{i\nu\Omega t} + \overline{x}_{k,\nu} e^{-i\nu\Omega t}, \quad i = \sqrt{-1} \tag{4.39}$$

mit

$$x_{k,\nu} = \frac{1}{2}(x_\nu^c - i x_\nu^s), \qquad \overline{x}_{k,\nu} = \frac{1}{2}(x_\nu^c + i x_\nu^s) . \tag{4.40}$$

Unter Berücksichtigung der Transformation

$$y_\nu = X^{-1}x_\nu,$$ (4.41)

erhält man in Analogie zu der Gln. (4.29) die Beziehung

$$x_{k,\nu} = F(\Omega^*)b_{k,\nu}$$ (4.42)

mit der komplexen (2fx2f)-Frequenzgangmatrix

$$F = X(i\Omega^*E - \Lambda)^{-1}X^{-1}.$$ (4.43)

Mit Λ als Diagonalmatrix der Eigenwerte λ_j (j=1,..,f), folgt

$$x_{k,\nu} = X\,\text{diag}\left\{\frac{1}{i\Omega^* - \lambda_j}\right\}X^{-1}b_{k,\nu}.$$ (4.44)

Die Fourierkoeffizienten b_ν^c, b_ν^s und die Gesamtlösung b lassen sich analog zu (4.31) und (4.32) berechnen. Der Vorteil dieser Methode geht aus (4.44) hervor: Bei der Bestimmung der Lösungen für mehrere Frequenzen muß nur die eine Diagonalmatrix neu gebildet werden. Die Modalmatrix X wird dabei nur einmal berechnet, da die Koeffizientenmatrizen in (4.23) nicht von der Frequenz Ω^* abhängen. Deshalb erweist sich diese Methode bei der Berechnung von Amplituden-Frequenzfunktionen als erheblich rechenzeitgünstiger als das im Kap. 4.2.1. beschriebene Vorgehen, das die Lösung von (4.29) für verschiedene Frequenzen erfordert. Bei Systemen mit vielen Freiheitsgraden kann jedoch die Ermittlung der (2fx2f)-Modalmatrix numerische Schwierigkeiten mit sich bringen. Dann bietet wiederum die Lösung des Gleichungssystems (4.29), das nur die halbe Ordnung besitzt, hinsichtlich der numerischen Genauigkeit Vorteile an. Die Entscheidung für eine der beiden Methoden kann also nur im konkreten Anwendungsfall getroffen werden.

5 Numerische Ergebnisse

Im folgenden werden für die im Kap. 3 beschriebenen Getriebe die typischen Ergebnisse von numerischen Simulationen gezeigt und diskutiert. Dabei liegen der Berechnung der verschiedenen Getriebe unterschiedliche Methoden zugrunde. So werden das Turbo-Stirnradgetriebe mittels der Methode der Modaltransformation, der Antriebsstrang einschließlich Schaltgetriebe mit Hilfe der numerischen Simulation der Zustandsgleichung und schließlich das Planetenkompaktgetriebe mit Hilfe der Frequenzgangmethode behandelt. Im letzten Beispiel werden zusätzliche Lösungen über die Integration der Zustandsgleichung ermittelt, um die Genauigkeit der Näherungen (vgl. Kap. 4.2.) zu überprüfen. Ferner werden beim Antriebsstrang mit Schaltgetriebe einige numerische Ergebnisse mit Messungen verglichen.

5.1 Einstufiges Stirnradgetriebe

Bei dem einstufigen Stirnradgetriebe spielt die Abschätzung der Tragfähigkeit der Verzahnung eine zentrale Rolle. Das im Kap. 2.2. erstellte Ersatzmodell (mit mehreren Koppelelementen im Zahneingriff) erlaubt eine praxisnahe Simulation der Zahnkräfte über der gesamten Zahnbreite. Zahnkraftüberhöhungen sind insbesondere dort zu erwarten, wo Schwingungen auftreten, deren Frequenzen in der Nähe der Systemeigenfrequenzen liegen. Deshalb ist es sinnvoll, zunächst das Eigenverhalten zu untersuchen. Dies soll im nächsten Abschnitt geschehen. Im übernächsten Unterkapitel werden die berechneten Zahnkräfte über der Zahnflanke dargestellt und erläutert. Anschließend wird das Amplituden-Drehzahl-Verhalten der "dynamischen Gesamtzahnkraft" diskutiert. Als Anregung wird dabei nur die Parametererregung infolge der periodischen Zahnsteifigkeit zugelassen.

5.1.1.   Eigenverhalten

Die zwölf Eigenfrequenzen des Getriebes liegen zwischen $\omega_1 =$ 14 rad/sec und ω_{12} = 8636 rad/sec. Die doppelschrägverzahnte Version besitzt keine Axiallager, so daß die Kopplung in dieser Richtung hauptsächlich über Führungslager erfolgt, die im Programm näherungsweise durch entsprechend kleine Steifigkeiten berücksichtigt wurden. Diese weiche Kopplung ist hier deshalb erforderlich, um diejenige, für die Zahnkräfte wichtige Axialeigenschwingungsform nicht wesentlich zu beeinflussen, bei der die Wellen in axialer Richtung gegenphasig schwingen.

Im **Bild 25** sind einige Eigenformen des Getriebes in der (x, y)- und (x, z)-Ebene dargestellt. Die erste Eigenform (bei der kleinsten Eigenfrequenz ω_1 = 14 rad/sec) führt, wie bereits erwähnt, aufgrund der absichtlich weich gewählten, axialen Inertialkopplung, zu einer phasengleichen Axialbewegung der An- und Abtriebswelle.

Bei der zweiten Eigenform (mit der Frequenz ω_2 = 52 rad/sec) finden gegenphasige Radialschwingungen der beiden Wellen hauptsächlich in der (x, y)-Ebene statt. In der (x, z)-Ebene gibt es nur vernachlässigbar kleine Kippbewegungen. Die "großen" Radialbewegungen der Wellen in y-Richtung bei niedrigen Frequenzen entstehen durch die in dieser Richtung relativ weichen Kopplung zwischen Welle und Verzahnung. Betrachtet man im Bild 4 den Eingriffsbereich der Verzahnung und die entsprechenden Koppelemente, so sieht man, daß wegen des relativ kleinen Eingriffswinkels α(etwa 20 Grad) die in y-Richtung wirksame Steifigkeit wesentlich kleiner sein muß als die entsprechende Komponente in z-Richtung.

Wegen der noch stärkeren Kopplung der Wellen in z-Richtung erhält man die entsprechenden gegenphasigen Radialeigenformen erst bei höheren Frequenzen. Als eine Kippeigenform kann die Eigenform bei ω_6 = 847 rad/sec bezeichnet werden. Hierbei findet insbesondere in der (x, z)-Ebene eine Kippbewegung der Abtriebswelle statt,

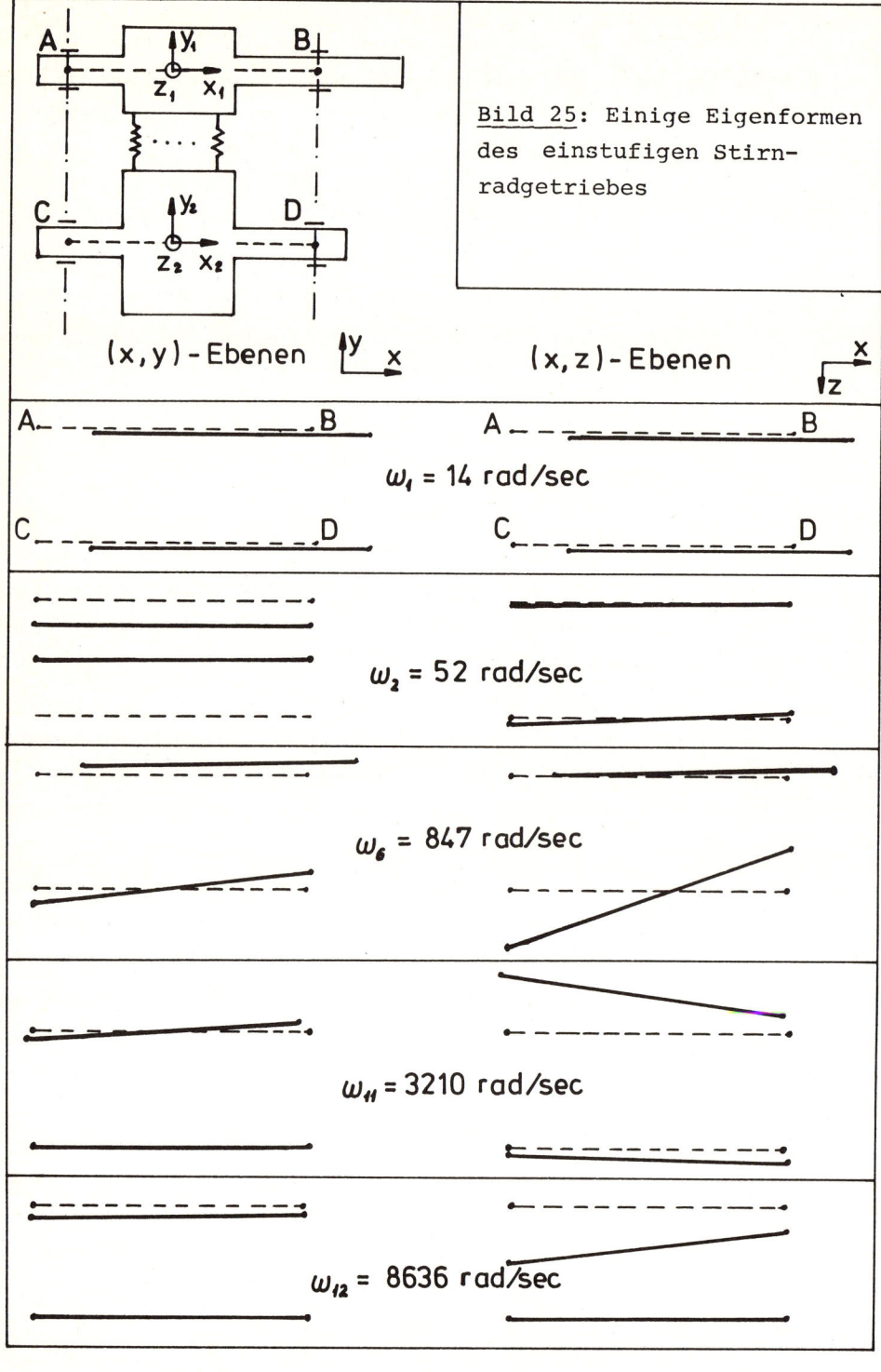

Bild 25: Einige Eigenformen des einstufigen Stirnradgetriebes

(x,y)-Ebenen

(x,z)-Ebenen

$\omega_1 = 14$ rad/sec

$\omega_2 = 52$ rad/sec

$\omega_6 = 847$ rad/sec

$\omega_{11} = 3210$ rad/sec

$\omega_{12} = 8636$ rad/sec

bei der die Lagerauslenkungen sehr groß sind. Die Antriebswelle bleibt dabei weitgehend in Ruhe. Umgekehrt sind die Verhältnisse bei den Eigenformen mit den Frequenzen ω_{11} = 3210 rad/sec und ω_{12} = 8636 rad/sec. Hier führt die Antriebswelle eine Kippbewegung aus, während die Abtriebswelle in Ruhe ist.

Die Analyse der gerechneten Eigenvektoren hat gezeigt, daß bei den letzten zwei Eigenfrequenzen die entsprechenden Torsionsbewegungen der Wellen am meisten ausgeprägt sind. Insbesondere bei der Frequenz ω_{11} erfahren die Zahnkoppelelemente relativ große Auslenkungen, so daß diese Frequenz als Zahneigenfrequenz bezeichnet werden kann.

5.1.2.   Tragbild der Verzahnung

Die Modellierung des Zahnbereiches durch zehn Koppelelemente (jeweils fünf für eine Verzahnungshälfte) erlaubt die Darstellung der Zahnkraft über der gesamten Zahnbreite. Von Interesse bei Tragbildern ist dabei die Einzelzahnkraft, die sich im dynamischen Fall aus der Zahnpaarsteifigkeit (vgl. Bild 2), Zahnpaardämpfung und der Zahnauslenkung bzw. der entsprechenden Auslenkungsgeschwindigkeit ergibt.

In Bild 26 und Bild 27 sind die berechneten Tragbilder der Verzahnung bei zwei verschiedenen Drehzahlen dargestellt. Der Ermittlung dieser Tragbilder liegt folgende Vorgehensweise zugrunde: Als Ergebnis der Simulation erhält man die Auslenkung und die Auslenkungsgeschwindigkeit eines Zahnkoppelelements in Abhängigkeit von der Zeit. Mit der Kenntnis des Gesamtüberdeckungsgrades (im vorliegenden Fall ε = 4,8) und der Zahneingriffsfrequenz, die sich als Produkt der Antriebsdrehzahl mit der Zähnezahl des Antriebsrads ergibt, liegt die Zeit zum Durchlaufen eines Zahnes im Eingriffsbereich fest. Während dieser Zeit wälzen sich die Zähne vom Zahnkopf bis zum Zahnfuß ab und durchlaufen den Wälzweg. Berechnet man nun über diesem Wälzweg die Kraft an der Stelle des gerade betrachteten Zahnkoppelelements, indem für

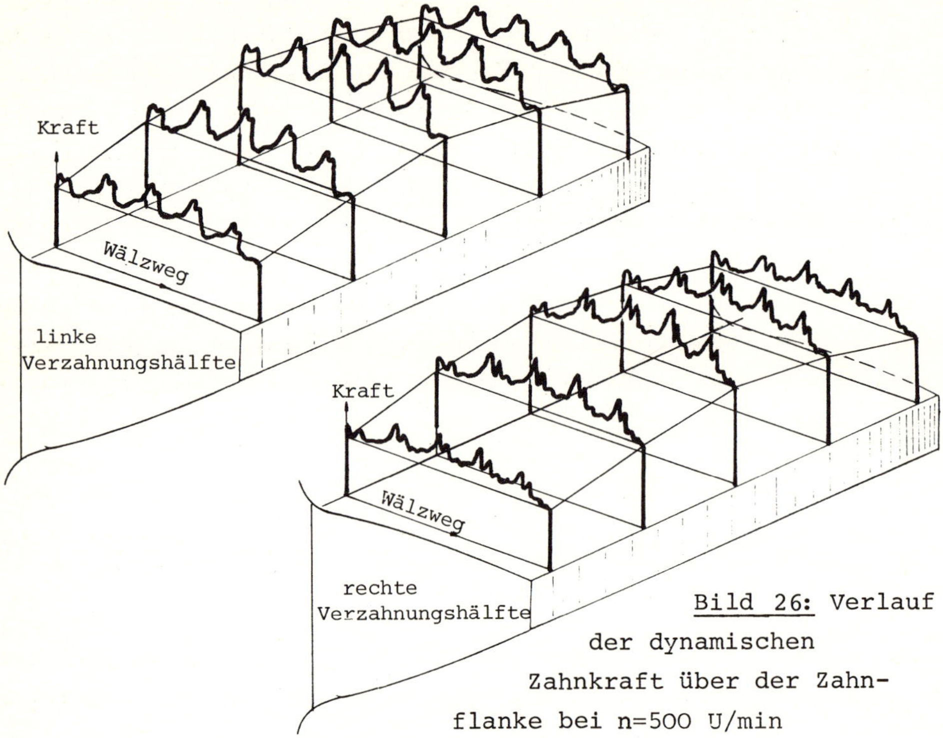

98

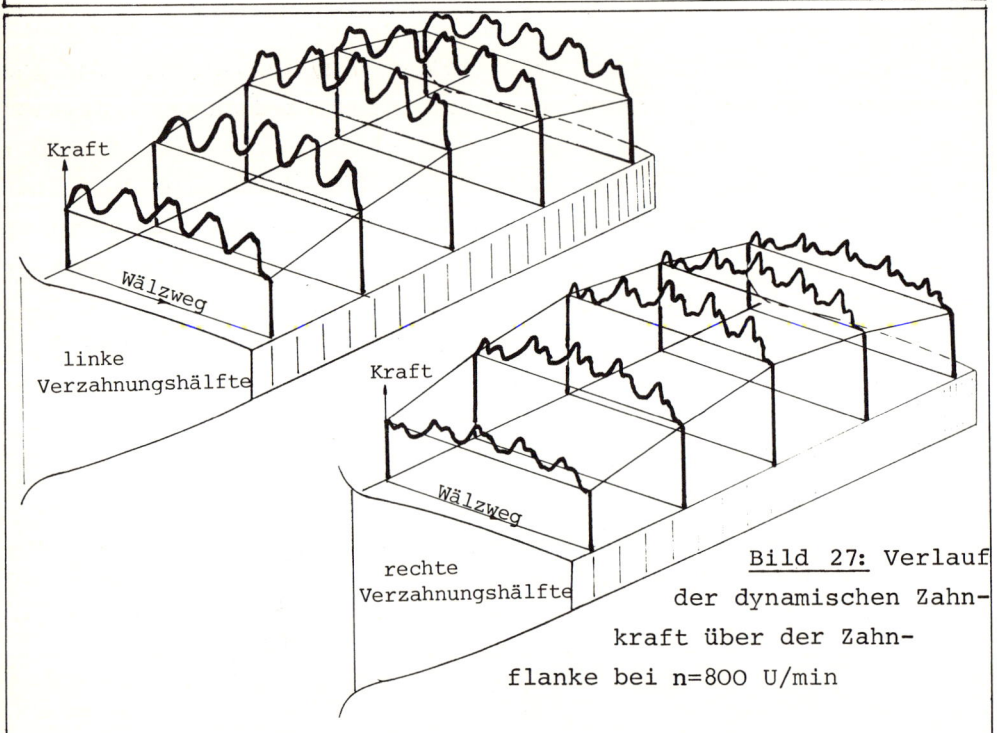

Kraft

Wälzweg

linke
Verzahnungshälfte

Kraft

Wälzweg

rechte
Verzahnungshälfte

Bild 26: Verlauf
der dynamischen
Zahnkraft über der Zahn-
flanke bei n=500 U/min

Kraft

Wälzweg

linke
Verzahnungshälfte

Kraft

Wälzweg

rechte
Verzahnungshälfte

Bild 27: Verlauf
der dynamischen Zahn-
kraft über der Zahn-
flanke bei n=800 U/min

die Steifigkeit und die Dämpfung die dem Koppelelement anteilmäßig zugeordnete Zahnpaarsteifigkeit und -dämpfung verwendet
werden, so entspricht diese Kraft der dynamischen Belastung eines
Zahnes während des Eingriffes. Durch die Berücksichtigung mehrerer Koppelelemente im Zahnbereich können über der Zahnbreite auch
mehrere Kraftverläufe berechnet und über der Zahnflanke dargestellt werden.

Aus den Bildern 26 und 27 geht hervor, daß die Zahnkräfte in der
Flankenmitte größer sind als am Zahnkopf und -fuß. Ferner nehmen
die Kräfte bezüglich der Zahnlängsrichtung (Zahnbreite) in der
Mitte ein Maximum an. Dies liegt im wesentlichen an der Steifigkeitsverteilung über der Zahnbreite einerseits und über der Zahn-
höhe andererseits: In der Flankenmitte ist der Zahn am steifsten,
deshalb sind (bei annähernd gleicher Auslenkung über der Zahnbreite) die entsprechenden Kräfte am größten.

Ferner fällt auf, daß die linken und die rechten Verzahnungshälften unterschiedliche Tragbilder aufweisen. Während bei den linken
Verzahnungshälften die einfache Zahneingriffsfrequenz dominiert,
machen sich bei den rechten Verzahnungshälften im Zahnkraftverlauf weitere Frequenzen mit entsprechenden Amplitudenüberhöhungen
bemerkbar. Ursache hierfür sind die den Torsionsschwingungen
überlagerten Kippschwingungen der An- und Abtriebswelle im betrachteten Drehzahlbereich, wodurch die Koppelelemente der einen
Verzahnungshälfte mehr ausgelenkt werden als die der anderen
(vgl. Bild 5). Bildet man nun die Zahnkraft als Produkt der
Zahnauslenkung mit der in eine Fourierreihe zerlegten periodischen Zahnsteifigkeit (bei Vernachlässigung der Dämpfungsanteile), so machen sich in der Zahnkraft die höheren Harmonischen der
Steifigkeit um so mehr bemerkbar, je größer die Auslenkung ist.

Es sei noch erwähnt, daß die im Bild 27 betrachtete Drehzahl
einer Resonanzdrehzahl entspricht, bei der die Zahneigenfrequenz
ω_{11} angeregt wird. Bei der im Bild 26 betrachteten Drehzahl
machen sich die nichtkonservativen Kräfte in Gleitlagern bemerkbar, die ebenfalls zu einer Überhöhung in der Resonanzkurve und

damit auch einer Lastüberhöhung in der Verzahnung führen.

5.1.3.   Verlauf der Gesamtzahnkraft

Im Modell sind je Verzahnungshälfte fünf Koppelelemente verwendet worden. Unter Belastung mit dem konstanten äußeren Moment erhält man im statischen Fall die mittleren (statischen) Kräfte in den Koppelelementen. Das Verhältnis der gesamten Kraft im Koppelelement (= gesamte dynamische Zahnkraft F_V) zu der statischen Zahnkraft F_{VO} stellt die normierte Zahnkraft F_N dar, deren Maximum als Lastvergrößerungsfaktor V_L bezeichnet wird:

$$F_N = F_V/F_{VO} \tag{5.1}$$

$$V_L = \max\ (F_N) \tag{5.2}$$

Im **Bild 28** ist exemplarisch die normierte Zahnkraft (unter Zugrundelegung des mittleren Koppelelements der rechten Verzahnungshälfte) über fünf Zahneingriffsperioden bei einer Antriebsdrehzahl von n = 500 U/min dargestellt. Im selben Bild wird der Verlauf der (bezüglich ihres Mittelwerts normierten) Zahnsteifigkeit gezeigt (vgl. auch Bild 6). Man sieht wie die Schwingungen bei jedem neuen Zahneingriff neu angeregt werden und allmählich abklingen. Der Lastvergrößerungsfaktor beträgt etwa 1,2. Das bedeutet, daß die Zähne bei dieser Drehzahl im Vergleich zu der statischen Belastung etwa 20% mehr belastet werden.

Stellt man nun den Lastvergrößerungsfaktor in Abhängigkeit von der Antriebsdrehzahl in einem Diagramm dar, so entsteht eine Amplituden-Drehzahl-Funktion für die Zahnkraft, wie sie in **Bild 29** für das vorliegende einstufige Stirnradgetriebe dargestellt ist. Es ist festzustellen, daß insbesondere bei kleineren Drehzahlen (bis etwa n = 900 U/min) die Lastüberhöhungen relativ groß sind. Erst nach Überschreiten der kritischen Drehzahl bei n = 800 U/min, bei der Schwingungen mit der Zahneigenfrequenz angeregt werden, nehmen die Amplituden ab.

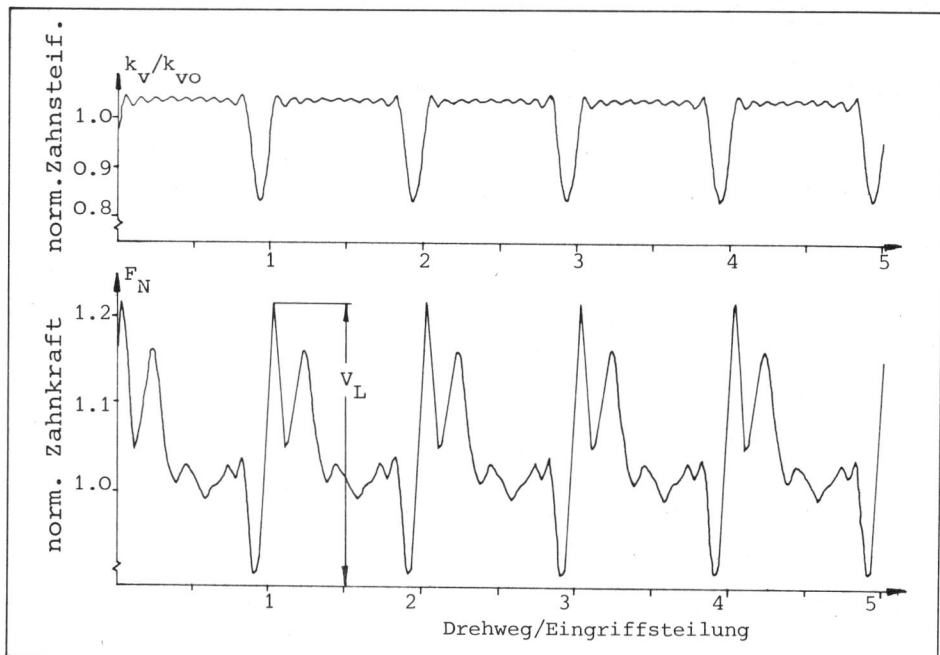

Bild 28: Verlauf der periodischen Zahnsteifigkeit und der dynamischen Zahnkraft bei n=500 U/min

In der Nähe der Betriebsdrehzahl (n = 1350 U/min) nimmt der Lastvergrößerungsfaktor den kleinen Wert von V_L = 1,06 an, so daß das - bezogen auf die Zahneigenfrequenz - überkritisch laufende Getriebe hinsichtlich der dynamischen Zahnkräfte eine sehr gute Tragfähigkeit gewährleistet.

Im Bild 29 sind zwei Kurvenverläufe dargestellt. Während dem durchgezogenen Verlauf die vollständigen Systemparameter zugrunde liegen, sind bei dem gestrichelten Verlauf die Kreuzkoppelelemente in den Gleitlagerkoeffizienten (vgl. Kap. 3.2.1.) nicht berücksichtigt. Dies bedeutet beim gestrichelten Verlauf die Vernachlässigung der unsymmetrischen Anteile der lage- und geschwindigkeitsproportionalen Matrizen der Bewegungsdifferentialgleichung (3.21).

102

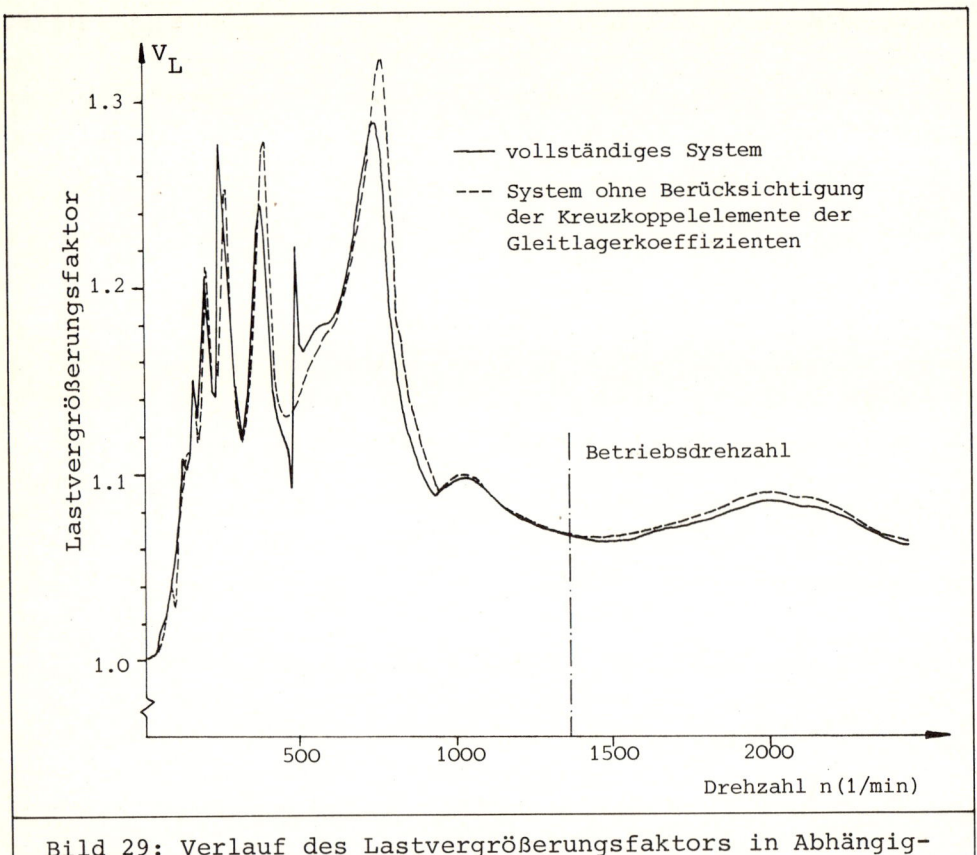

Bild 29: Verlauf des Lastvergrößerungsfaktors in Abhängigkeit von der Antriebsdrehzahl

Aus dem Vergleich der beiden Kurven geht hervor, daß das voll-
ständige System mit Kreuzkoppelelementen der Gleitlager bei n =
500 U/min gegenüber dem durch Vernachlässigung der Kreuzkopplung
vereinfachten System eine zusätzliche Amplitudenüberhöhung aufweist. Im restlichen Verlauf der Kurven gibt es nur unwesentliche
Abweichungen. Diese zusätzliche Überhöhung rührt also eindeutig
von den Gleitlagereigenschaften her, die insbesondere bei niedrigen Drehzahlen entsprechend den Ausführungen im Kap. 3.2.1. berücksichtigt werden müssen.

5.2 Antriebsstrang mit Schaltgetriebe

Die Ergebnisse der numerischen Simulation werden im folgenden exemplarisch für die fünfte Gangstellung des Schaltgetriebes bei einer Antriebsdrehzahl von n = 2500 U/min angegeben und erläutert.

Zur Abschätzung der Eigenfrequenzen ist es erforderlich, die Steifigkeiten der Koppelelemente mit nichtlinearen Kennlinien durch Linearisierung um den Arbeitspunkt (vgl. Bild 10) zu berechnen. Hierbei müssen zunächst mit Hilfe der im Kap. 4.1. angegebenen Beziehungen die statischen Kräfte und Momente in den Koppelelementen ermittelt werden, wobei als äußere Belastung das mittlere Motormoment bei der betrachteten Drehzahl zugrunde gelegt wird.

5.2.1.   Eigenverhalten

Die 29 Eigenkreisfrequenzen des statisch verspannten Antriebsstrangs mit Schaltgetriebe liegen zwischen ω_1 = 50 rad/sec und ω_{29} = 30 000 rad/sec. Während die kleineren Eigenfrequenzen aufgrund der niederfrequenten Motoranregung kritisch sind, können die höheren wegen der im Zahneingriff wirksamen hochfrequenten Parametererregung als kritisch angesehen werden. Einen besseren Einblick in das Eigenverhalten erlauben die Eigenvektoren (vgl. Gln. (1.4.)).

Im gesamten Antriebsstrang dominieren die Torsionsschwingungen. Exemplarisch werden im folgenden deshalb einige Torsionseigenformen gezeigt. Im Bild 30 sind das mechanische Ersatzmodell des Antriebsstrangs und die Verläufe der ersten vier Torsionseigenformen sowie die siebte und die zwanzigste Torsionseigenform dargestellt. Die entsprechenden Eigenfrequenzen und die zugehörigen Komponenten des Lagevektors sind ebenfalls angegeben.

Bei der ersten Torsionseigenform schwingt der gesamte Antriebs-

104

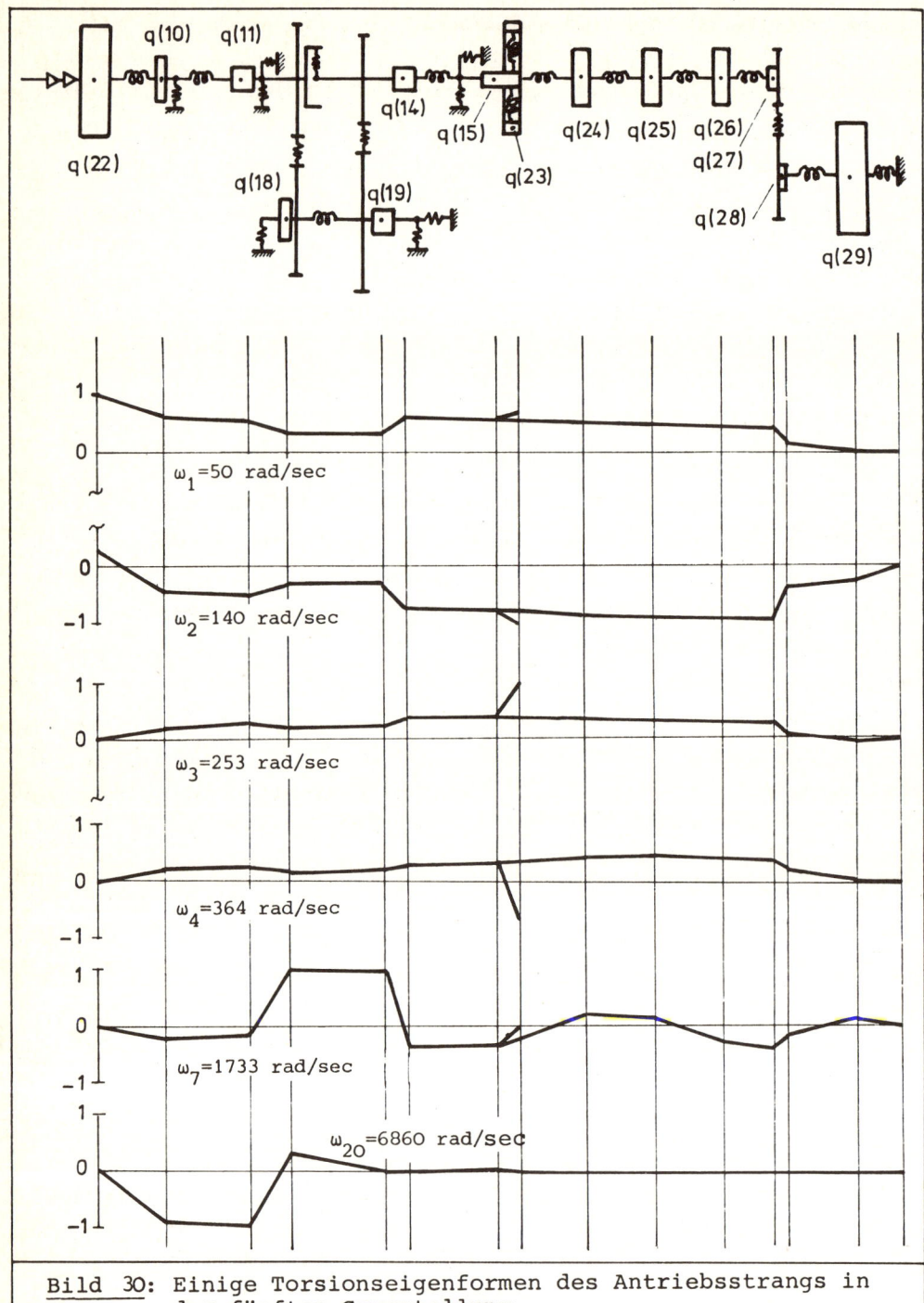

Bild 30: Einige Torsionseigenformen des Antriebsstrangs in der fünften Gangstellung

strang gegen die Umgebung (Straße), wobei die Schwungscheibe am meisten ausgelenkt wird. Die Knicke bei den Eigenformen im Bereich des Schaltgetriebes und des Hinterachsgetriebes rühren von den Übersetzungen der Getriebe her. Die zweite Torsionseigenform ist dadurch gekennzeichnet, daß die Schwungscheibe fast in Ruhe bleibt und der restliche Strang (einschließlich des Hinterrads) gemeinsam ausgelenkt wird. Hierbei wird die Schaltkupplungsfeder am meisten beansprucht. Die größte Bewegung bei dieser Eigenform zeigt das Antriebsritzel im Hinterachsgetriebe.

Bei der dritten Torsionseigenform bildet sich im Bereich der Hinterachse ein Schwingungsknoten. Die vierte Torsionseigenform ist durch die große Tilgerauslenkung gekennzeichnet. Die Schwungscheibe und das Hinterrad sind dabei in Ruhe, und zwischen ihnen schwingen die restlichen Elemente phasengleich. Die große Tilgerauslenkung deutet darauf hin, daß die Tilgerfrequenz in der Nähe der dieser Eigenform entsprechenden Eigenfrequenz liegen muß.

Die höheren Torsionseigenformen weisen mehrere Schwingungsknoten auf. So liegen sie bei der siebten in den Zahnbereichen der Schaltgetriebe (dabei schwingt die Vorgelegewelle gegenphasig zu der An- und Abtriebswelle), in der elastischen Kupplung, im Gelenkwellenbereich und in der Abtriebsachse. In der zwanzigsten Torsionseigenform wird im wesentlichen die Antriebswelle bewegt. Die restlichen Elemente, vor allem ab der Vorgelegewelle, bleiben in Ruhe.

Natürlich ist es zu erwarten, daß bei einem anderen mittleren Motormoment sich andere Eigenformen ergeben, da entsprechend den nichtlinearen Kennlinien (insbesondere bei der Schaltkupplung) sich unterschiedliche Steifigkeiten und damit andere Eigenfrequenzen einstellen. Bei unteren Lastbereichen ist der Antriebsstrang "weicher" als bei höheren Lasten, da die nichtlinearen Federkennlinien progressive Verläufe aufweisen. Entsprechend sind also auch bei unteren Lasten kleinere Eigenfrequenzen zu erwarten als bei höheren Lasten.

5.2.2.   Zeitverläufe

5.2.2.1. Theoretische Ergebnisse

Das Motormoment stellt für den gesamten Antriebsstrang die maßgebliche Erregerquelle dar. Für das Schaltgetriebe sind ferner
die periodische Zahnsteifigkeitsfunktion und die Zahnfehler von
Bedeutung. Die Zahnsteifigkeitsverläufe sind bereits im Kap.
2.3.3. dargestellt (vgl. Bild 11). Das Bild 31 zeigt den Verlauf
des mit fünf Fourierkoeffizienten angenäherten und bezüglich des

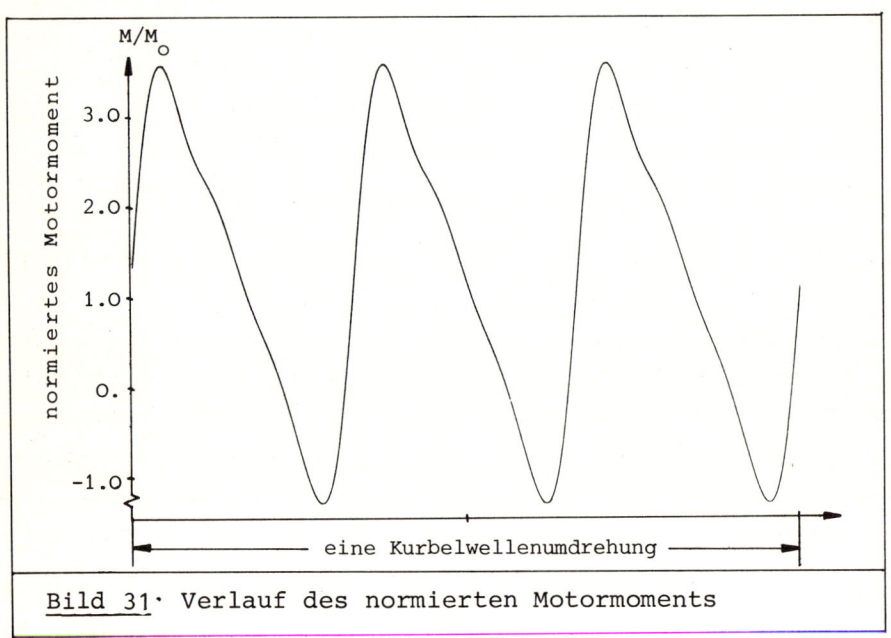

Bild 31· Verlauf des normierten Motormoments

konstanten Koeffizienten (= mittleres Moment M_0) normierten Moments M eines Sechszylindermotors über einer Kurbelwellenumdre-
hung. Da in den Zylindern während einer Kurbelwellenperiode drei-
mal gezündet wird, erhält man zu entsprechenden Zündzeitpunkten
drei Momentenüberhöhungen.

Bei den Zeitverläufen sind die quasistationären Lösungen von

Interesse. Bis zum Erreichen des stationären Zustands muß man die Zustandsgleichung über eine hinreichend lange Zeit (= bestimmte Anzahl von Kurbelwellenperioden) integrieren. Die Einschwingzeit hängt dabei im wesentlichen vom Dämpfungsverhalten und vom gewählten Startvektor (Anfangszustand) ab. Es liegt nahe, den statischen Lagevektor als Startvektor zu wählen und die Lagegeschwindigkeit null zu setzen.

Bei kleineren Dämpfungen ist die Einschwingzeit länger als bei größeren. Insbesondere führen "große" Massen, die wenig oder gar nicht gedämpft sind, zu längeren Einschwingzeiten. Dies ist im Antriebsstrang z.B. bei der Schwungscheibe der Fall. Eine Abhilfe hierbei besteht darin, daß man die Dämpfung während des Einschwingvorgangs künstlich erhöht und anschließend wieder auf den richtigen Wert herabsetzt. In den meisten Fällen kann durch diese Maßnahme bei Systemen mit freistehenden (inertial nicht gekoppelten) "großen" Massen mindestens 50% Rechenzeit erspart werden.

Da der Lösungsvektor nur für theoretisch unendliche Zeit gegen den eingeschwungenen Zustand konvergiert, muß bei praktischen Rechnungen ein Abbruchkriterium eingeführt werden, das den Rechengang in endlicher Zeit beendet. Eine Möglichkeit besteht z.B. im Vergleich der Schwingungsamplituden, deren Differenz kleiner als eine vorgegebene Schranke sein muß, um den erreichten Zustand als eingeschwungen zu akzeptieren. Dieses Abbruchkriterium ist besonders dann wichtig, wenn Amplitudenfrequenzfunktionen gerechnet werden. Bei Berechnungen von Zeitverläufen kann in konkreten Fällen der eingeschwungene Zustand anhand von Berechnungsergebnissen auch optisch beurteilt werden. Im Falle des Antriebsstranges mit Schaltgetriebe reichen bei Anwendung der oben erwähnten Maßnahmen ca. acht Kurbelwellenperioden aus, um den quasistationären Zustand zu erreichen.

Im Bild 32 ist der Verlauf der Zahnauslenkung s_{21} in der geschalteten fünften Gangstufe und der Verlauf der zugehörigen Zahnsteifigkeit k_{v5} dargestellt, wobei die Zahnauslenkung bezüglich der statischen Zahndurchbiegung $s_{21,0}$ und die Zahnsteifigkeit bezüg-

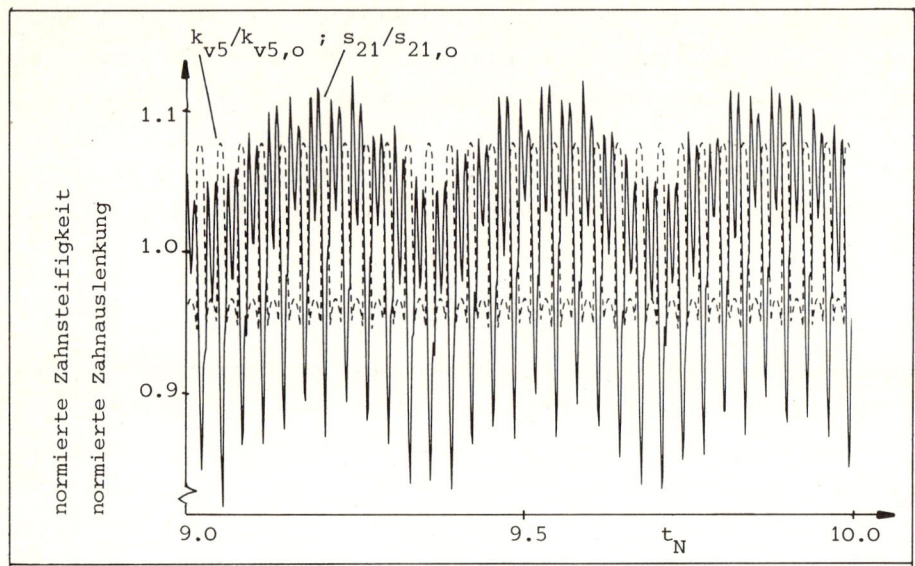

Bild 32: Verlauf der normierten Zahnsteifigkeit und der Zahnauslenkung in der geschalteten (fünften) Gangstufe bei $G_F = 0.7$ und $n = 2500$ U/min

lich ihres Mittelwerts $k_{v5,0}$ normiert sind. Im Bild ist die neunte Kurbelwellenperiode dargestellt. Die Zeitachse ist auf eine Kurbelwellenperiode (= Schwungscheibenperiode) normiert:

$$t_N = t \ / \ (60/n), \tag{5.3}$$

n = Schwungscheibendrehzahl = Kurbelwellendrehzahl.

Aus dem Verlauf der Zahnauslenkung geht hervor, daß bei jedem neuen Zahneingriff (Wechsel der Zahnsteifigkeit) die Zähne zu Schwingungen angeregt werden, die bis zum nächstfolgenden Eingriff relativ weit abgeklungen sind. Ferner sieht man den Einfluß des Motormoments, der eine niederfrequente Schwankung der Zahnauslenkung hervorruft. Die hochfrequenten Zahnschwingungen basieren auf dem "Eingriffsstoß" und sind im Modell durch den "Zahnsteifigkeitssprung" berücksichtigt. Sie stellen auch die wesentlichen Ursachen der Verzahnungsgeräusche dar, die neben der Zahn-

form und damit der Zahnsteifigkeit von dem Anstieg der Zahnsteifigkeit beim Eingriffsbeginn abhängen. Der lastangepaßten Profilrücknahme kommt in diesem Zusammenhang große Bedeutung zu.

Die Torsionsschwingungen im Strang werden im starken Maße durch
die Grundharmonische des Motormoments bestimmt. Die höheren Harmonischen des Motormoments kommen mehr bei translatorischen
Schwingungen der Getriebewellen zum Tragen. In <u>Bild 33</u> und
<u>Bild 34</u> sind exemplarisch die Torsionsschwingungen und die
translatorischen Schwerpunktsschwingungen x_{ab}, y_{ab}, z_{ab} (vgl.
Bild 9) der Getriebeabtriebswelle (Hauptwelle) dargestellt. Im
Bild 33 sieht man, daß die beiden Torsionsmassen der Hauptwelle
bei der betrachteten Drehzahl phasengleich schwingen. Die Differenz der Mittelwerte entspricht dabei der Differenz der statischen Auslenkungen. Aus dem Bild geht eindeutig hervor, daß die
Motorgrundfrequenz dominiert.

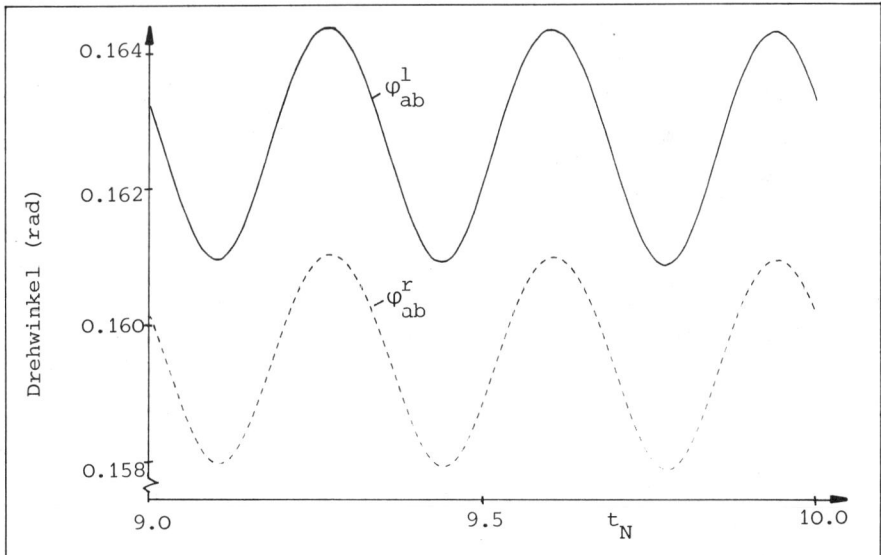

<u>Bild 33</u> : Torsionsschwingungen des linken und des rechten
Teils der Getriebeabtriebswelle in der fünften Gangstellung bei $G_F=0.7$ und n=2500 U/min

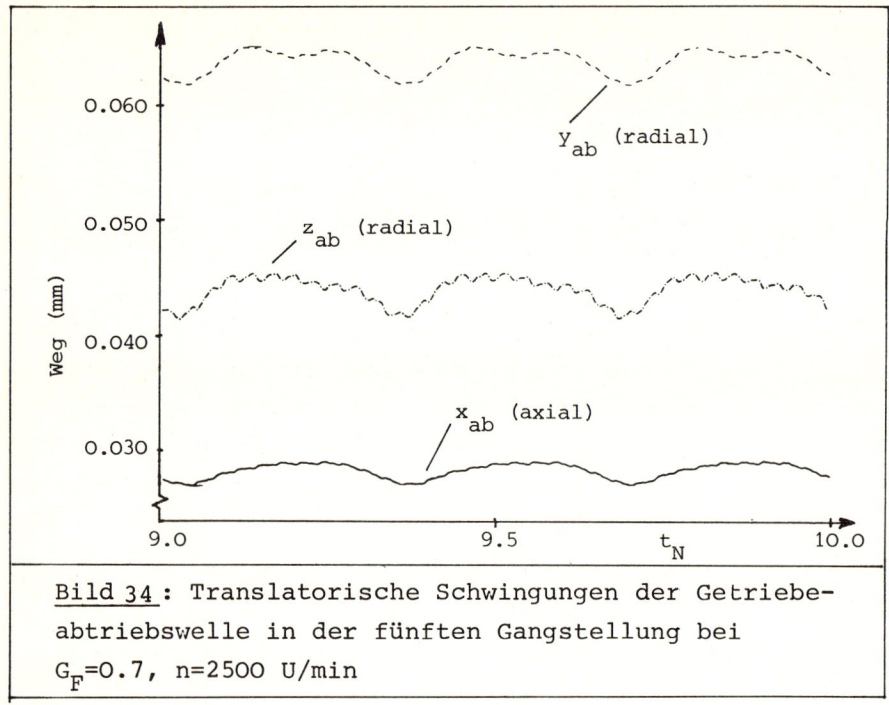

Bild 34 : Translatorische Schwingungen der Getriebeabtriebswelle in der fünften Gangstellung bei
G_F=0.7, n=2500 U/min

Bei den Translationsschwingungen (vgl. Bild 34) kommen dagegen,
neben der Motorgrundfrequenz, auch andere Frequenzen, insbesondere die Zahneingriffsfrequenz und die zweite Motorfrequenz, zum
Vorschein. Ferner geht aus dem Bild hervor, daß die Axialschwingungen den Radialschwingungen gegenüber klein sind. Insgesamt
bleiben jedoch die Amplituden der translatorischen Schwingungen
niedrig. Trotzdem sind sie in Zusammenhang mit der Geräuschentwicklung im Getriebe von Bedeutung, da durch sie die Lagerschwingungen angeregt werden. Im **Bild 35** sind die radialen Schwingungen
des linken Lagers der Abtriebswelle dargestellt. Da dieses Lager
sich unmittelbar über dem Zahneingriff der Konstante befindet,
machen sich die hochfrequenten Zahnschwingungen dort besonders
stark bemerkbar. Es fällt auf, daß die Schwingungsamplituden in
z-Richtung größer sind als in y-Richtung (vgl. Bild 9). Dies ist
in der Zahnkraft des Antriebsritzels begründet, deren Komponente
in z-Richtung wegen des relativ kleinen Eingriffswinkels wesentlich größer ist als die entsprechenden Komponente in y-Richtung.

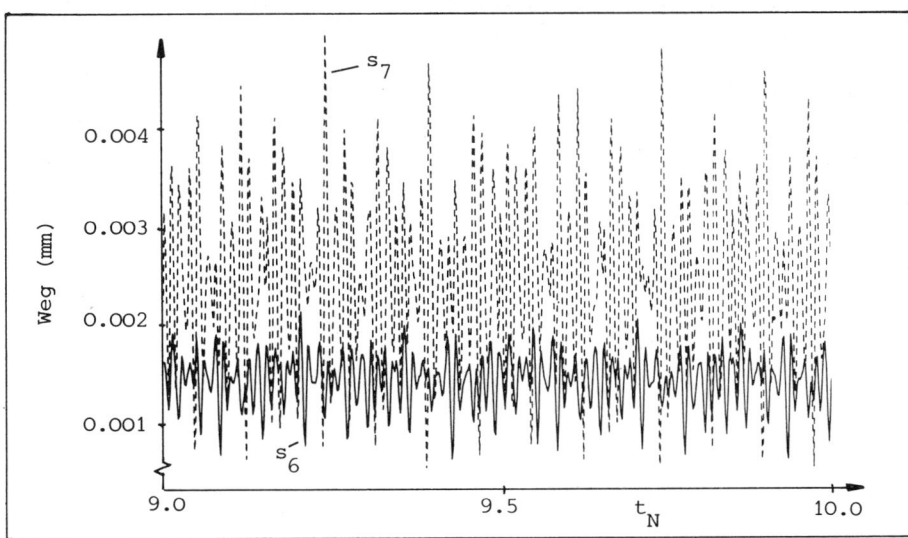

Bild 35: Radiale Schwingungen in y- und z-Richtung(s_6 und s_7) des linken Lagers der Getriebeabtriebswelle in der fünften Gangstellung bei G_F=0.7 und n=2500 U/min

5.2.2.2. Vergleich mit Messungen

Es liegen Messungen vor, die zum Vergleich mit den theoretischen Ergebnissen verwendet werden können. Gemessen wurde der Zeitverlauf des Drehwinkels an der Schwungscheibe (φ_S, vgl. Bild 9) und an der Gelenkwelle (φ_{G1}, vgl. Bild 13) bei verschiedenen Gangstellungen und den Drehzahlen n = 1500 U/min und n = 2500 U/min. Die Messungen sind im Teillastbereich durchgeführt, so daß man dies bei der Rechnung im Motormomentverlauf durch einen Gasfaktor G_F berücksichtigen muß, der bei Vollast gleich eins, sonst entsprechend kleiner ist.

In **Bild 36** und **Bild 37** sind die Zeitverläufe der oben erwähnten Koordinaten für die vierte Gangstellung dargestellt. **Bild 38** zeigt ferner den Zeitverlauf des Schwungscheibendrehwinkels φ_S bei der fünften Gangstellung. Der Vergleich zwischen Messung und

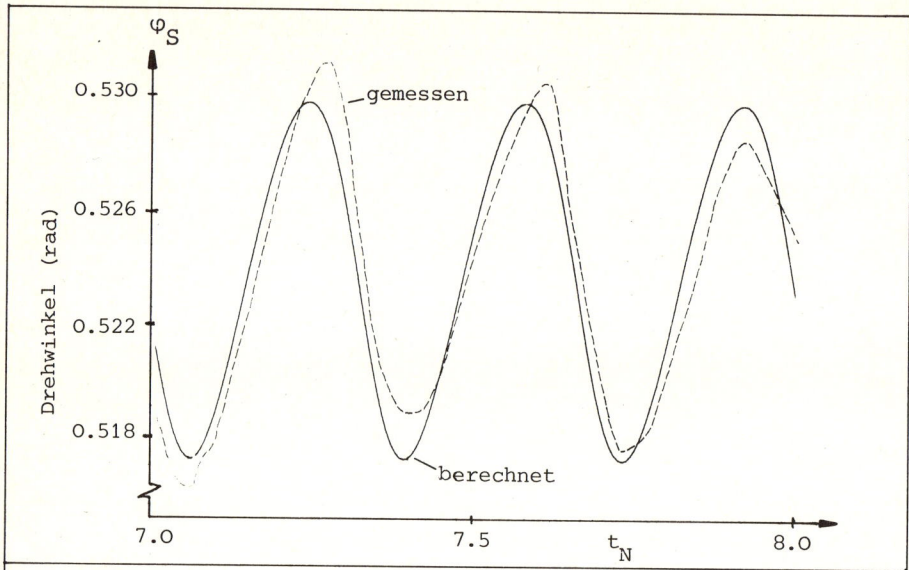

Bild 36 : Zeitverlauf der Schwungscheibenkoordinate φ_S in der vierten Gangstellung bei $G_F=0.7$ und n=1500 U/min

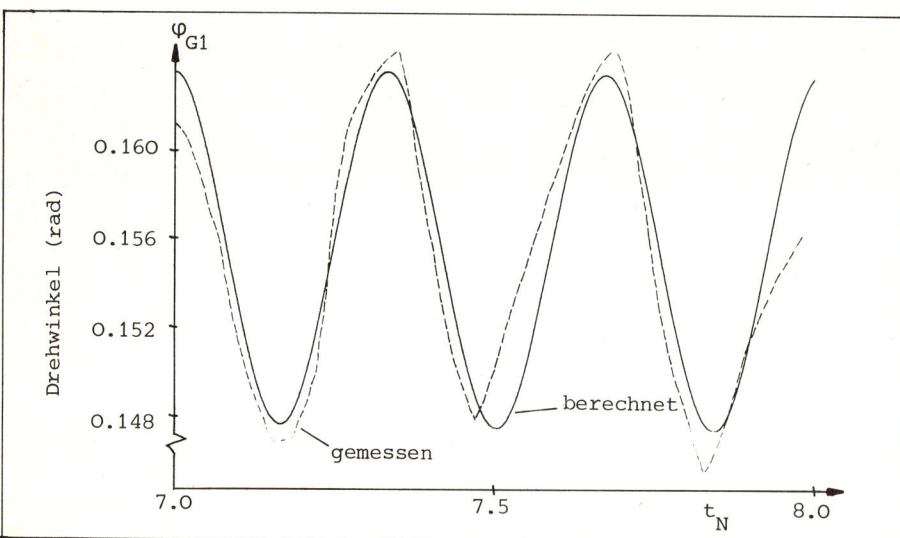

Bild 37: Zeitverlauf der Gelenkwellenkoordinate φ_{G1} in der vierten Gangstellung bei $G_F=0.7$ und n=1500 U/min

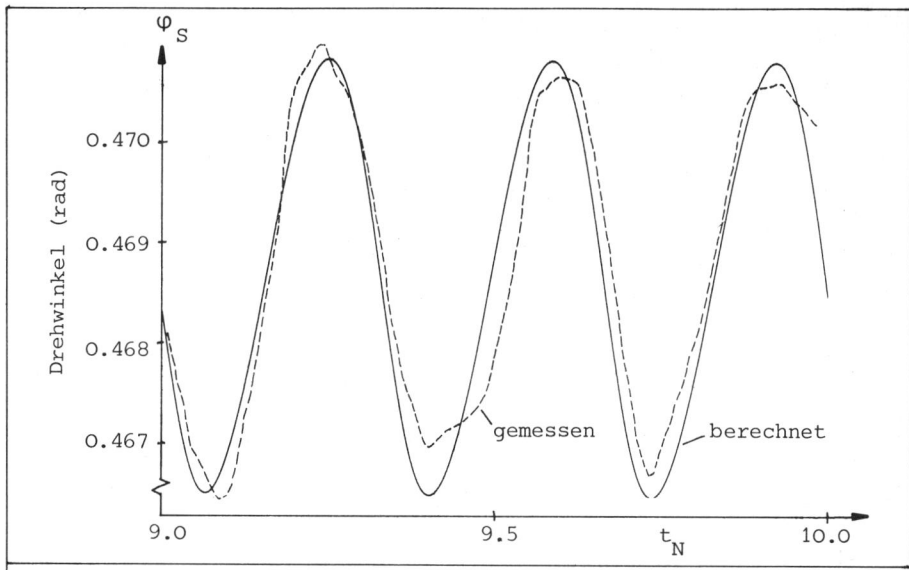

Bild 38: Zeitverlauf der Schwungscheibenkooordinate φ_S in der fünften Gangstellung bei G_F=0.7 und n=2500 U/min

Rechnung zeigt eine gute Übereinstimmung. Der Rechnung bei der fünften Gangstellung liegt das mechanische Ersatzmodell mit 29 Freiheitsgraden zugrunde, das in Kap. 2.3.3. erläutert wurde. Bei Rechnungen in der vierten Gangstellung des Antriebsstranges sind nur die Torsionsfreiheitsgrade berücksichtigt. Dies ist erlaubt, da wegen der nicht im Kraftfluß befindlichen Vorgelegewelle die translatorischen Schwingungen und Kippschwingungen im Getriebe die Torsionsbewegungen im Strang nur unwesentlich beeinflussen und daher in guter Näherung als entkoppelt betrachtet werden können.

Beim Vergleich der theoretischen Ergebnisse mit Messungen ist grundsätzlich zu beachten, ob die gerade betrachtete Drehzahl in der Nähe einer Resonanzdrehzahl liegt oder sogar einer solchen genau entspricht. In diesen Fällen kommt der Systemdämpfung eine besondere Bedeutung zu. Insbesondere ist der Dämpfungsbeiwert des Koppelelements wesentlich, das bei der entsprechenden Eigenform die größte Auslenkung aufweist. Dies kann anhand der Schwingungsformen (vgl. z.B. Bild 30) festgestellt werden.

Bei den hier betrachteten Drehzahlen tritt keine Resonanz auf, da
keine der Eigenfrequenzen in der Nähe der durch Motor oder Getriebe hervorgerufenen Erregerfrequenzen liegt.

5.2.3.   Amplituden-Drehzahl-Verläufe

Das Amplituden-Drehzahl-Verhalten des Antriebsstranges ist hinsichtlich der Beurteilung von verschiedenen Schwingungserscheinungen, wie Ruckeln, Rasseln und Geräusch, von großer Bedeutung.
Das Rasseln im Getriebe wird im wesentlichen durch die Drehungleichförmigkeit des Antriebsritzels und Schwingungen der Vorgelegewelle angeregt. Beim Ruckeln kommt die Drehschwingung in der
1. Eigenform zum Tragen.Das Geräuschverhalten des Antriebsstrangs
(ohne Motor) hängt von den Amplituden und Frequenzen der in den
Bauteilen angeregten Schwingungen ab (siehe /28/).

In **Bild 39** und **Bild 40** sind die Amplituden-Drehzahl-Verläufe von
exemplarisch gewählten Koordinaten in der vierten Gangstellung
dargestellt. Diese sind die Torsionskoordinaten φ_S, φ_{ab}, φ_{G1}, φ_{AR}
(vgl. Bild 9 und Bild 13) der Schwungscheibe, des rechten Teils
der Getriebeabtriebswelle, des ersten Gelenkwellenteils und des
Antriebsritzels im Hinterachsgetriebe. Die Amplituden sind dabei
aus den Zeitverläufen so gebildet, daß der Abstand zwischen dem
maximalen und minimalen Drehwinkel halbiert wird.

Aus den im Bereich 800 U/min < n < 3000 U/min dargestellten
Verläufen geht hervor, daß die Amplituden mit steigender Drehzahl
abnehmen. Dies liegt u.a. daran, daß die Schwankungsanteile des
Motormoments und damit die Amplituden der wesentlichen Erregerquelle des Antriebsstrangs mit steigender Drehzahl kleiner werden. Amplitudenüberhöhungen sind wegen relativ hoher Systemdämp-
fungen nicht festzustellen. Lediglich fällt im Bild 39 eine
leichte Amplitudenüberhöhung bei der Getriebeabtriebswelle um die
Drehzahl n = 2000 U/min auf. Die Amplituden der Koordinaten φ_{G1}

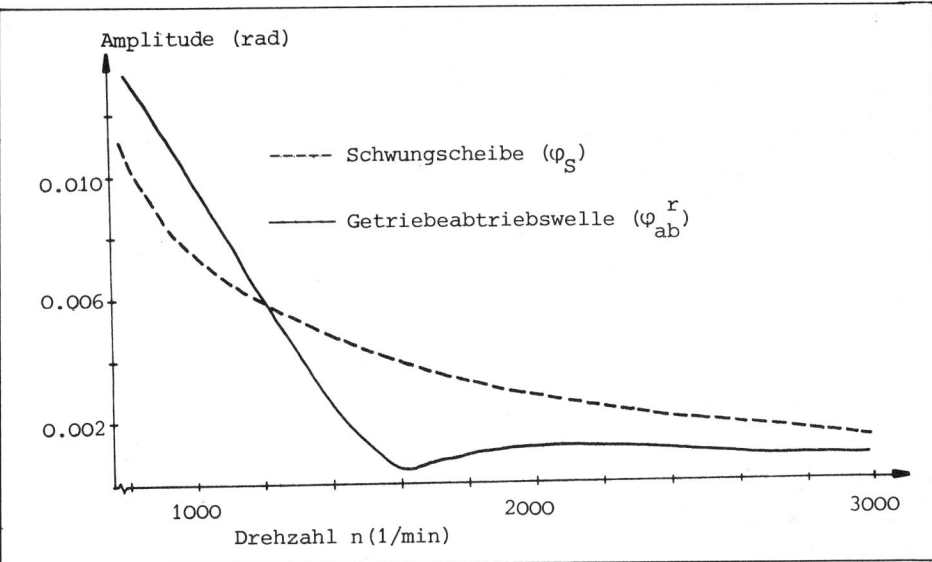

Bild 39: Amplituden-Drehzahl-Verhalten der Schwungscheibe und der Getriebeabtriebswelle in der vierten Gangstellung bei $G_F=0.7$

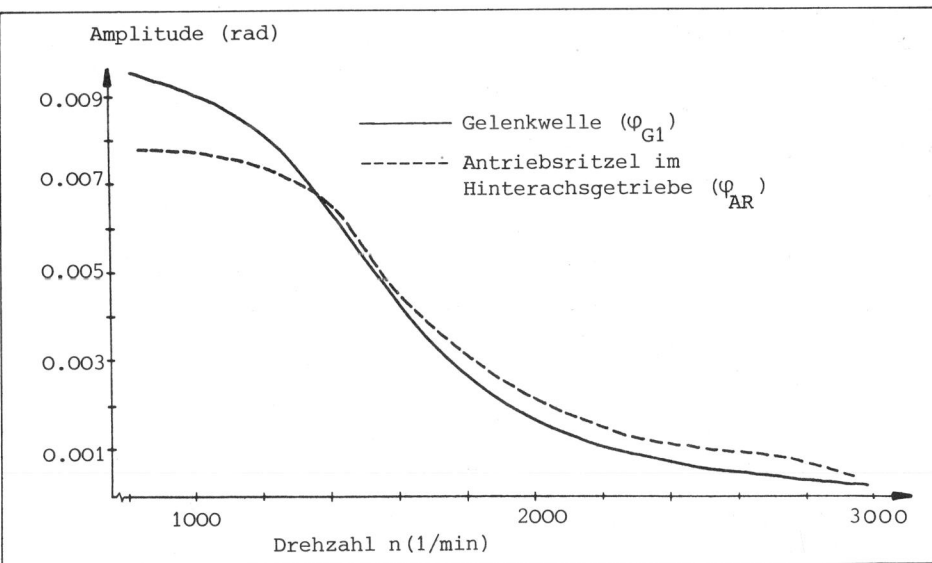

Bild 40: Amplituden-Drehzahl-Verhalten der Gelenkwelle und des Antriebsritzels im Hinterachsgetriebe in der vierten Gangstellung bei $G_F=0.7$

und φ_{AR} (vgl. Bild 40) verhalten sich dagegen über dem gesamten
betrachteten Drehzahl ähnlich.

5.3 Kompaktplanetengetriebe

Neben den dynamischen Zahnkräften interessieren bei Planetengetrieben insbesondere die Radialschwingungen der Sonnenrad- und
Hohlradwelle. Diese Radialschwingungen, die für den Lastausgleich
im Getriebe erforderlich sind, dürfen natürlich nicht beliebig
groß werden, da sonst die Betriebssicherheit des Getriebes nicht
mehr gewährleistet ist. Ferner sind die Schwingungen der Planetenräder von Bedeutung, da sie als Leistungsübertrager vom Hohlrad auf das Sonnenrad für die Laufruhe des Getriebes mitverant-
wortlich sind. Diese Schwingungen der erwähnten Bauteile lassen
sich bei einer geradverzahnten Version, wie sie hier vorliegt,
mit guter Genauigkeit berechnen, wenn ein Getriebemodell verwendet wird, das die Schwingungen in der Stirnschnittebene (vgl.
Bild 17) beschreibt. Im folgenden werden einige, unter Zugrundelegung dieses Modells erzielten Ergebnisse erläutert. Bei einem
konstanten Antriebsmoment wird dabei als Erregerquelle die veränderliche Zahnsteifigkeit betrachtet.

5.3.1. Amplituden-Drehzahl-Verläufe

Bei diesem Getriebebeispiel soll u.a. auch die Leistungsfähigkeit
der im Kap. 4.2. dargestellten Näherungsrechnung überprüft werden, mit deren Hilfe das ursprünglich parametererregte System
näherungsweise als ein zwangserregtes System formuliert wird
/56/. Zum Vergleich wird der Drehzahlverlauf der dynamischen
Zahnauslenkung im zweiten Zahneingriff zwischen Hohlrad und Son-
nenrand herangezogen, vgl. Bild 41.

Im gleichen Bild ist der entsprechende Verlauf des Lastvergrößerungsfaktors V_{L2} für diesen Eingriffsbereich dargestellt. Der
Lastvergrößerungsfaktor ist gemäß der Gln. (5.2.) als Maximum der

(bezüglich der statischen Zahnkraft) normierten dynamischen Zahnkraft definiert. Für die Zahnauslenkung wird in Analogie zu V_{L2}
der Zahnauslenkungsfaktor S_{L2} eingeführt, der das Maximum der
(bezüglich der statischen Zahnauslenkung) normierten Gesamtzahn-
auslenkung darstellt.

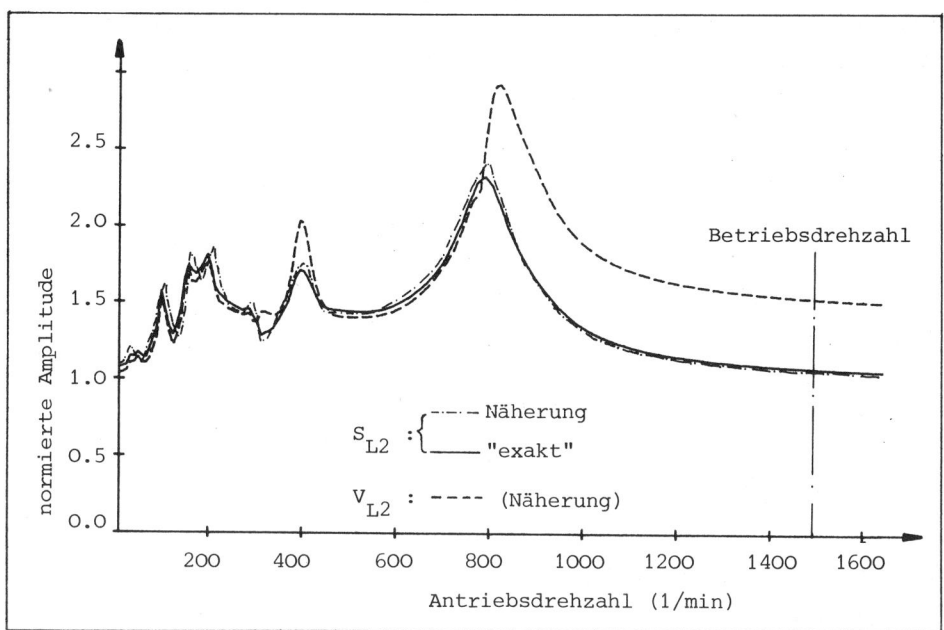

Bild 41: Drehzahl-Verlauf des Lastvergrößerungsfaktors V_{L2}
und des Zahnauslenkungsfaktors S_{L2} beim 2. Zahneingriff
(Eingriff:Planetenrad-Hohlrad), Vergleich der Ergebnisse
aus der Näherungsrechnung und der Integration der Zustandsgleichung

Im Bild 41 ist festzustellen, daß die Näherungslösung nach Kap.
4.2. das Systemverhalten hinreichend genau wiedergibt, da die
entsprechenden Ergebnisse mit den Ergebnissen aus der numerischen
Integration der Zustandsgleichung sehr gut übereinstimmen. Bei
den Resonanzüberhöhungen gibt es nur unwesentlich kleine Abweichungen. Die zugehörigen Resonanzdrehzahlen sind dagegen bei
beiden Methoden fast identisch. Die gute Leistungsfähigkeit der
Näherungsmethode kann durch die relativ kleine Intensität der

Parametererregung begründet werden: Die Störungsrechnung liefert um so genauere Ergebnisse, je kleiner die "Störparameter" sind. Im vorliegenden Fall stellen die Dämpfungen und der Schwankungsanteil der Zahnsteifigkeit die "Störparameter" dar. Die Schwankungen der Zahnsteifigkeiten sind beim betrachteten Planetengetriebe gegenüber den entsprechenden Mittelwerten (= mittlere Zahnsteifigkeiten) aufgrund der vorliegenden Überdeckungsgrade von $\varepsilon = 2,3$ (Zahneingriff: Hohlrad-Planetenrad) und $\varepsilon = 1,8$ (Zahneingriff: Planetenrad-Hohlrad) relativ klein. Die entsprechenden Dämpfungen sind ebenfalls als klein anzusehen.

Im vorliegenden Fall wurden die Näherungslösungen mit Hilfe der Frequenzgangmethode (vgl. Kap. 4.2.1.) ermittelt. Die Rechenzeitersparnis gegenüber der numerischen Integration beträgt dabei 95%.

Der Verlauf des Lastvergrößerungsfaktors V_{L2} hat einen ähnlichen Charakter wie der des Lastauslenkungsfaktors S_{L2}. Die maximale Lastüberhöhung tritt dabei bei n = 800 U/min auf, wobei - wie die hier nicht diskutierte Eigenfrequenzanalyse zeigt - bei dieser Drehzahl Schwingungen mit der Zahneigenfrequenz angeregt werden. Die Differenz zwischen V_{L2} und S_{L2} ist im überkritischen Bereich relativ groß. Dies hängt mit dem Steifigkeitsverlauf der entsprechenden Verzahnung zusammen. Bei höheren Drehzahlen ist der zeitliche Zahnkraftverlauf dem der zeitvariablen Steifigkeit ähnlich, während die Zahnauslenkungsamplituden abnehmen. Diese Eigenschaft führt dazu, daß bei entsprechenden Amplituden-Drehzahl-Verläufen mit steigender Drehzahl die Zahnauslenkung gegen die statische Lösung und die Zahnkraftamplituden gegen einen, von der Höhe des Schwankungsanteils der Zahnsteifigkeit abhängigen Grenzwert konvergieren.

Im Bild 42 sind die Drehschwingungsamplituden der Planetenräder über der Drehzahl dargestellt, die entsprechend den Systemeigenfrequenzen Resonanzüberhöhungen aufweisen. Die Amplituden sind bezüglich der statischen Verdrehung der Räder normiert. Ähnlich wie bei der Zahnauslenkung konvergieren sie bei höheren Drehzah-

len gegen die entsprechenden statischen Werte. Im Betriebsdrehzahlbereich sind die Amplituden bereits sehr klein.

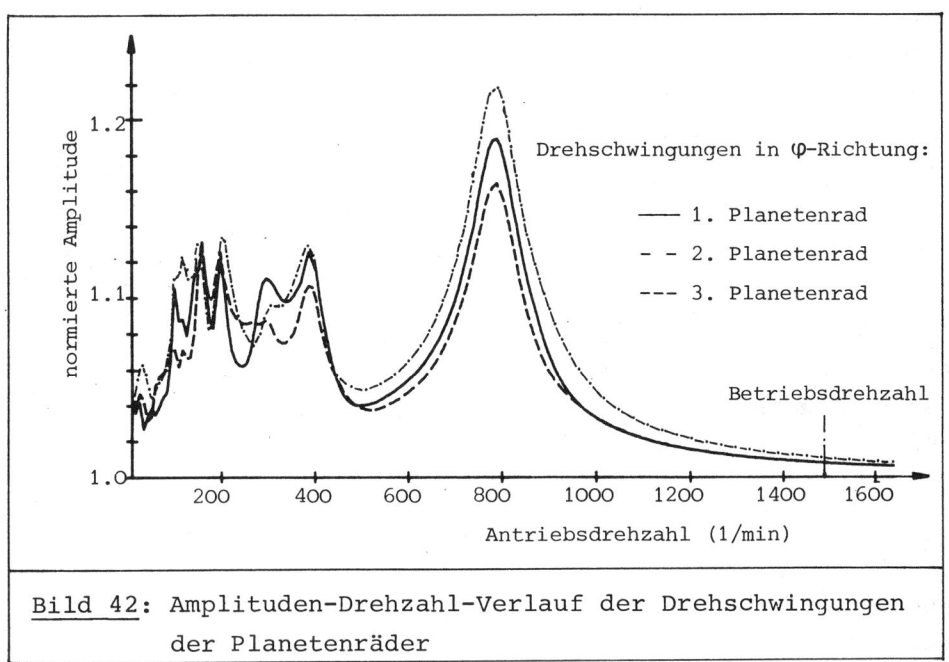

Bild 42: Amplituden-Drehzahl-Verlauf der Drehschwingungen
der Planetenräder

Unterschiedliche Zahnsteifigkeiten und insbesondere die im Kap.
2.4.2. erläuterten Phasenverschiebungen der Zahnsteifigkeitsverläufe in den sechs Verzahnungen beeinflussen die Drehschwingungen
der Planetenräder und damit auch die Zahnkräfte wesentlich. Deshalb stellt die Optimierung dieser Phasenverschiebungen bei Planetengetrieben hinsichtlich der dynamischen Zahnkräfte eine wichtige Aufgabe dar. Das Ziel ist es dabei, die Phasenverschiebungen
(vgl. Bild 19) so zu wählen, daß die Zähne - bezogen auf eine
Eingriffsperiode - mit möglichst großem zeitlichen Abstand zum
Eingriff kommen.

Radiale Schwingungen des Sonnenrads in der Stirnschnittebene
werden im **Bild 43** gezeigt, wobei die in Abhängigkeit der Drehzahl
dargestellten Amplituden bezüglich der entsprechenden statischen
Auslenkungen normiert sind. Es fällt auf, daß große Radialbewe-

120

gungen insbesondere bei niedrigen Drehzahlen stattfinden. Mit
steigender Drehzahl - abgesehen von der Resonanzdrehzahl bei n =
800 U/min - nehmen die Amplituden ab. Im Betriebsdrehzahlbereich
herrschen nur noch kleine Radialschwingungen vor.

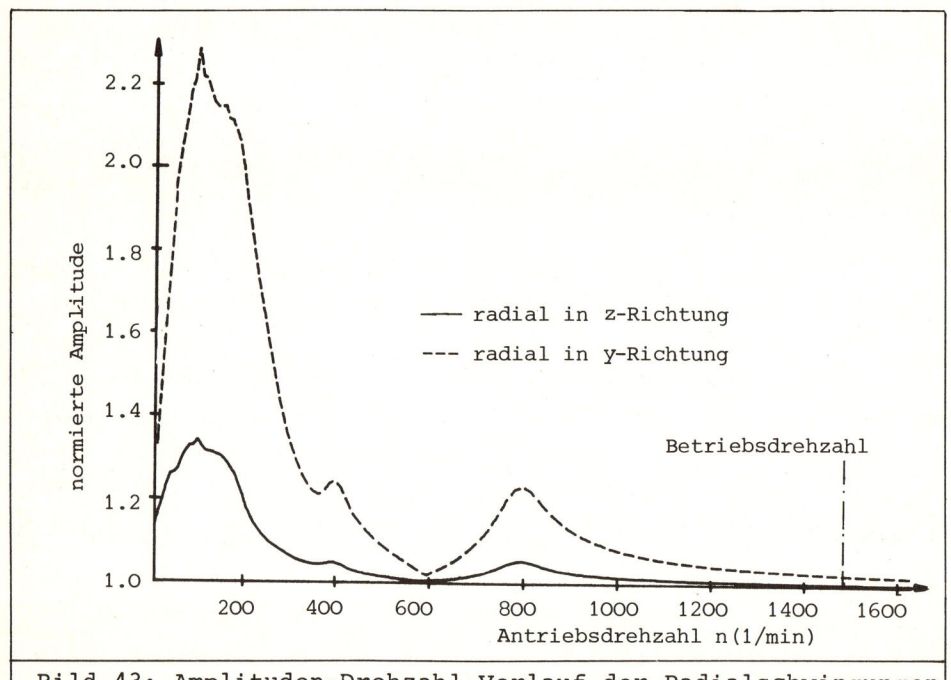

Bild 43: Amplituden-Drehzahl-Verlauf der Radialschwingungen
des Sonnenrads in der Stirnschnittebene

Aus den in diesem Abschnitt gezeigten Bildern geht insgesamt
hervor, daß das betrachtete Kompaktplanetengetriebe hinsichtlich
des dynamischen Verhaltens eine hohe Betriebssicherheit gewährleistet. Bei ähnlich konstruierten Getrieben ist ebenfalls darauf
zu achten, daß die Betriebsdrehzahl oberhalb der kritischen,
durch die Zahneigenfrequenz gekennzeichneten Drehzahl liegt, um
die Schwingungen der für den Lastausgleich absichtlich beweglich
konstruierten Bauteile möglichst klein zu halten.

6 Besondere Schwingungserscheinungen

Die parametererregten und nichtlinearen Schwingungssysteme besitzen eine Reihe spezifischer Eigenschaften und können dementsprechend besondere Schwingungserscheinungen zeigen, die von den linearen zeitinvarianten Systemen her nicht bekannt sind. Die wichtigsten von ihnen sind die sogenannten Parameter- und Kombinationsresonanzen bei parametererregten Systemen und sprunghafte Amplitudenänderungen im Amplitudenfrequenzgang nichtlinearer Systeme beim Hoch- oder Herunterlauf. Derartige Schwingungserscheinungen treten jedoch nur dann auf, wenn im System hinreichend "große" Erregeramplituden und "kleine" Dämpfungen vorhanden sind.

Im folgenden Unterkapitel wird auf das Stabilitätsverhalten von Zahnradgetrieben hinsichtlich Parameter- und Kombinationsresonanzen eingegangen. Die Auswirkung der Nichtlinearität infolge des Zahnabhebens auf das quasistationäre Hochlaufverhalten des Getriebes wird im Kapitel 6.2. anhand eines einfachen Getriebemodells untersucht.

6.1 Untersuchung des Stabilitätsverhaltens

Bereits im Kap. 1.2.4. wurde auf die Bedeutung der Parameter- und Kombinationsresonanzen bei Zahnradgetrieben eingegangen. Eine besondere Eigenschaft dieser Schwingungserscheinung ist es, daß die genannten Instabilitäten auch beim Vorhandensein von Dämpfung auftreten können. Dies ist immer der Fall, wenn die Schwankungsanteile der periodischen Koeffizienten (bei Zahnradgetrieben z.B. der Steifigkeitssprung beim Eingriffswechsel) bestimmte Werte überschreiten. Die Zahndämpfung stellt wegen der wechselnden Anzahl der eingreifenden Zähne ebenfalls einen periodisch zeitvariablen Parameter dar, dessen Einfluß auf das Stabilitätsverhalten es in diesem Zusammenhang zu untersuchen gilt.

Die Resonanzamplituden des instabilen Betriebsbereiches werden zwar durch das Abheben der spielbehafteten Komponenten auf endli-

122

che Werte reduziert, jedoch ist die Kenntnis solcher Instabilitäten bezüglich ihrer Frequenzlage von Interesse, weil in diesen
Bereichen stets mit erhöhten Zusatzkräften und damit mit einem
hohen Geräuschpegel zú rechnen ist. Im folgenden sollen die mit
Hilfe der Störungsrechnung ermittelten Formeln zur Bestimmung der
Parameter-und Kombinationsresonanzen angegeben werden. Dabei wird
übersichtlichkeitshalber nur ein einstufiges Getriebe ohne Gleitlager und mit einem Zahnkoppelelement betrachtet. Für die Herleitung der Formeln wird auf /50/ hingewiesen.

6.1.1. Kritische Frequenzen bei Parameter- und Kombinationsresonanzen

In den vorhergehenden Kapiteln wurde für die Zahndämpfung ein
mittlerer Wert angenommen. Hier, im Zusammenhang mit Stabilitätsuntersuchungen soll dieser Koeffizient, wie die Zahnsteifigkeit,
ebenfalls periodisch zeitvariabel angesetzt werden. Die Zahndämpfung d_v und die Zahnsteifigkeit k_v können in einen konstanten und
einen zeitvariablen Teil aufgeteilt werden:

$$d_v = d_{vO} + \delta d_{v1}(t), \quad k_v = k_{vO} + \varkappa k_{v1}(t). \tag{6.1}$$

Die Zeitvariablen Anteile lassen sich in Fourierreihen

$$\left.\begin{array}{l} d_{v1} = \sum_{v=1}^{\infty}(d_v^s \sin v\Omega t + d_v^c \cos v\Omega t), \\[4mm] k_{v1} = \sum_{v=1}^{\infty}(k_v^s \sin v\Omega t + k_v^c \cos v\Omega t) \end{array}\right\} \tag{6.2}$$

entwickeln, wobei Ω die Zahneingriffskreisfrequenz bedeutet. Die
Vorfaktoren δ und κ stellen ein Maß für die Erregerintensität
der parametererregten Schwingungen dar; sie werden gelegentlich
auch als Parameterintensität und Ω als Parameterfrequenz bezeichnet. Ziel der Stabilitätsuntersuchung ist es festzustellen,
bei welchen Kombinationen von Parameterintensität und Parameter-

frequenz das zugehörige System stabil bzw. instabil ist. Das Ergebnis im betrachteten Fall ist also eine dreidimensionale Stabilitätskarte, bei der die drei Variablen Ω, κ, δ bei sonst konstanten Systemparametern eine Grenzfläche zwischen stabilen und instabilen Bereichen definieren.

Die zur Untersuchung des Stabilitätsverhaltens maßgebliche homogene Bewegungsgleichung des Getriebes ohne Spiel lautet:

$$\mathbf{M\ddot{q}} + \mathbf{K}_O\mathbf{q} + \varepsilon\left[(\mathbf{D}_O + \delta d_{v1}\mathbf{B})\dot{\mathbf{q}} + \varkappa k_{v1}\mathbf{Bq}\right] = 0. \qquad (6.3)$$

In (6.3) sind die zeitvariablen Anteile der Dämpfungs- und Steifigkeitsmatrix von den entsprechenden konstanten Anteilen getrennt geschrieben. Der Vorfaktor ε kennzeichnet <u>nur</u> die Kleinheit der Dämpfungen und der periodischen Koeffizienten. Die Matrix $\mathbf{B}$ ergibt sich aus dem dyadischen Produkt

$$\mathbf{B} = \mathbf{w}_Z\mathbf{w}_Z^T, \qquad (6.4)$$

wobei $\mathbf{w}_Z$ den dem Zahnkoppelelement zugehörigen Strukturvektor darstellt. Nach einer Hauptachsentransformation

$$\mathbf{q} = \mathbf{L\bar{q}}, \qquad (6.5)$$

wobei $\mathbf{L}$ die bezüglich der Massenmatrix $\mathbf{M}$ normierte Modalmatrix des ungedämpften, zeitinvarianten Systems ist, erhält man für (6.3)

$$\ddot{\mathbf{\bar{q}}} = \text{diag}\{\omega_i^2\}\mathbf{\bar{q}} + \varepsilon\{\mathbf{\bar{D}}_O\dot{\mathbf{\bar{q}}} + \delta d_{v1}\mathbf{\bar{B}\dot{q}} + \varkappa k_{v1}\mathbf{\bar{B}q}\} \qquad (6.6)$$

mit

$$\mathbf{\bar{D}}_O = \mathbf{L^TD}_O\mathbf{L} = \{\bar{d}_{ij}\}, \quad \mathbf{\bar{B}} = \mathbf{L^TBL} = \{b_{ij}\}. \qquad (6.7)$$

Die Parameter ω_i (i=1,..,f; f = Anzahl der Freiheitsgrade) sind die Eigenfrequenzen des ungedämpften, zeitinvarianten Systems. Mit (6.2) ergibt sich (6.7) in Komponentenschreibweise als

$$\ddot{\overline{q}}_i + \omega_i^2 \overline{q}_i + \varepsilon \sum_{j=1}^{f} \left[\overline{d}_{ij} \dot{q}_j + \delta d_{v1} \dot{\overline{q}}_j + \varkappa k_{v1} \overline{q}_j \right] = 0. \qquad (6.8)$$

Die aus der Literatur bekannten Näherungsmethoden, wie z.B. Asymptotische Methode, Störungsrechnung, gehen von der transformierten Bewegungsgleichung (6.8) aus. Sie setzen also stets voraus, daß die Bewegungsgleichung "im wesentlichen" entkoppelt werden kann, wobei die Dämpfungen und die periodischen Koeffizienten als "Störung" dieser Entkopplung angesehen werden. Ein gemeinsamer Nachteil solcher Näherungsmethoden ist es, daß im mathematischen Sinne erzielten Aussagen weder einen notwendigen noch einen hinreichenden Charakter haben. Aus Erfahrung weiß man jedoch, daß sie bei "kleinen" Störungen, d.h. bei kleinen Dämpfungen und periodischen Koeffizienten hinreichend genaue Ergebnisse liefern. Da bei Zahnradgetrieben beide Voraussetzungen stets erfüllt sind, können diese Verfahren hier sinnvoll eingesetzt werden.

Als Ergebnis erhält man die Grenzflächenformel /52/:

$$\Omega = \frac{\omega_k \overset{(-)}{+} \omega_1}{\nu} + \frac{\varepsilon}{2\nu} \left\{ \frac{\varkappa\delta}{8\omega_1\omega_k} (\omega_1 \overset{(+)}{-} \omega_k) \xi_{1k}^{(\nu)} \frac{\overline{d}_{11} - \overline{d}_{kk}}{\overline{d}_{11}\overline{d}_{kk}} \mp (\overline{d}_{11} + \overline{d}_{kk}) \cdot$$

$$\cdot \sqrt{ \frac{\varkappa^2\delta^2(\omega_1 \overset{(+)}{-} \omega_k)^2}{(8\omega_1\omega_k\overline{d}_{11}\overline{d}_{kk})^2} \xi_{1k}^{(\nu)} + \frac{\delta^2\omega_1\omega_k\sigma_{1k}^{(\nu)} \overset{(-)}{+} \varkappa^2\mu_{1k}^{(\nu)} + \varkappa\delta(\omega_1 \overset{(-)}{+} \omega_k)\gamma_{1k}^{(\nu)}}{4\omega_1\omega_k\overline{d}_{11}\overline{d}_{kk}} - 1 } \right\}$$

$$(6.9)$$

mit den Abkürzungen

$$\sigma_{1k}^{(\nu)} = (d_\nu^{c2} + d_\nu^{s2}) b_{1k}^2, \qquad \mu_{1k}^{(\nu)} = (k_\nu^{c2} + k_\nu^{s2}) b_{1k}^2,$$

$$\gamma_{1k}^{(\nu)} = (d_\nu^c k_\nu^s - d_\nu^s k_\nu^c) b_{1k}, \qquad \xi_{1k}^{(\nu)} = d_\nu^s k_\nu^s + d_\nu^c k_\nu^c,$$

$$(6.10)$$

$$k,1 = 1,2,\ldots,f.$$

In (6.9) gilt das in Klammern geschriebene Vorzeichen nur für die Differenzkombinationsresonanzen. Sie liefern zusammen mit den Summenkombinationsresonanzen die Instabilitätsbereiche 2. Art. Für Parameterresonanzen, d.h. für Instabilitätsbereiche 1. Art muß k = 1 gesetzt werden. Aus (6.10) geht hervor, daß Kombinationsresonanzen nur für $d_{kk} \neq 0$ (k=1, 2,...f) auftreten können. Dies entspricht der Forderung, daß sämtliche Teilbewegungen des entkoppelten Systems gedämpft sein müssen und setzt die asymptotische Stabilität des gedämpften, zeitinvariaten Systems voraus.

Bei Vernachlässigung der periodischen Zahndämpfung, d.h. $\delta = 0$, geht (6.9) in die Grenzkurvenformel

$$\Omega = \frac{\omega_k \overset{(-)}{\underset{+}{+}} \omega_1}{\nu} \mp (\overline{d}_{11} + \overline{d}_{kk}) \sqrt{\frac{\overset{(-)}{\underset{+}{}} \varkappa^2 \mu_{1k}^{(\nu)}}{4\omega_1 \omega_k \overline{d}_{11} \overline{d}_{kk}} - 1} \qquad (6.11)$$

über. Man sieht, daß bei $\delta = 0$ Kombinationsresonanzen vom Differenz-Typ nicht auftreten können, da für diesen Fall der unter der Wurzel befindliche Term stets negativ ist. Die Summenkombinationsresonanzen treten dagegen immer auf, wenn

$$\varkappa \sqrt{k_\nu^{c^2} + k_\nu^{s^2}} > \frac{2\sqrt{\omega_k \omega_1 \overline{d}_{kk} \overline{d}_{11}}}{\overline{b}_{1k}} \qquad (6.12)$$

gilt. Dabei ist die Amplitude der einzelnen Harmonischen der periodischen Funktion $k_{\nu 1}(t)$ (vgl. (6.2)) maßgebend; die Phasenverschiebungen der einzelnen Harmonischen haben in diesem Zusammenhang keine Bedeutung.

Die Grenzflächenformel für Parameterresonanzen erhält man, wenn in (6.9) k = 1 gesetzt wird:

$$\Omega = \frac{2\omega_k}{\nu} \mp \frac{\varepsilon \overline{d}_{kk}}{\nu} \sqrt{\frac{\delta^2 \omega_k^2 \sigma_{1k}^{(\nu)} + \varkappa^2 \mu_{kk}^{(\nu)} + \varkappa \delta 2\omega_k \gamma_{kk}^{(\nu)}}{4\omega_k^2 \overline{d}_{kk}^2} - 1} \cdot \qquad (6.13)$$

Bei Vernachlässigung des periodischen Anteils der Zahndämpfung (δ = O) erhält man für (6.13)

$$\Omega = \frac{2\omega_k}{\nu} \mp \frac{\varepsilon\bar{d}_{kk}}{\nu} \sqrt{\frac{\varkappa^2\mu_{kk}^{(\nu)}}{4\omega_k^2\bar{d}_{kk}^2} - 1} \ . \tag{6.14}$$

Hier kann eine Instabilität nur dann auftreten, wenn

$$\varkappa\sqrt{k_\nu^{c^2}-k_\nu^{s^2}} > \frac{2\omega_k\bar{d}_{kk}}{\bar{b}_{kk}} \tag{6.15}$$

gilt.

Die periodischen Anteile der Zahndämpfung- und Zahnsteifigkeit sind näherungsweise phasengleiche Funktionen, für die der Ansatz

$$d_{\nu1} = a\cdot k_{\nu1} \tag{6.16}$$

gilt. Überträgt man diese Beziehung auf die Fourierkoeffizienten in (6.2), so stellt man für (6.13) fest, daß die Parameterresonanzen nur bei Erfüllung der Bedingung

$$\sqrt{\delta^2\omega_k^2 a^2 + \varkappa^2} \sqrt{k_\nu^{c^2}+k_\nu^{s^2}} > \frac{2\omega_k\bar{d}_{kk}}{\bar{b}_{kk}} \tag{6.17}$$

auftreten können. Dies bedeutet, daß die periodische Zahndämpfung einen destabilisierenden Einfluß ausübt. Hierbei spielen aber die Systemeigenfrequenzen eine maßgebliche Rolle.

6.1.2.   Stabilitätskarten

Aus den obigen Ausführungen geht hervor, daß für das Stabilitätsverhalten diejenigen Harmonischen der Zahnsteifigkeit bzw. -
dämpfung von Bedeutung sind, die die größten Amplituden aufweisen. Beispielhaft sollen im folgenden die Stabilitätskarten für
ein geradverzahntes und ein schrägverzahntes Stirnradgetriebe
dargestellt werden.

Es handelt sich hierbei um Testgetriebe von der FZG (Forschungs-
stelle für Zahnradgetriebe) am Lehrstuhl für Maschinenelemente
der TU München mit einem Achsabstand von jeweils 140 mm. Das
geradverzahnte Getriebe hat einen Modul von 3 mm, das schrägverzahnte besitzt den Normalmodul von 6 mm und einen Schrägungswinkel von 38,5 Grad. Bei beiden Getrieben erweisen sich die Amplituden der Grundharmonischen der Zahnsteifigkeitsfunktion für die
Stabilitätsuntersuchungen als maßgeblich, da sie wesentlich
größer sind als die Amplituden der höheren Harmonischen.

Die entsprechenden mechanischen Ersatzmodelle für das geradverzahnte bzw. das schrägverzahnte Testgetrieben haben vier bzw.
acht Freiheitsgrade (vgl. /50/). Die zugehörigen Stabilitätskarten bei Vernachlässigung der periodischen Anteile der Zahndämpfung sind im Bild 44 und Bild 45 dargestellt. Der Berechnung der
Grenzkurven, die die stabilen Bereiche von den instabilen
(schraffiert) trennen, liegen die Formeln (6.12) und (6.13)
zugrunde. Der auf der vertikalen Achse eingetragene Parameter κ
stellt - wie bereits erwähnt - die Parameterintensität dar, wobei
$\kappa = 1$ der aktuellen Parameterintensität entspricht.

Von Interesse ist nur der Bereich um $\kappa = 1$, da die außerhalb
dieses Bereiches liegenden Werte aus Konstruktionsgründen nicht
mehr realistisch sind. Der interessierende κ -Bereich hängt von
den hinsichtlich der Verzahnungsgeometrie gegebenen Grenzen ab.
Hierbei spielt der Überdeckungsgrad, von dem der Verlauf der
periodischen Zahnsteifigkeitsfunktion und damit die zugehörigen
Harmonischen ganz wesentlich abhängen, eine wichtige Rolle:

128

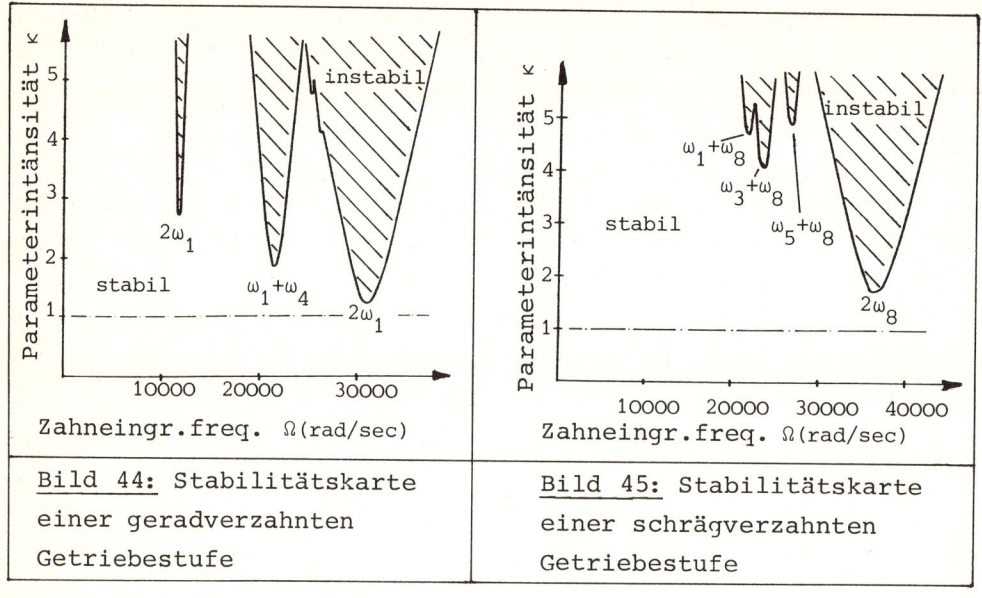

Bild 44: Stabilitätskarte einer geradverzahnten Getriebestufe

Bild 45: Stabilitätskarte einer schrägverzahnten Getriebestufe

Bei einer Verzahnung mit einem Gesamtüberdeckungsgrad (Vergrößerung durch Belastung mitberücksichtigt), der nahe bei einer ganzen Zahl liegt (z.B. $\varepsilon_{ges} = 1,95$) ist der Steifigkeitssprung und damit die Parameterintensität nicht so groß wie bei einer Verzahnung mit einem Gesamtüberdeckungsgrad, der von einer ganzen Zahl weiter entfernt ist (z.B. $\varepsilon_{ges} = 1,5$).

Aus dem Bild 44 geht hervor, daß bei dem geradverzahnten Getriebe die Eigenfrequenzen ω_1 (= Torsionseigenfrequenz), ω_4 (= Zahneigenfrequenz) das Stabilitätsverhalten bestimmen. Ein besonders ausgeprägtes Instabilitätsgebiet tritt dabei bei der doppelten Zahneigenfrequenz $\Omega = 2\omega_4$ (Parameterresonanz) auf. Weniger ausgeprägt ist dagegen das Instabilitätsgebiet zweiter Art bei der Kombinationsresonanz $\Omega = \omega_1 + \omega_4$.

Ähnliche Verhältnisse ergeben sich bei der Stabilitätsuntersuchung (Bild 45) des schrägverzahnten Getriebes. Wesentlich für das Stabilitätsverhalten ist auch hier die Zahneigenfrequenz (ω_8). Die Radial-, Torsion- und Axialeigenfrequenzen (ω_1, ω_3, ω_5)

liefern in Verbindung mit der Zahneigenfrequenz Kombinationsresonanzen, die nicht mehr im technisch interessierenden Bereich
liegen. Der aktuelle κ-Wert liegt hier ebenfalls bei eins.

Beide Getriebe sind über den gesamten Drehzahlbereich stabil, da
keine der schraffiert dargestellten Instabilitätsgebiete unter-
halb der Geraden bei $\kappa = 1$ liegt. Es zeigt sich aber, daß insbesondere die Umgebung der doppelten Zahneigenfrequenz einen kritischen Frequenzbereich darstellt, der bei Geradverzahnung eine
größere Bedeutung zukommt als bei Schrägverzahnung.

Um den Einfluß des periodischen Anteils der Zahndämpfung ab-
zuschätzen, wird im Bild 46 für das geradverzahnte Getriebe eine
dreidimensionale Stabilitätskarte gezeigt, auf der die Grenzfläche in der Umgebung der Parameterresonanz $\Omega = 2\omega_4$ dargestellt
ist. Dabei ist das Verhältnis des "Dämpfungssprungs" zur mittleren Zahndämpfung so gewählt, daß es dem Verhältnis des "Steifig-
keitssprungs" zur mittleren Zahnsteifigkeit entspricht. Der Darstellung der Fläche liegt die Grenzflächenformel (6.13) zugrunde.

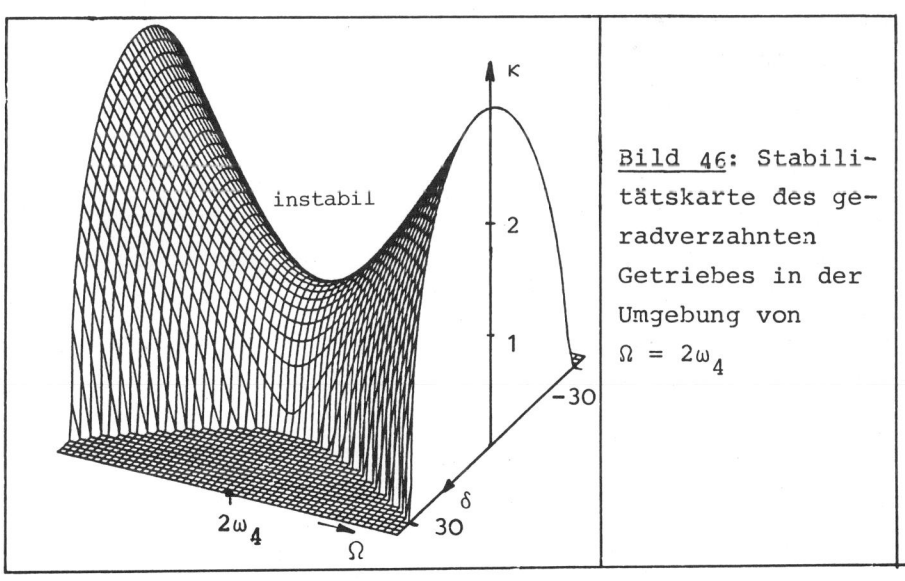

Bild 46: Stabili-
tätskarte des ge-
radverzahnten
Getriebes in der
Umgebung von
$\Omega = 2\omega_4$

130

Aus dem Bild geht hervor, daß der Einfluß der Dämpfungsintensität δ auf das Stabilitätsverhalten im technisch interessierenden Bereich (etwa: 0,5 < δ < 1,5) sehr gering ist; damit ist ihre Vernachlässigung gegenüber der Parametererregung durch die veränderliche Zahnsteifigkeit gerechtfertigt.

6.1.3.   Bemerkungen und Vorgehensweise bei
              Stabilitätsuntersuchungen

Wie bereits oben erwähnt, wurden die dargestellten Stabilitätskarten mit Hilfe einer Näherungsmethode, nämlich der Störungsrechnung, berechnet. Ein Vergleich dieser näherungsweise ermittelten Ergebnisse mit den basierend auf der Floquet'schen Theorie numerisch berechneten Ergebnissen zeigt, daß für technisch relevante Erregerintensitäten und die Näherungsformel (6.9) eine hinreichend genaue Approximation der tatsächlichen Grenzen auf einer Stabilitätskarte darstellt (vgl. /52, 69/).

Ferner sei darauf hingewiesen, daß mittels dieser Näherungsmethode nur Resonanzen erster Ordnung (d.h. $p = 1$ in Gln. (1.4)) untersucht wurden. Dies ist erlaubt, da die Resonanzen höherer Ordnung nur bei ungedämpften Systemen eine Rolle spielen und somit in Zahnradgetrieben nicht zum Tragen kommen können. Weist nämlich ein parametererregtes System auch nur eine "kleine" Dämpfung auf, so sind zum Erzeugen von Parameter- und Kombinationsresonanzen höherer Ordnung ($p > 1$) relativ große Parameterintensitäten erforderlich,die in Zahnradgetrieben nicht erreicht werden.

Als Ergebnis der Stabilitätsanalyse an den beiden einstufigen Prüfgetrieben der FZG ist festzustellen, daß erstens die Annahme einer konstanten, mittleren Zahndämpfung erlaubt ist und zweitens - wenn überhaupt eine Instabilität auftreten kann - dies in erster Linie in der Umgebung der doppelten Zahneigenfrequenz erfolgt. Das zweite Ergebnis ist plausibel: Die Parametererregung

entsteht im Zahnbereich; ihre Intensität ist umso größer, je
größer die Amplituden in diesem Bereich sind. Die größten Auslenkungen treten in der Nähe der Zahneigenfrequenz auf. Damit ergeben sich diejenigen Kombinationen, die die Zahneigenfrequenz
beinhalten, insbesondere die doppelte Zahneigenfrequenz als kri-
tische Resonanzstellen.

Für eine erste Abschätzung des Stabilitätsverhaltens einer Getriebestufe empfiehlt sich also die folgende Vorgehensweise:

a) Bestimmung der Eigenfrequenzen ω_i, der Eigenformen
   sowie der Modalmatrix **L**.

b) Identifikation der Zahneigenfrequenz ω_k als diejenige
   Eigenfrequenz, deren Eigenform die größte Verformung
   der Zahnfeder hervorruft.

c) Ermittlung der k,k-ten Komponenten d_{kk}, b_{kk} aus der
   mittleren Dämpfungsmatrix $\mathbf{D}_O$ und der Hilfsmatrix **B**
   gemäß (6.7).

d) Entwicklung der periodischen Zahnsteifigkeit in eine
   Fourierreihe und Bestimmung der g-ten Harmonischen
   mit der größten Amplitude.

e) Anwendung der Formel (6.15). Hierbei kann an Stelle
   des Parameters κ ein Parameter G definiert werden, der
   für das stabile Getriebe Werte zwischen $0 < G < \kappa_m$ annimmt und für instabile Getriebe den Wert größer als
   Eins hat:

$$G = \frac{2\omega_k \bar{d}_{kk}}{\bar{b}_{kk}}/k_g. \qquad (6.18)$$

Der Parameter κ_m entspricht dabei der Parameterintensität, die sich als Stabilitätsgrenzwert bei der Parameterresonanz ergibt.

f) Abschätzung der Stabilitätsreserve. Für stabile Systeme
    läßt sich eine Stabilitätsreserve

$$S = \kappa_m - 1 \qquad\qquad (6.19)$$

definieren. Wie aus den oben behandelten Beispielen hervorgeht, ist die Stabilitätsreserve schrägverzahnter Räder
stets größer als die der geradverzahnten. Ferner steigt
sie mit zunehmendem Überdeckungsgrad an.

6.2 Nichtlineares Verhalten durch das Abheben der Zahnflanken

Es wurde im Kap. 2.1.1. darauf eingegangen, daß die Modellierung
des Zahneingriffsbereichs von der Belastung des Getriebes abhängt. Der Zahnbereich läßt sich mit Feder-Dämpfer-Elemente mit
Spiel modellieren, wenn aufgrund hinreichend großer Belastung die
Räder gegeneinander verspannt sind. Dabei kommt das Zahnspiel nur
dann zum Tragen, wenn die Amplituden der dynamischen Auslenkungen
der Zahnfeder größer werden als die (mit Hilfe der mittleren
äußeren Belastung berechneten) statischen Auslenkung. Dies ist
häufig dann der Fall, wenn entweder die äußeren Antriebsmomente
stark schwanken oder die Parametererregung wegen veränderlicher
Zahnsteifigkeit und/oder die innere Störerregung durch die Zahnfehler sehr intensiv sind. Im folgenden wird anhand einer einfach
modellierten Getriebestufe gezeigt, wie sich die Nichtlinearität
infolge des Zahnabhebens bei solchen unter Belastung laufenden
Getrieben auswirken kann. Der Einfluß des Zahnabhebens bei unbelastet mitlaufenden Getriebestufen wird dagegen in Zusammenhang
mit Rasselschwingungen in Kap. 7 untersucht.

6.2.1. Einfaches mathematisches Modell einer geradverzahnten Getriebestufe

Im **Bild 47** ist das Ersatzmodell einer geradverzahnten Getriebestufe dargestellt, in dem nur die Drehschwingungen φ_1, φ_2 der
beiden Zahnräder (Trägheitsmoment J_1, J_2, Grundkreisradien r_1,

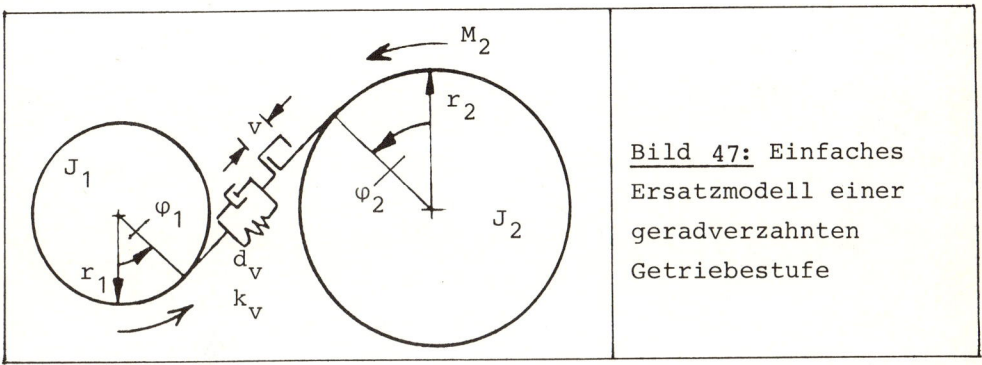

Bild 47: Einfaches
Ersatzmodell einer
geradverzahnten
Getriebestufe

r_2) berücksichtigt werden. Die Zahnsteifigkeit k_v wird näherungsweise als

$$k_v = k_{vO} + a\sin\Omega t, \quad \Omega = 2\Pi/T, \tag{6.20}$$

angesetzt, wobei k_{vO} die mittlere Zahnsteifigkeit, die Zahneingriffsfrequenz und T die Eingriffsperiode bedeuten. Die Zahndämpfung d_v wird konstant angenommen. M_1 und M_2 bedeuten die An- und
Abtriebsmomente. Die Zahnkraft F_v ist wegen des Zahnspiels eine
bezüglich der Zahnauslenkung

$$s = \varphi_1 r_1 + \varphi_2 r_2 \tag{6.21}$$

und des Zahnspiels v stückweise definierte Funktion. Mit den
Abkürzungen

$$m = 1/\left[\frac{r_1^2}{J_1} + \frac{r_2^2}{J_2}\right], \quad b = m\left[\frac{M_1 r_1}{J_1} + \frac{M_2 r_2}{J_2}\right] \tag{6.22}$$

erhält man für die Zahnauslenkung s die rheonichtlineare (= periodisch zeitabhängige und nichtlineare) Bewegungsgleichung (/54/)

$$m\ddot{s} + d_v\dot{s} + (k_{vO}+\varepsilon a\sin\Omega t)s = b \qquad \text{für} \quad 0 < s < \infty,$$
$$m\ddot{s} = b \qquad \text{für} \quad -v \leqslant s \leqslant 0,$$
$$m\ddot{s} + d_v\dot{s} + (k_{vO}+\varepsilon a\sin\Omega t)(s+v) = b \quad \text{für} \quad -\infty < s < -v. \qquad (6.23)$$

Dabei kennzeichnet ε die Kleinheit des variablen Anteils der
Zahnsteifigkeit. Durch die äußeren Momente M_1 und M_2 entstehen im
Stillstand und unter Berücksichtigung der mittleren Zahnsteifigkeit k_{vO} die statische Zahnauslenkung s_O und die statische Zahnkraft F_{vO}:

$$s_O = b/k_{vO}, \qquad (6.24)$$

$$F_{vO} = s_O\, k_{vO}. \qquad (6.25)$$

Sie kennzeichnen den Arbeitspunkt, in dessen Umgebung die Schwingungen stattfinden. Zur Veranschaulichung der drei grundsätzlich
verschiedenen Bereiche in (6.23) infolge des Zahnspiels dient das
<u>Bild 48</u>. Dort ist die Rückstellkraft - anschaulichkeitshalber
ohne Dämpfung und unter Zugrundelegung der mittleren Zahnsteifigkeit - dargestellt.

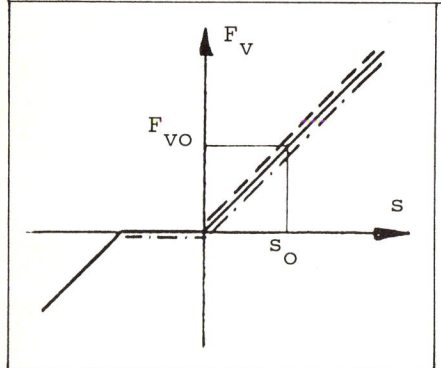

Bild 48 : Nichtlineare Zahnfederkennlinie und Schwingungsbereiche

---- : Bereich der linearen
      Schwingungen

-·-· : Bereich der nichtl.Schwin -
      gungen mit unterlin.Kennlin.

——— : Bereich der nichtl.Schwin -
      gungen mit gemischt.Kennlin.

6.2.2.   Näherungsweise Berechnung der stationären
          Schwingungen

Mit Hilfe der Störungsrechnung und anschließender Anwendung der
äquivalenten Linearisierung läßt sich für (6.23) eine Näherungslösung finden, die einen Einblick in das Wesen der durch das
Zahnspiel verursachten nichtlinearen Schwingungen erlaubt. Im
folgenden wird die Vorgehensweise kurz erläutert und die analytischen Ergebnisse angegeben.

Mit dem Störungsansatz der ersten Näherung

$$s_0 = s_0 + \varepsilon s_1 \qquad (6.26)$$

erhält man die quasistationäre Näherung von (6.23) als

$$\ddot{s} + \omega^2 s = g(s,\dot{s}) \qquad (6.27)$$

mit den Abkürzungen

$$g(s,\dot{s}) = \bar{b} - \begin{cases} D\dot{s} + \bar{b}\dfrac{a\sin\Omega t}{k_{vO}} & \text{für } 0<s<\infty, \\ -s\omega^2 & \text{für } -v\leqslant s<0, \\ D\dot{s} + \omega^2 v + \bar{b}\dfrac{a\sin\Omega t}{k_{vO}} & \text{für } -\infty<s<-v, \end{cases} \qquad (6.28)$$

$$D = d_v/m, \quad \omega = k_{vO}/m, \quad \bar{b} = b/m . \qquad (6.29)$$

Der Parameter ω stellt dabei die Eigenkreisfrequenz des linearen,
zeitinvarianten Modells dar. Nun kann für (6.27) die Methode der
äquivalenten Linearisierung verwendet werden. Der Lösungsansatz

$$s = A + C\cos(\Omega t+\varphi) \qquad (6.30)$$

führt (6.27) auf die äquivalente lineare Differentialgleichung

136

$$\ddot{s} + 2\delta\dot{s} + \Omega^2 s = \Omega^2 A \tag{6.31}$$

zurück, wenn die äquivalenten Koeffizienten aus den Gleichungen

$$2\delta = \frac{1}{\pi\Omega C} \int_0^{2\pi} g\sin(\Omega t + \varphi) \, d(\Omega t) , \tag{6.32}$$

$$\Omega^2 = \omega^2 - \frac{1}{\pi C} \int_0^{2\pi} g\cos(\Omega t + \varphi) \, d(\Omega t) , \tag{6.33}$$

$$A = \frac{1}{2\pi\omega^2} \int_0^{2\pi} g \, d(\Omega t) \tag{6.34}$$

bestimmt werden. Die Integration über eine Periode der Schwingungen muß bei g (s, ṡ) stückweise erfolgen. <u>Bild 49</u> verdeutlicht die Verhältnisse bei der Bestimmung der Bereichsgrenzen. Setzt

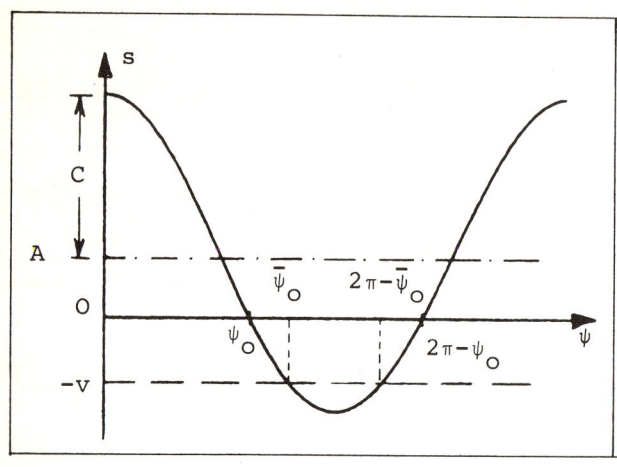

<u>Bild 49</u> : Bereichs-
grenzen bei einem
harmonischen Ansatz

man in (6.30)

$$\Psi = \Omega t + \varphi \qquad (6.35)$$

ein, so ergeben sich die zum Anschlag s = 0 bzw. s = -v gehören-
den Argumente ψ_0 bzw. $\bar{\psi}_0$ zu

$$\psi_0 = \arccos\left(-\frac{A}{C}\right), \qquad \bar{\Psi}_0 = \arccos\left(-\frac{A+v}{C}\right). \qquad (6.36)$$

Damit können die Bereichsgrenzen in (6.28) neu definiert werden.
Aus (6.32) bis (6.34) und der Bedingung, daß entsprechend (6.30)
periodische Lösungen nur bei $\delta = 0$ möglich sind, erhält man nach
einiger Rechnung für den konstanten Anteil A, das Frequenzver-
hältnis $\eta = \Omega/\omega$ und den Phasenwinkel φ (vgl. /54/)

$$A = \frac{b}{\omega^2} - \frac{v}{\pi}\arccos\left(\frac{A+v}{C}\right) + A\xi, \qquad (6.37)$$

$$\eta = \sqrt{1 - \beta + \frac{1}{2}\frac{D^2\mu^2}{\omega^2}\left(-1 \mp \sqrt{1 + (\beta-1)\frac{4\omega^2}{D^2\mu^2} + \frac{4\varkappa^2}{D^4\mu^2}}\right)}, \qquad (6.38)$$

$$\varphi = \arctan\frac{\omega^2(1-\beta)-\Omega^2}{\mu D}, \qquad (6.39)$$

$$\left.\begin{array}{l}
\xi = \frac{1}{\pi}\left[\arccos\left(\frac{A}{C}\right) - \arccos\left(\frac{A+v}{C}\right) + \frac{C}{A}\sqrt{1-\left(\frac{A+v}{C}\right)^2} - \frac{C}{A}\sqrt{1-\left(\frac{A}{C}\right)^2}\right], \\[3mm]
\beta = \frac{1}{\pi}\left[\arccos\left(\frac{A}{C}\right) - \arccos\left(\frac{A+v}{C}\right) + \left(\frac{A+v}{C}\right)\sqrt{1-\left(\frac{A+v}{C}\right)^2} - \frac{A}{C}\sqrt{1-\left(\frac{A}{C}\right)^2}\right], \\[3mm]
\mu = \frac{1}{\pi}\left[\pi-\arccos\left(\frac{A}{C}\right) + \arccos\left(\frac{A+v}{C}\right) - \frac{A}{C}\sqrt{1-\left(\frac{A}{C}\right)^2} + \left(\frac{A+v}{C}\right)\sqrt{1-\left(\frac{A+v}{C}\right)^2}\right], \\[3mm]
\varkappa = \frac{\bar{b}a}{Ck_{vo}}.
\end{array}\right\} \qquad (6.40)$$

Die Näherungslösungen lassen sich aus den Gleichungen (6.37) bis
(6.39) am Rechner ermitteln. Die entsprechenden numerischen Ergebnisse werden im folgenden diskutiert.

6.2.3.   Diskussion der Ergebnisse

Betrachtet wird das Schwingungsverhalten im Hauptresonanzgebiet
($\Omega \approx \omega$). Hier wird die Lösung im wesentlichen durch die Zahndämpfung d_v, das Zahnspiel v und die Steifigkeitsamplitude a
beeinflußt. Diese Parameter werden bei den Resonanzkurven der
normierten Zahnauslenkung s/s_0 in Bild 50, Bild 51 und Bild 52
variiert.

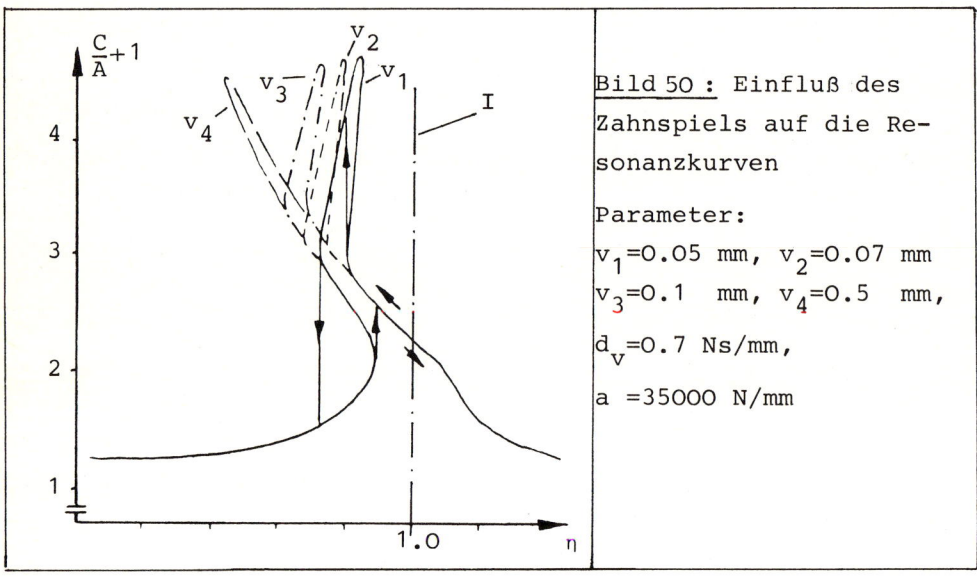

Bild 50 : Einfluß des
Zahnspiels auf die Re-
sonanzkurven

Parameter:
v_1=0.05 mm, v_2=0.07 mm
v_3=0.1 mm, v_4=0.5 mm,
d_v=0.7 Ns/mm,
a =35000 N/mm

Aus Bild 50 geht hervor, daß die Resonanzkurve beim Abheben der
Zahnflanken aufgrund der unterlinearen Kennlinie (Bild 48)
zunächst nach links und dann bei größeren Schwingungsamplituden,
wenn die Zähne mit ihren Rückflanken zum Eingriff gelangen, nach
rechts verläuft. Ferner ist dort für v = 0.05 mm der Kurvenver-
lauf des realen Hochlaufs und des realen Herunterlaufs einge-

zeichnet, der infolge der überhängenden Äste der nichtlinearen Resonanzkurve mehrfache Sprünge aufweist. Die instabilen Äste werden dabei nicht durchlaufen.

Der nach links überhängende Kurvenast kommt aufgrund der unterlinearen Zahnfederkennlinie zustande, weil die entsprechende Feder beim Abheben der Zähne weicher und damit die zugehörige Steifigkeit kleiner wird. Nach Überschreiten des Spiels, wenn also die Rückflanken zum Eingriff gelangen, nimmt die Steifigkeit wieder zu, was - bezogen auf den vorhergehenden Zustand - einem überlinearen Kennlinienverlauf entspricht. Hieraus resultiert dann der nach rechts überhängende Ast der Resonanzkurve. Dieser Ast kommt bei steigenden Amplituden der bei $\eta = 1$ parallel zu der Amplitudenachse gezeichneten Geraden I immer näher, aber kann sie wegen des insgesamt unterlinearen Charakters der Kennlinie nicht überschreiten. Variiert man das Zahnspiel, so sieht man (vgl. Bild 50), daß bei größeren Zahnspielen nur noch links überhängende Äste vorhanden sind, da hier ein Rückschlagen der Zahnflanken nicht mehr stattfinden kann. Bei kleineren Zahnspielen ist die Resonanzamplitude umso größer, je kleiner das Zahnspiel ist.

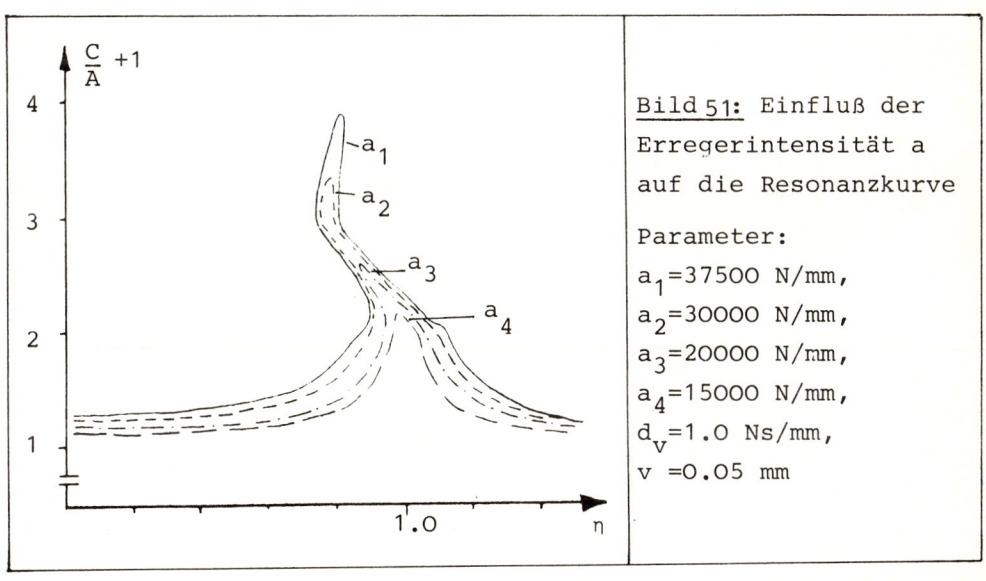

Bild 51: Einfluß der Erregerintensität a auf die Resonanzkurve

Parameter:
a_1 = 37500 N/mm,
a_2 = 30000 N/mm,
a_3 = 20000 N/mm,
a_4 = 15000 N/mm,
d_v = 1.0 Ns/mm,
v = 0.05 mm

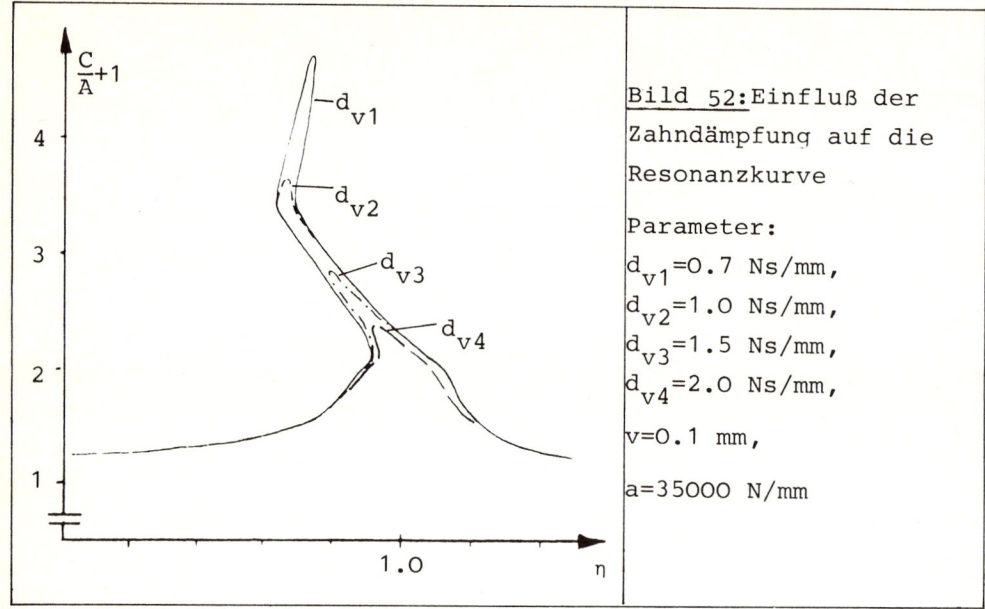

Bild 52: Einfluß der Zahndämpfung auf die Resonanzkurve

Parameter:
$d_{v1} = 0.7$ Ns/mm,
$d_{v2} = 1.0$ Ns/mm,
$d_{v3} = 1.5$ Ns/mm,
$d_{v4} = 2.0$ Ns/mm,
$v = 0.1$ mm,
$a = 35000$ N/mm

Im Bild 51 ist die Resonanzkurve bei Variation der Erregerinten-sität a (Amplitude der Zahnsteifigkeitsfunktion) dargestellt.Hier wird festgestellt, daß die größeren Erregerintensitäten zu größe-ren Resonanzüberhöhungen führen, wie man es von den linearen Systemen her kennt. Die Variation der Zahndämpfung d_v im Bild 52 zeigt, daß bei kleineren Dämpfungen die entsprechenden Resonanz-überhöhungen größer sind als bei höheren Dämpfungen; ein Effekt, den man ebenfalls von den linearen Systemen her kennt.

Zur Überprüfung der Näherungslösung ist es sinnvoll, die Reso-nanzkurve mittels numerischer Integration zu berechnen und dann beide Ergebnisse miteinander zu vergleichen. Das Bild 53 zeigt diesen Vergleich für die Resonanzkurve der normierten Zahnkraft F_v/F_{v0}. Mit Hilfe der numerischen Integration der zugehörigen Zustandsgleichung können die instabilen (beim Hoch- und Herunter-lauf nicht durchlaufenen) Äste der Resonanzkurve nicht berechnet werden. Aus dem Vergleich "Näherung - numerische Integration" geht hervor, daß die Näherungslösung hinreichend genaue Ergebnis-se liefert.

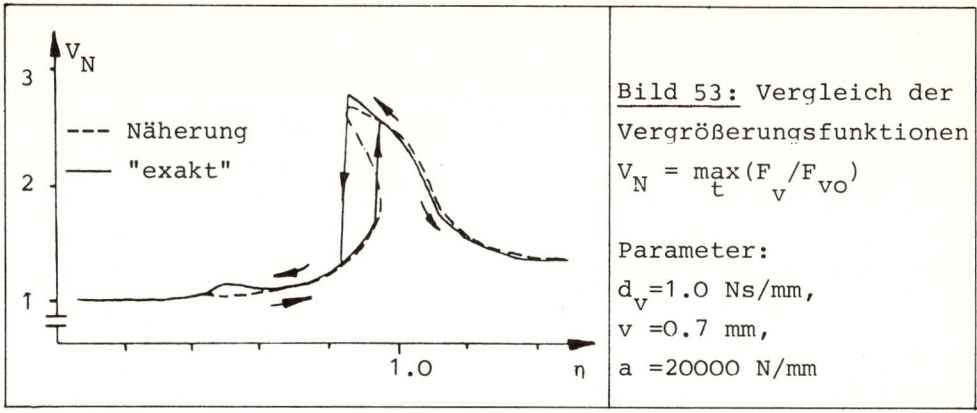

Bild 53: Vergleich der Vergrößerungsfunktionen

$$V_N = \max_t (F_v/F_{vo})$$

Parameter:

$d_v = 1.0$ Ns/mm,

$v = 0.7$ mm,

$a = 20000$ N/mm

Bei den obigen Ausführungen wurde als Anregung der nichtlinearen Schwingungen die periodische Zahnsteifigkeit gewählt, wobei diese sich im Hauptresonanzgebiet umso stärker bemerkbar macht, je kleiner die Dämpfung ist. Ähnliche Schwingungserscheinungen, wie springende Amplituden in Resonanzkurven, können insbesondere auch dann auftreten, wenn die An- und/oder Abtriebswellen des Getriebes Drehungleichförmigkeiten aufweisen oder die An- und/oder Abtriebsmomente schwanken.

7 Schwingungen in unbelasteten Getriebestufen

Bereits im einführenden ersten Kapitel wurde darauf hingewiesen, daß die unbelastet oder nur gering belastet mitlaufenden Zahnräder eine besondere Geräuschquelle bei Getrieben darstellen. Die praxisnahe Berechnung des Schwingungsverhaltens solcher Getriebestufen mit "lose" mitlaufenden Rädern ist nur dann möglich, wenn die im Betrieb vorliegenden realen Verhältnisse, insbesondere die Vorgänge im spielbehafteten Komponenten im Modell entsprechend berücksichtigt werden. Wegen fehlender oder nur gering vorhandener Verspannung der Zahnräder kommen die Lager- und Zahnspiele zum Tragen, wo dann stoßartige bzw. unstetige Übergänge zwischen den beteiligten Komponenten bzw. bei den Zeitverläufen der beschreibenden Koordinaten auftreten. Diese Stöße und die dadurch angeregten Schwingungen - Rasselschwingungen genannt - stellen eine der wesentlichen Geräuschquellen in Schaltgetrieben dar, die es in diesem Kapitel zu untersuchen gilt

Um die Verhältnisse bei der Berechnung der Rasselschwingungen zu verdeutlichen, wird zunächst ein Einstufenmodell betrachtet, das aus einem lose mitdrehenden und einem antreibenden Zahnrad besteht. Das Antriebsrad besitzt dabei eine vorgegebene (bekannte) Drehungleichförmigkeit, die als Erregerquelle für die Getriebestufe wirksam ist. In einem zweiten Schritt wird dann ein komplettes "Rasselmodell" eines 5-Gang-Schaltgetriebes aus diesen Einzelstufenmodellen zusammengesetzt, vgl. auch /81/.

7.1 Herleitung der Grundgleichungen am Beispiel eines Einzelstufenmodells

Betrachtet man die Eingriffsverhältnisse in einer schrägverzahnten Getriebestufe (vgl. Bild 54), so sieht man leicht, daß es für das Rasselproblem naheliegt, die sechs Freiheitsgrade des Losrads (Grundkreisradius r_g, Masse m, Massenträgheitsmoment um die Radachse J) auf drei Freiheitsgrade zu reduzieren, die in erster Linie an dem Rasselvorgang beteiligt sind. Diese sind der Dreh-

winkel φ um die Zahnradachse, die axiale Bewegung x in Achsen-
richtung und die radiale Bewegung r des Rades in Richtung der
Eingriffslinie (vgl. Bild 54).

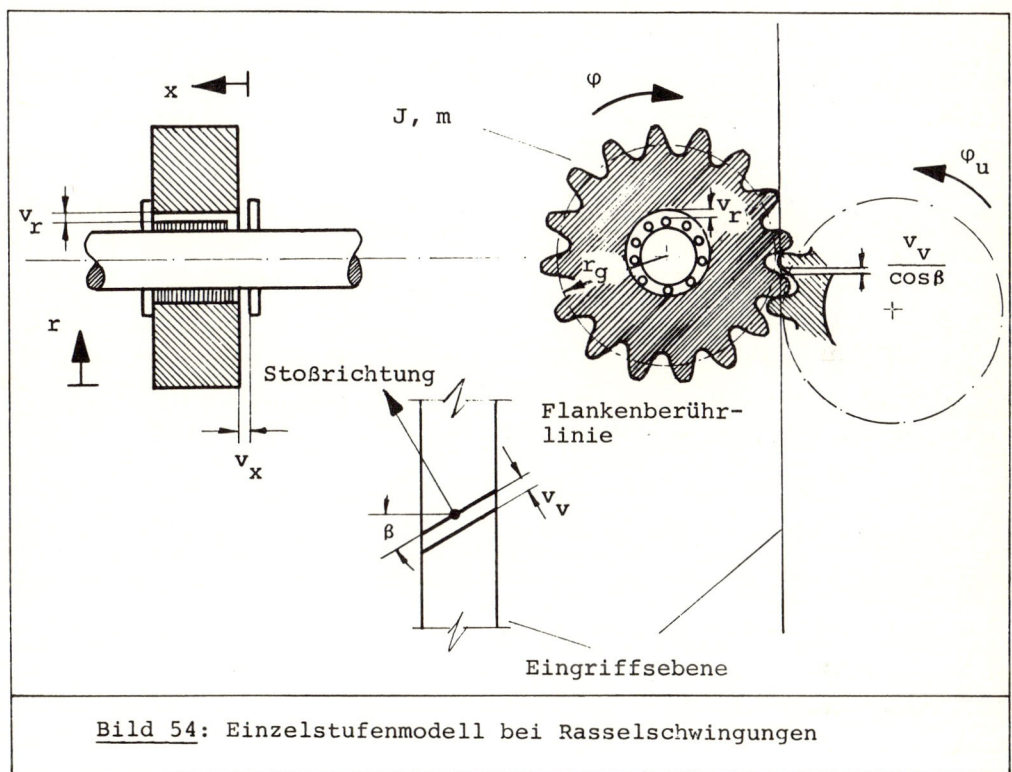

Bild 54: Einzelstufenmodell bei Rasselschwingungen

Wie bereits oben erwähnt, wird beim Modell dieser einfachen Stufe
angenommen, daß die Erregung des Losrads nur in der ungleichför-
migen Drehung des antreibenden Rades besteht. Im nächsten Unterkapitel wird dann beim kompletten Modell des Schaltgetriebes die
Bewegung des Antriebsrads ebenfalls als unbekannt angenommen und
für dieses eine Erregung über ein drittes antreibendes Rad vorgegeben.

Bei den Bewegungsvorgängen des Losrads innerhalb des Zahnspiels
v_v, des axialen Lagerspiels v_x und des radialen Lagerspiels v_r

wird zwischen zwei Phasen unterschieden: Erstens kann sich das Rad innerhalb dieser Spiele als ungefesselter ("fliegender") Körper frei bewegen, zweitens können an den Spielgrenzen Stöße stattfinden. Die beiden Vorgänge werden im folgenden als Flugphase und Stoßphase bezeichnet.

Für die Flugphase gelten die einfachen Bewegungsgleichungen

$$\left.\begin{array}{lll} J\ddot{\varphi} = & T_{\varphi} - d_{\varphi}\dot{\varphi} & \text{für } -v_v(t) \leq s_v \leq o_v(t), \\ m\ddot{x} = & T_x - d_x\dot{x} & \text{für } \quad -v_x \leq s_x \leq o, \\ m\ddot{r} = & T_r - d_r\dot{r} & \text{für } \quad -v_r \leq s_r \leq o, \end{array}\right\} \tag{7.1}$$

wobei die Spielgrenzen o_z und v_z aufgrund der Wälzabweichungen im Zahneingriffsbereich nicht konstant sind, sondern von der Eingriffsstellung und damit von der Zeit periodisch abhängen. J und m sind das Massenträgheitsmoment und die Masse des Rades, T_{φ}, T_x, T_r die durch das Getriebeöl verursachten Schleppmomente bzw. -kräfte. Die dämpfende Wirkung des Öls während der Flugphase wird durch die geschwindigkeitsproportionalen Rückstellkräfte mit den Dämpfungsparametern d_{φ}, d_x, d_r berücksichtigt.

Die relativen Abstände s_v, s_x, s_r innerhalb der Spiele ergeben sich aus geometrischen Überlegungen zu

$$\left.\begin{array}{l} s_v = e - [(r_g\cos\beta)\varphi + (\sin\beta)x + (\cos\beta)r], \\ s_x = x, \\ s_r = r. \end{array}\right\} \tag{7.2}$$

Dabei bedeutet e die in Richtung der Eingriffslinie wirksame Erregerfunktion, die sich aus der bekannt vorausgesetzten Drehungleichförmigkeit des Antriebsrads ergibt und β ist der Grundschrägungswinkel. Führt man den Lagevektor

$$\mathbf{q}^T = [\varphi, x, r] \tag{7.3}$$

und die Strukturvektoren

$$
\begin{aligned}
\mathbf{w}_v^T &= [r_g\cos\beta, \sin\beta, \cos\beta], \\
\mathbf{w}_x^T &= [\ 0,\ \ \ \ 1,\ \ \ \ 0\ ], \\
\mathbf{w}_r^T &= [\ 0,\ \ \ \ 0,\ \ \ \ 1\ ]
\end{aligned}
\right\}
\tag{7.4}
$$

ein, so lassen sich die relativen Abstände in (7.2) und deren zeitliche Ableitungen folgendermaßen schreiben:

$$
\begin{aligned}
s_v &= e - \mathbf{w}_v^T\mathbf{q}, & \dot{s}_v &= \dot{e} - \mathbf{w}_v^T\dot{\mathbf{q}} \\
s_x &= \mathbf{w}_x\mathbf{q} & , & & \dot{s}_x &= \mathbf{w}_x\dot{\mathbf{q}}, \\
s_r &= \mathbf{w}_r\mathbf{q} & , & & \dot{s}_r &= \mathbf{w}_r\dot{\mathbf{q}}.
\end{aligned}
\right\}
\tag{7.5}
$$

Ein Stoß findet statt, wenn der Relativabstand im Spiel zu null wird oder dieser beim Rückschlagen einen Maximalwert (= Spielgröße) erreicht hat. Dabei gelten für teilelastische Stöße die folgenden Stoßbedingungen.

$$
\dot{s}_v^+ = -\varepsilon_v\dot{s}_v^-, \quad \dot{s}_x^+ = -\varepsilon_x\dot{s}_x^-, \quad \dot{s}_r^+ = -\varepsilon_r\dot{s}_r^-;
\tag{7.6}
$$

Hierbei stellen die Parameter ε_v, ε_x, ε_r die Stoßzahlen im Zahn- und Lagerbereich dar. Das Pluszeichen kennzeichnet die Verhältnisse unmittelbar nach dem Stoß, das Minuszeichen diejenigen unmittelbar vor dem Stoß. Es sind drei Möglichkeiten denkbar. Erstens kann nur ein Stoß in einem Spiel erfolgen, zweitens können zwei Stöße in zwei Spielen stattfinden und drittens können drei Stöße in allen drei Spielen gleichzeitig auftreten. Der letzte Fall ist trivial, da dann die Zustände nach dem Stoß unmittelbar mit (7.6) bekannt sind. Besonders interessant ist der Stoßfall im Zahnbereich, da die dabei entstehenden Stoßimpulse in die drei Koordinaten φ, x, r aufgeteilt werden müssen.

Setzt man die Beziehungen (7.5) in (7.6) ein, so erhält man die kinematischen Stoßgleichungen

$$
\left.
\begin{aligned}
\mathbf{w}_v^T \dot{\mathbf{q}}^+ + \varepsilon_v \mathbf{w}_v^T \dot{\mathbf{q}}^- - \dot{e}(1+\varepsilon_v) &= 0, \\
\mathbf{w}_x^T \dot{\mathbf{q}}^+ + \varepsilon_x \mathbf{w}_x^T \dot{\mathbf{q}}^- \qquad\quad &= 0, \\
\mathbf{w}_r^T \dot{\mathbf{q}}^+ + \varepsilon_r \mathbf{w}_r^T \dot{\mathbf{q}}^- \qquad\quad &= 0.
\end{aligned}
\right\}
\tag{7.7}
$$

Diese kinematischen Stoßgleichungen für teilelastische Stöße werden nun als Zwangsbedingungen aufgefasst, die allgemein in einer Vektorgleichung zusammengefaßt werden können:

$$
\left.
\begin{aligned}
\mathbf{z} &= \mathbf{Z}_o \dot{\mathbf{q}}^+ + \mathbf{Z}_1 \dot{\mathbf{q}}^- + \mathbf{z}_2 = 0, \\
\mathbf{z}, \mathbf{z}_2 &\in \mathbb{R}^m, \qquad \mathbf{Z}_o, \mathbf{Z}_1 \in \mathbb{R}^{m,n}
\end{aligned}
\right\}
\tag{7.8}
$$

mit m als Anzahl der Zwangsbedingungen und n als Anzahl der Freiheitsgrade. Während n fest vorgegeben ist, hängt m von der Anzahl der zum betrachteten Zeitpunkt am Stoß beteiligten Relativkoordinaten ab. Für den Fall der einfachen Losradstufe mit drei Freiheitsgraden gilt also n = 3, m < 3.

Unter Zugrundelegung der Zwangsbedingung (7.8) erhält man nach der Anwendung des Jourdain'schen Prinzips der virtuellen Leistung folgende Übergangsgleichung /77, 80/:

$$
\mathbf{M}(\dot{\mathbf{q}}^+ - \dot{\mathbf{q}}^-) + \left(\frac{\partial \mathbf{z}}{\partial \dot{\mathbf{q}}^+}\right)^T \boldsymbol{\lambda} = 0,
\tag{7.9}
$$

wobei $\mathbf{M}$ die (nxn)-Massenmatrix des Systems und $\boldsymbol{\lambda}$ den Vektor der unbekannten Lagrange'schen Koeffizienten bedeuten. Im Beispiel der betrachteten Einzelstufe ist die Massenmatrix $\mathbf{M} = \mathrm{diag}\{J, m, m\}$. Die Kombination der Gln. (7.8) und Gln. (7.9) ergibt als kinetische Übergangsbedingung für das stoßende System die folgende Beziehung:

$$
\dot{\mathbf{q}}^+ = [\mathbf{E} - \mathbf{M}^{-1} \mathbf{Z}_o^T (\mathbf{Z}_o \mathbf{M}^{-1} \mathbf{Z}_o^T)^{-1} (\mathbf{Z}_o + \mathbf{Z}_1)] \dot{\mathbf{q}}^- - \mathbf{M}^{-1} \mathbf{Z}_o^T (\mathbf{Z}_o \mathbf{M}^{-1} \mathbf{Z}_o^T)^{-1} \mathbf{z}_2.
\tag{7.10}
$$

Mit Hilfe der Gln. (7.10) können in Rasselmodellen von Zahnradgetrieben mit beliebig vielen Freiheitsgraden die Stoßphasen erfaßt
werden. Wendet man diese Gleichung auf den einfachen Fall des
Einzelrads mit z.B. nur einem Stoß (m=1) im Verzahnungsspiel an
und berücksichtigt sinngemäß mit Gln. (7.7) und Gln. (7.8), daß

$$\mathbf{Z}_0 = \mathbf{w}_v^T, \quad \mathbf{Z}_1 = \varepsilon_v \mathbf{w}_v^T = \varepsilon_v \mathbf{Z}_0, \quad z_2 = -\dot{e}(\varepsilon_v + 1) \qquad (7.11)$$

gelten, so erhält man

$$\dot{\mathbf{q}}^+ = \left[\mathbf{E} - \bar{\mathbf{M}}^{-1}\mathbf{w}_v (\mathbf{w}_v^T \bar{\mathbf{M}}^{-1}\mathbf{w}_v)^{-1} (1+\varepsilon_v)\mathbf{w}_v^T\right]\dot{\mathbf{q}}^-$$
$$+ \dot{e}(1+\varepsilon_v)\bar{\mathbf{M}}^{-1}\mathbf{w}_v (\mathbf{w}_v^T \bar{\mathbf{M}}^{-1}\mathbf{w})^{-1}. \qquad (7.12)$$

Damit sind sämtliche Beziehungen bekannt, um die Verteilung des
Stoßes im Zahnbereich auf die drei Freiheitsgrade (Drehwinkel φ,
axiale und radiale Verschiebungen x und r) zu berechnen. Man
erhält als Übergangsbedingungen die folgenden Gleichungen

$$\dot{\mathbf{q}}^+ = \dot{\mathbf{q}}^- + \frac{1+\varepsilon_v}{J+mr_g^2\cos^2\beta} \begin{bmatrix} mr_g\cos\beta \\ J\sin\beta \\ J\cos\beta \end{bmatrix} \left[\dot{e} - (r_g\cos\beta, \sin\beta, \cos\beta)\dot{\mathbf{q}}^-\right]. \qquad (7.13)$$

Die Verteilung der Stoßimpulse erfolgt wie zu erwarten im Verhältnis der Trägheitsmomente, wobei alle Freiheitsgrade den
Zustand nach dem Stoß beeinflussen. Bei Systemen mit mehr Freiheitsgraden ist es selbstverständlich nicht mehr vertretbar, die
Gln. (7.10) analytisch zu berechnen, weil die dabei notwendigen
Matrizenmanipulationen sehr arbeitsintensiv werden. Sie lassen
sich jedoch numerisch schnell und ohne besonderen Aufwand auswer-
ten.

Mit Gln. (7.1) und Gln. (7.13) sind die Rasselschwingungen der
einfachen Losradstufe (vgl. Bild 54) vollständig beschrieben. Die
dabei erläuterte Vorgehensweise und die hergeleiteten allgemeinen
Beziehungen werden im folgenden auf das Rasselmodell eines
Schaltgetriebes mit 20 Freiheitsgraden angewendet.

148

7.2 Rasselschwingungen in Kfz-Schaltgetrieben

7.2.1.   Das mechanische Ersatzmodell

Bereits in Kap. 2.3.2. wurde auf die Modellierung des Schaltgetriebes hinsichtlich der Rasselschwingungen eingegangen. Im
Bild 55 ist die Prinzipskizze des Rasselmodells eines Schaltgetriebes mir fünf Vorwärtsgängen und einem Rückwärtsgang dargestellt. Es wird eine Konfiguration im durchgeschalteten vierten
Gang oder im Leerlauf betrachtet. Beim vierten Gang ist die
Antriebswelle AN direkt auf die Abtriebswelle AB geschaltet. Im

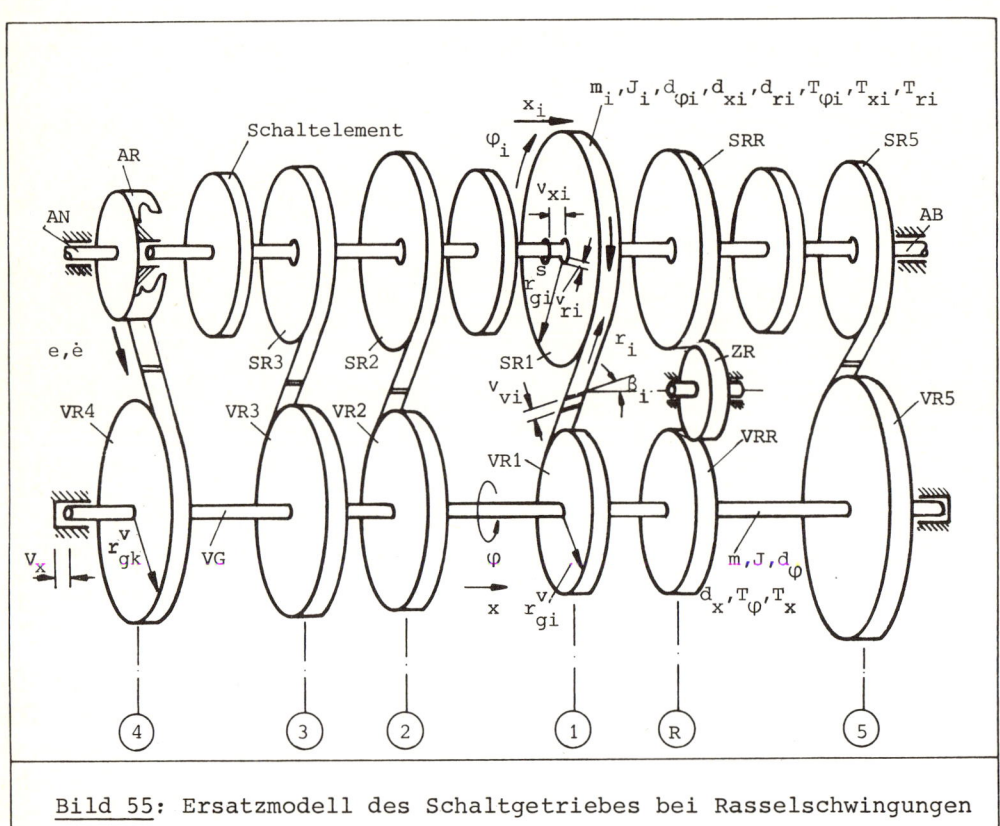

Bild 55: Ersatzmodell des Schaltgetriebes bei Rasselschwingungen

Leerlauf ist kein Kraftfluß zwischen Antriebs- und Abtriebswelle vorhanden. In beiden Fällen läuft die Vorgelegewelle VG wegen der stets im Eingriff befindlichen Zähne der sogenannten Konstante - gebildet durch das Antriebsritzel AR und das Vorgelegerad VR4 - lose mit. Mit ihr zusammen drehen die nichtgeschalteten Schalträder SR1 bis SRR und das Zwischenrad ZR, die sich mit den Vorgelegerädern VR1 bis VRR stets im Eingriff befinden, ebenfalls lose mit.

Die i-te Losradstufe (Grundschrägungswinkel β_i), gebildet durch das i-te Schaltrad (Masse m_i, Trägheitsmoment J_i, Grundkreisradius r^s_{gi}) und das i-te Vorgelegerad (Grundkreisradius r^v_{gi}), enthält die drei Freiheitsgrade φ_i, x_i, r_i. Für die Vorgelegewelle (Masse m, Trägheitsmoment J) werden entsprechend ihrer Lagerung ein axialer Freiheitsgrad x und ein Drehfreiheitsgrad φ zugelassen. Damit erhält man für das Gesamtsystem 20 Freiheitsgrade, die im Lagevektor

$$q^T = [\varphi, x, \varphi_1, x_1, r_1, \ldots, \varphi_i, x_i, r_i, \ldots, \varphi_6, x_6, r_6] \qquad (7.14)$$

zusammengefaßt sind. Für den Index i gilt folgende Einteilung bei den Losradstufen:

Losradstufe gebildet durch

i = 1 :   SR1, VR1 (1. Gangstufe),
i = 2 :   SR2, VR2 (2.   "   ),
i = 3 :   SR3, VR3 (3.   "   ),
i = 4 :   SR5, VR5 (5.   "   ),
i = 5 :   ZR, VRR (R1.   "   ),
i = 6 :   SRR, ZR (R2.   "   ),
i = k :   AR, VR4 (Konstante).

Das durch die lose mitlaufenden Elemente gebildete Schwingungssystem führt innerhalb der Zahn- und Lagerspiele v_{vi} und v_{xi}, v_{ri} (i = 1, .., 6, k) Rasselschwingungen aus. Als Erregerquellen sind die Schwingungen des verspannten Systems zu betrachten, die im

Kapitel 5 gezeigt wurden. Dort wurde festgestellt, daß die Torsionsschwingungen den radialen, axialen und Kippschwingungen gegenüber dominieren und in erster Linie das Schwingungsverhalten des verspannten Systems bestimmen. Deshalb liegt es nahe, als Anregung für das Rasselsystem die Drehungleichförmigkeit des Antriebsritzels AR zu wählen, die in der Konstante (Grundschrägungswinkel β_k) in das Rasselsystem eingeleitet wird. Die Erregerfunktion e ist dann die in Richtung der Eingriffslinie umgerechnete Torsionsschwingung des Antriebsritzels.

Die vom Antrieb kommende Erregung pflanzt sich damit über eine rasselnde Stufe auf die Vorgelegewelle und von dort auf die einzelnen Losradstufen fort. Diese Anregungsprozesse ebenso wie alle kinetischen Rückkopplungen finden nur an Zeitpunkten statt, an denen im System Stöße auftreten, da nur bei diesen Stößen die Kontakte zwischen den Losrädern und der Vorgelegewelle einerseits und der Vorgelegewelle und dem Antriebsritzel andererseits gewährleistet sind. Dabei bleiben die Momentenstöße betragsmäßig klein, so daß ihre Rückwirkung auf die Erregerkinetik vernachlässigt wird.

Ähnlich wie beim Einzelstufenmodell (vgl. Kap. 7.1) wird im Modell des Schaltgetriebes auch zwischen der Flug- und Stoßphase unterschieden. In der Stoßphase müssen die teilelastischen Stöße im Zahnbereich bzw. in den Lagerbereichen durch die Stoßfaktoren ε_v bzw. ε_x und ε_r berücksichtigt werden. Während der Flugphase sind bei der Vorgelegewelle und den Schalträdern die Schleppmomente T_φ und $T_{\varphi i}$ sowie die Schleppkräfte T_x und T_{xi}, T_{ri} (i=1,..., 6) wirksam, die aus der konstanten Drehung der genannten Elemente im Getriebeöl resultieren und eine geringe Verspannung der Losradstufen bewirken. Die dämpfende Wirkung des Getriebeöls wird entsprechend den eingeführten Freiheitsgraden bei der Vorgelegewelle bzw. bei den Schalträdern durch die Parameter d_φ, d_x bzw. $d_{\varphi i}$, d_{xi}, d_{ri} berücksichtigt.

Die hinsichtlich der Rasselschwingungen interessierenden Parameter des Schaltgetriebes sind im Anhang (A.4.) aufgeführt.

7.2.2.   Bewegungsgleichungen

Das mathematische Modell baut sich aus den Elementen der Einzel-
stufen auf, wie sie in Kap. 7.1. dargestellt wurden. Der Lagevektor wurde bereits mit Gln. (7.14) angegeben. Die Massenmatrix ist
eine Diagonalmatrix mit den zugehörigen 20 Trägheitsmomenten bzw.
-massen:

$$\mathbf{M} = \text{diag}\{J, m, J_1, m_1, m_1, \ldots, J_6, m_6, m_6\}. \tag{7.15}$$

Erfolgt kein Stoß, so sind die Flugphasen beschrieben durch
Gleichungen des Typs (7.1):

$$
\left.
\begin{aligned}
J_i \ddot{\varphi}_i &= T_{\varphi i} - d_{\varphi i} \dot{\varphi}_i &&\text{für } -v_{vi}(t) \leq s_{vi} \leq o_{vi}(t), \\
m_i \ddot{x}_i &= T_{xi} - d_{xi} \dot{x}_i &&\text{für } \quad -v_{xi} \leq s_{xi} \leq o, \\
m_i \ddot{r}_i &= T_{ri} - d_{ri} \dot{r}_i &&\text{für } \quad -v_{ri} \leq s_{ri} \leq o. \\
&&&(i=1,\ldots,6)
\end{aligned}
\right\} \tag{7.16}
$$

Für die Vorgelegewelle gibt es nur zwei Gleichungen für den
Drehwinkel φ und die axiale Verschiebung x:

$$
\left.
\begin{aligned}
J\ddot{\varphi} &= T_\varphi - d_\varphi \dot{\varphi} &&\text{für } v_{vi}(t) \leq s_{vi} \leq o_{vi}(t), \; (i=1,2,3,4,5), \\
&&& v_{vk}(t) \leq s_{vk} \leq o_{vk}(t), \\
m\ddot{x} &= T_x - d_x \dot{x} &&\text{für } \quad -v_{xk} \leq s_x \leq o.
\end{aligned}
\right\} \tag{7.17}
$$

In den obigen Gleichungen bedeuten s_{vi} ($i=1,..,6$) und s_{vk} die
relativen Zahnabstände in den sechs Losradstufen und in der
Konstante. Die axialen und die radialen Lagerauslenkungen sind
mit s_{xi} und s_{ri} (für die Losräder) bzw. mit s_{xk} (für die Vorgelegewelle) gekennzeichnet. Sie lassen sich aus der Erregerfunktion
e und dem Lagevektor $\mathbf{q}$ (vgl. Gln. (7.14)) mit Hilfe der
Strukturvektoren $\mathbf{w}_{vk}$, $\mathbf{w}_{xk}$ und $\mathbf{w}_{vi}$, $\mathbf{w}_{xi}$, $\mathbf{w}_{ri}$ wie folgt
schreiben.

$$s_{vk} = e - \mathbf{w}_{vk}^T, \qquad s_x = \mathbf{w}_x \mathbf{q}, \tag{7.18}$$

$$s_{vi} = \mathbf{w}_{vi}^T \mathbf{q}, \quad s_{xi} = \mathbf{w}_{xi}\mathbf{q}, \quad s_{ri} = \mathbf{w}_{ri}\mathbf{q}, \quad i=1,\ldots,6. \quad (7.19)$$

Bei den relativen Zahnabständen der Losradstufen ist zu beachten, daß neben den Freiheitsgraden des Losrads auch die Koordinaten der Vorgelegewelle in die Berechnung eingehen, die mit entsprechenden Komponenten in den zugehörigen Strukturvektoren berücksichtigt werden müssen. Die Tabelle 7.1 zeigt die Komponenten der Strukturvektoren und der diagonalen Massenmatrix sowie die Komponenten des Lagevektors des Rasselmodells.

Die Stoßbedingungen ergeben sich in gleicher Weise wie diejenigen beim Einzelrad (vgl. Kap. 7.1) zu

$$\dot{s}_{vi}^+ = -\varepsilon_{vi}\dot{s}_{vi}^-, \quad \dot{s}_{xi}^+ = -\varepsilon_{xi}\dot{s}_{xi}^-, \quad \dot{s}_{ri}^+ = -\varepsilon_{ri}\dot{s}_{ri}^-, \quad i=1,\ldots,6, \quad (7.20)$$

$$\dot{s}_{vk}^+ = -\varepsilon_{vk}\dot{s}_{vk}^-, \quad \dot{s}_x^+ = -\varepsilon_x\dot{s}_x^-. \quad (7.21)$$

Die Gleichungen (7.18) bis (7.21) liefern die Zwangsbedingungen gemäß Gln. (7.8). Dabei lassen sich die Matrizen $\mathbf{Z}_0$ und $\mathbf{Z}_1$ mit Hilfe der Strukturvektoren (vgl. Tabelle 7.1) aufbauen:

$$\mathbf{Z}_0^T = \left[\mathbf{w}_{vk}|\mathbf{w}_{xk}|\mathbf{w}_{v1}|\mathbf{w}_{v2}|\mathbf{w}_{v3}|\mathbf{w}_{v4}|\mathbf{w}_{v5}|\mathbf{w}_{v6}|\mathbf{w}_{x1}|\mathbf{w}_{x2}|\mathbf{w}_{x3}|\right. \quad (7.22)$$
$$\left.\mathbf{w}_{x4}|\mathbf{w}_{x5}|\mathbf{w}_{x6}|\mathbf{w}_{r1}|\mathbf{w}_{r2}|\mathbf{w}_{r3}|\mathbf{w}_{r4}|\mathbf{w}_{r5}|\mathbf{w}_{r6}\right],$$

$$\mathbf{Z}_1 = \text{diag}\{\varepsilon_{vk},\varepsilon_{xk},\varepsilon_{v1},\varepsilon_{v2},\varepsilon_{v3},\varepsilon_{v4},\varepsilon_{v5},\varepsilon_{v6},\varepsilon_{x1},\varepsilon_{x2},\varepsilon_{x3},$$
$$\varepsilon_{x4},\varepsilon_{x5},\varepsilon_{x6},\varepsilon_{r1},\varepsilon_{r2},\varepsilon_{r3},\varepsilon_{r4},\varepsilon_{r5},\varepsilon_{r6}\}\mathbf{Z}_0. \quad (7.23)$$

Der Vektor $\mathbf{z}_2$ folgt aus dem Anregungsterm in Gln. (7.18) zu

$$\mathbf{z}_2 = [-e(1+\varepsilon_{vk}),0,0,\ldots,0]^T. \quad (7.24)$$

Die Matrizen $\mathbf{Z}_0$ und $\mathbf{Z}_1$ bzw. der Vektor $\mathbf{z}_2$ setzen sich (bei dem aktuellen Rechengang) aus den Strukturvektoren aller am Stoß beteiligten Bereiche zusammen. Die Anzahl m ihrer Zeilen ent-

Tabelle 7.1: Die Strukturvektoren des Lagevektors, der diagonalen Massenmatrix und der Strukturvektoren des Schaltgetriebes bei Rasselschwingungen

q	M	w_{vk}	w_{xk}	w_{v1}	w_{v2}	w_{v3}	w_{v4}	w_{v5}	w_{v6}	w_{x1}	w_{x2}	w_{x3}	w_{x4}	w_{x5}	w_{x6}	w_{r1}	w_{r2}	w_{r3}	w_{r4}	w_{r5}	w_{r6}
φ	J	$\bar r_k c_k$		$\bar r_1 c_1$	$\bar r_2 c_2$	$\bar r_3 c_3$	$\bar r_4 c_4$	$\bar r_5 c_5$													
φ_1	J_1			$-\bar r_1 c_1$																	
φ_2	J_2				$-\bar r_2 c_2$																
φ_3	J_3					$-\bar r_3 c_3$															
φ_4	J_4						$-\bar r_4 c_4$														
φ_5	J_5							$-\bar r_5 c_5$	$\bar r_5 c_5$												
φ_6	J_6								$-\bar r_6 c_6$												
x	m	s_k	-1	s_1	s_2	s_3	s_4	s_5													
x_1	m_1			$-s_1$						-1											
x_2	m_2				$-s_2$						-1										
x_3	m_3					$-s_3$						-1									
x_4	m_4						$-s_4$						-1								
x_5	m_5							$-s_5$	s_6					-1							
x_6	m_6								$-s_6$						-1						
r_1				$-c_1$												-1					
r_2					$-c_2$												-1				
r_3						$-c_3$												-1			
r_4							$-c_4$												-1		
r_5								$-c_5$	c_6											-1	
r_6									$-c_6$												-1

Abkürzungen:

$c_i = \cos\beta_i$, $s_i = \sin\beta_i$,

$\bar r_i = r_{gi}$, $\bar{\bar r}_i = r_i^V$

$r_i = r_i^S$

$i = 1,2,3,4,5,6,k$

nicht besetzte Felder sind Null

spricht also der Anzahl der zum aktuell betrachteten Zeitpunkt am
Stoß beteiligten Zahn- und Lagerbereiche. Findet z.B. nur im
Zahnbereich der Konstante ein Stoß statt (also m = 1), so haben
die Matrizen $\mathbf{Z}_0$ und $\mathbf{Z}_1$ nur eine Zeile und der Vektor $\mathbf{z}_2$ nur
eine Komponente. Finden dagegen zum betrachteten Zeitpunkt in
allen Zahn- und Lagerbereichen Stöße statt, so weisen sie, wie
die Gln. (7.22) bis (7.24) zeigen, m = n Zeilen auf. Mit dieser
Definition kann der Geschwindigkeitsvektor $\mathbf{q}^+$ nach einem oder
nach einer beliebigen Anzahl von Stößen in Spielbereichen unmittelbar mit Hilfe der Gln. (7.12) ermittelt werden.

Die Lösung der Gleichungen in (7.16) für die Flugphasen lassen
sich für jede beliebige Anfangsbedingung analytisch schreiben.
Exemplarisch sei hier die Lösung der Koordinate x_i angegeben:

$$x_i = x_{i,0} + \left(\frac{T_{xi}}{d_{xi}}\right)(t-t_0) + \left(\frac{m_i}{d_{xi}}\right)\left(\dot{x}_{i,0} - \frac{T_{xi}}{d_{xi}}\right)\left[1-e^{-\frac{d_{xi}}{m_i}(t-t_0)}\right]. \quad (7.25)$$

Hierbei beschreiben die Koordinate $x_{i,0}$ und deren Geschwindigkeit
$\dot{x}_{i,0}$ den Anfangszustand zum Zeitpunkt $t = t_0$.

7.2.3.   Numerisches Vorgehen

Obwohl die angegebenen Gleichungen exakt für jede Flugphase gelöst und die Stoßübergänge definiert sind, sind die Rasselschwingungen dennoch nur numerisch auszuwerten. Man kann zwar zwischen
zwei Stößen oder Stoßkombinationen jeweils die Lösungen für die
Flugphasen (vgl. Gln. (7.25)) benutzen, muß aber den Stoß-
zeitpunkt interpolieren. Dies erfolgt aus der Bedingung, daß der
relative Abstand im Spiel null wird oder dieser beim Rückschlagen
einen Maximalwert (= Spielgröße) erreicht. Die sehr große Zahl
von aufeinanderfolgenden Stößen, die nach den Flugphasen die
Rasselschwingungen in den Spielbereichen hervorrufen, führt damit
zu einem analytisch nicht mehr vertretbaren Aufwand. Für eine
Auswertung auf der Rechenmaschine wird folgende Vorgehensweise

gewählt:

Zu einem bestimmten Zeitpunkt t_O seien m Lager und/oder Zahnbereiche an einem Stoßvorgang beteiligt. Nachdem die Geschwindigkeiten der Lagekoordinaten vor dem Stoß als bekannt angesehen werden dürfen, kann man den Zustand nach dem Stoß aus der Gln. (7.10) ermitteln. Die Lagekoordinaten selbst werden üblicherweise bei einem Stoßvorgang als unveränderlich angenommen (/80/). Der Zustand nach dem Stoß stellt die Anfangswerte für die daran anschließenden Flugphasen dar, die durch die Gleichungen des Typs (7.25) beschrieben werden. Während der Flugphasen müssen im Rechenablauf ständig die Relativabstände in den Spielen geprüft werden. Wird der Relativabstand in einem oder mehreren Zahn- und Lagerbereichen null oder gleich seinem maximalen Wert, so sind damit die Flugphasen der im System vorhandenen Komponenten beendet, und der nächste Stoß erfolgt.

Mit dem Ende der Flugphasen sind die Lagen und Geschwindigkeiten aller Teilkörper unmittelbar vor dem Stoß bekannt und damit erneut die Übergangsgleichung (7.10) anwendbar.Dieser Prozeß wiederholt sich von Stoß zu Stoß bis eine vorgegebene Gesamtsimulationszeit erreicht ist. Die wesentlichen Schritte des Rechenprogramms sind im Bild 56 dargestellt. Die im Bild erwähnten Energieverluste werden im nächsten Unterkapitel erläutert.

7.2.4.   Ansatz für Rasselgeräusche

Die Rasselschwingungen in Schaltgetrieben konnten bisher in der Praxis nur über akustische Messungen von Rasselgeräuschen nachgewiesen werden. Um die Ergebnisse des vorliegenden theoretischen Modells mit diesen Messungen vergleichen zu können, ist es notwendig, ein (zumindest vereinfachtes) Geräuschmodell zu benutzen. Hierbei wird davon ausgegangen, daß die in die Geräusche eingebrachte Energie der bei den Stößen auftretenden Verlustenergie ΔT proportional ist.

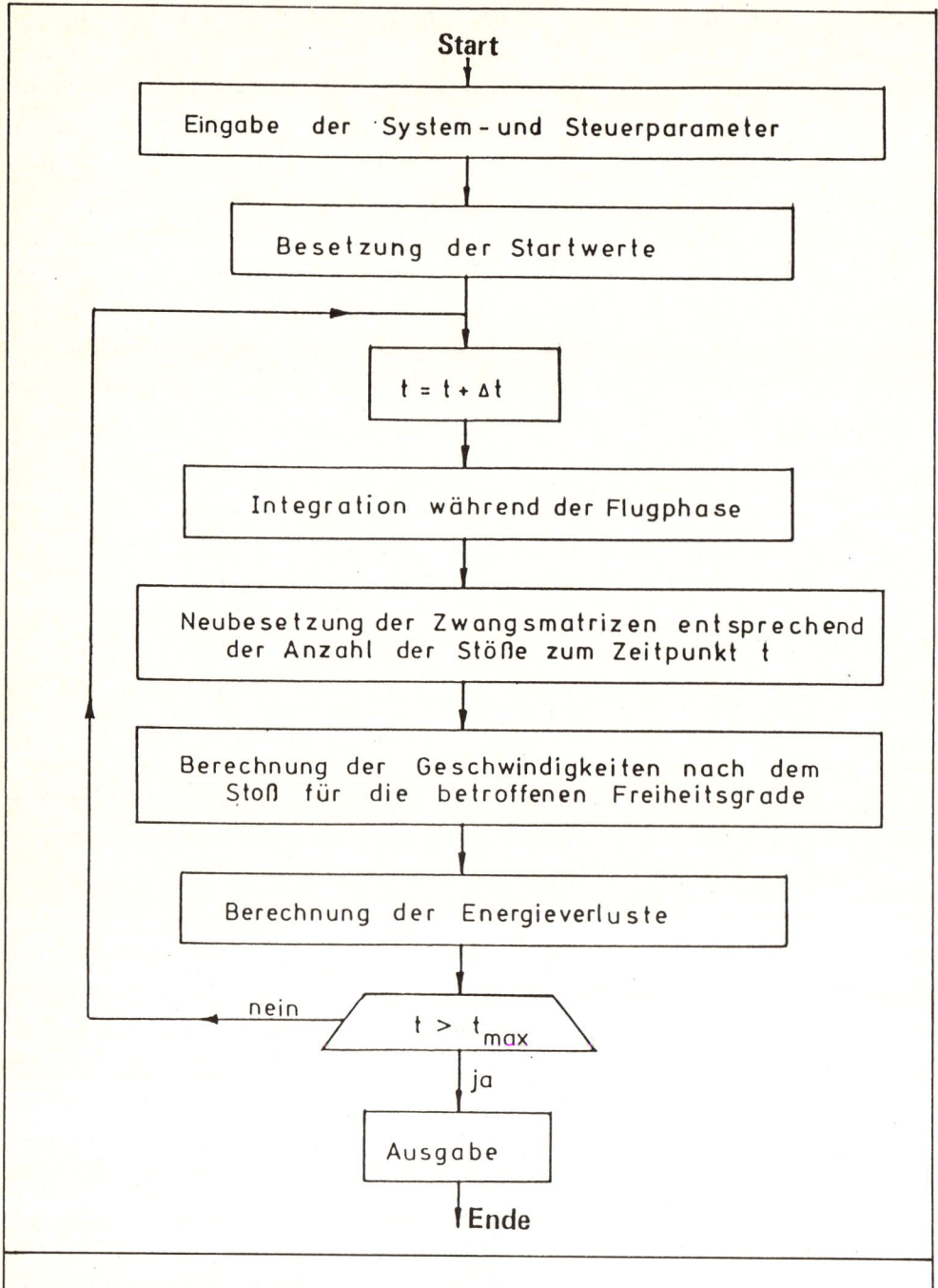

Start

Eingabe der System- und Steuerparameter

Besetzung der Startwerte

$t = t + \Delta t$

Integration während der Flugphase

Neubesetzung der Zwangsmatrizen entsprechend der Anzahl der Stöße zum Zeitpunkt t

Berechnung der Geschwindigkeiten nach dem Stoß für die betroffenen Freiheitsgrade

Berechnung der Energieverluste

nein

$t > t_{max}$

ja

Ausgabe

Ende

Bild 56: Ablauf des Rechenprogramms für Simulationen im Zeitbereich

Diese Verlustenergie ist z.B. mit der erweiterten Stoßtheorie
nach /80/ bekannt:

$$\Delta T = \frac{1}{2}\Big[(\mathbf{Z}_0 + \mathbf{Z}_1)\,\dot{\mathbf{q}}^- + \mathbf{z}_2\Big]^T (\mathbf{Z}_0 \bar{\mathbf{M}}^{-1}\mathbf{Z}_0^T)^{-1}\Big[(\mathbf{Z}_0 + \mathbf{Z}_1)\,\dot{\mathbf{q}}^- + \mathbf{z}_2\Big]. \qquad (7.25)$$

Für jede stoßende Komponente kann diese Energie berechnet und
über sämtliche Stöße aufaddiert werden. Dabei bleiben zwei
Schwierigkeiten bestehen. Erstens ist nicht bekannt, welcher
Anteil dieser Stoßverluste in Luft- und Körperschall umgewandelt
wird und welcher Anteil in die Zahn- und Lagerdeformationen sowie
in Wärmeentwicklungen geht. Zweitens ist nicht bekannt, wie sich
das Geräusch vom Entstehungsort im Zahneingriff und in den Lagern
innerhalb des Getriebegehäuses und in den Bauteilen selbst wei-
terverteilt und wie es nach außen abgestrahlt wird. Hierfür wird
als erste grobe Schätzung der Geräuschpegel als proportional zur
Verlustenergie angenommen /81/.

7.3 Numerische Ergebnisse

Im folgenden werden Ergebnisse eines handgeschalteten Getriebes
dargestellt. Es werden der Leerlauf und die 4. Gangstellung betrachtet, bei denen die Antriebswelle "leer" läuft oder direkt
mit der Abtriebswelle gekoppelt ist. Damit nehmen sämtliche
Schalträder einschließlich des Zwischenrades beim Rückwärtsgang
und die Vorgelegewelle an Rasselschwingungen teil und müssen
entsprechend den Ausführungen in Kap. 7.2. berücksichtigt werden.
Es sei an dieser Stelle noch einmal erwähnt, daß die Untersuchung
der Rasselschwingungen im Leerlauf auf dem gleichen Modell wie im
Falle des 4. Gangs basiert un deshalb ähnlich durchgeführt werden
kann. Der Unterschied besteht ausschließlich in dem Verlauf der
Erregerfunktion, die entsprechend dem Motormoment und der Kennlinie der Kupplung am Antriebsritzel bestimmt werden muß.

7.3.1.   Rasselschwingungen im Zeitbereich

Nach der im Bild 56 angegebenen Vorgehensweise werden für eine
vorgegebene Antriebsdrehzahl die Schwingungen des Systems mit 20
Freiheitsgraden im Zeitbereich numerisch berechnet. Entsprechend
den Beziehungen in (7.18), (7.19) werden aus den Koordinaten der
20 Freiheitsgrade die interessierenden, abgeleiteten Parameter,
wie relativer Zahnabstand und Lagerabstand ermittelt und für die
Ausgabe gespeichert. Die folgenden Darstellungen geben einige
Ergebnisse bei einer Antriebsdrehzahl n = 1000 U/min und einer
sinusförmigen Erregerfunktion e = A.sin (Ωt) mit A = 0.15 mm
wieder. Die Zeitachse wird dabei bezüglich der Kurbelwellenperio-
dendauer normiert:

$$t_N = t/(60/n), \qquad\qquad\qquad (7.26)$$

$$n = \text{Kurbelwellendrehzahl (U/min).}$$

__Bild 57__ zeigt den Verlauf des relativen Zahnabstands s_z in der
Konstante, also des Zahnabstands zwischen dem Vorgelegerad VR4
und dem Antriebsritzel AR und weiterhin die Erregerfunktion e in
Abhängigkeit von der normierten Zeit T_N. Im Diagramm sind die 5.
und 6. Kurbelwellenperiode dargestellt. Den Spielgrenzen o_{vk} und
v_{vk} liegen die Gleichungen

$$o_{vk} = a_{VR4} \cdot \sin(\Omega_{VR4} \cdot t), \qquad a_{VR4} = 0.02 \text{ mm,}$$
$$v_{vk} = a_{AR} \cdot \sin(\Omega_{AR} \cdot t), \qquad a_{AR} = 0.02 \text{ mm} \qquad (7.27)$$

zugrunde, wobei Ω_{VR4} bzw. Ω_{AR} die Kreisfrequenzen des Vorgelege-
rads VR4 bzw. des Antriebsritzels AR in der Konstante und a_{VR4}
bzw. a_{AR} die in Richtung der Eingriffslinie umgerechneten Amplituden der sinusförmigen Wälzabweichungsfunktionen der genannten
Räder bedeuten. Das mittlere Zahnspiel beträgt im vorliegenden
Fall 0.1 mm. Aus dem Bild 57 gehen die beiden Zustände, nämlich
Flugphase und Stoß, sehr deutlich hervor. Die Stöße finden insbesondere dann statt, wenn die Erregerfunktion ihre Minima und

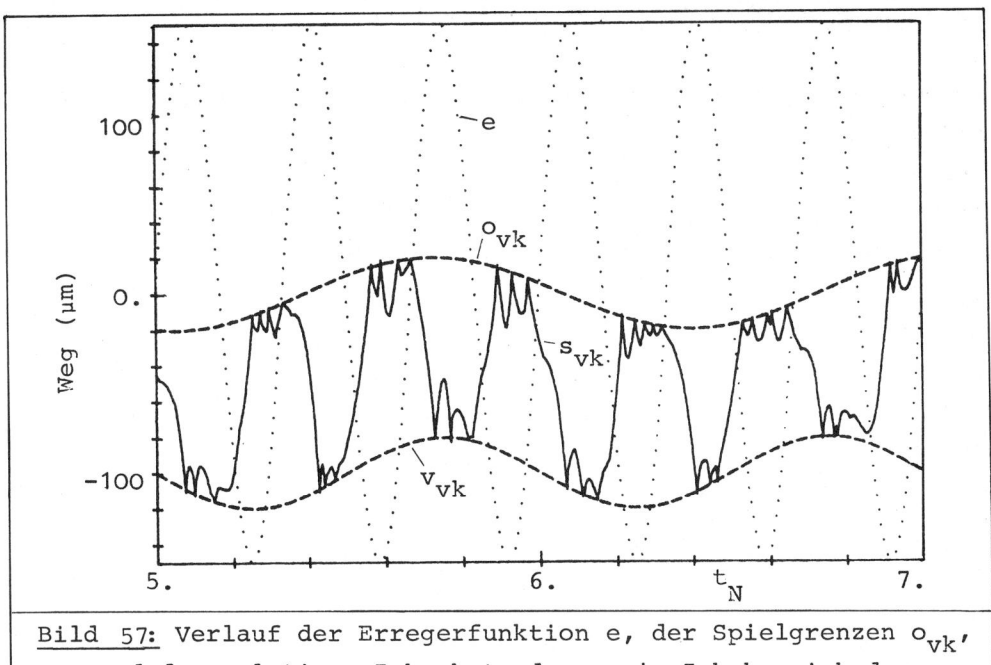

<u>Bild 57:</u> Verlauf der Erregerfunktion e, der Spielgrenzen o_{vk}, v_{vk} und des relativen Zahnabstands s_{vk} im Zahnbereich der Konstante

Maxima erreicht. Zwischen den Stößen an den Grenzen ergeben sich sehr kurze Flugphasen, dagegen finden längere Flugphasen nach der Richtungsumkehr der Erregerfunktion statt.

Im <u>Bild 58</u> sind die axialen Lagerschwingungen der Vorgelegewelle dargestellt, die wesentlich von den Schwingungen im Zahnbereich der Konstante beeinfluß werden. Dies ist besonders deutlich bei $T_N \approx 5.9$ und $T_N \approx 6.2$ zu sehen: Die Zahnstöße zu diesen Zeiten zwingen die axiale Bewegung der Vorgelegewelle zur Richtungsumkehr.

Aufgrund der Zeitverläufe in den Bildern 57, 58, aber auch wegen zahlreicher, hier nicht dargestellten Simulationen, kann man folgern, daß die Schwingungen der Schalträder und des Zwischenrads das Rasselverhalten der Vorgelegewelle nur sehr wenig beeinflussen. Diese Eigenschaft läßt sich durch das große Massenver-

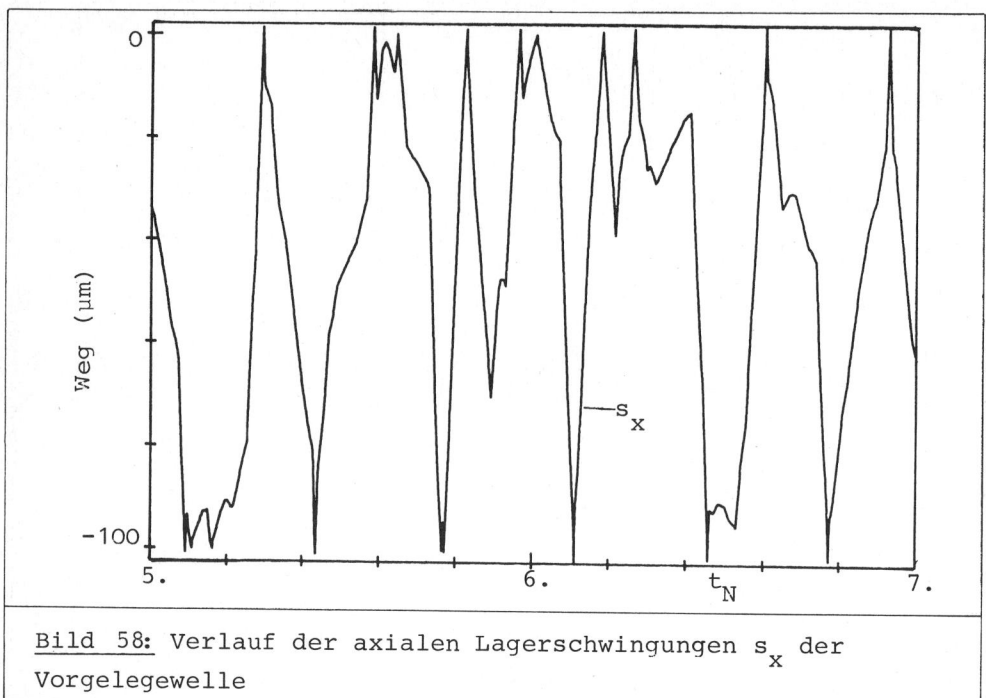

Bild 58: Verlauf der axialen Lagerschwingungen s_x der Vorgelegewelle

hältnis zwischen der Vorgelegewelle und den Schalträdern erklären. Die während der Stöße in den Zahnbereichen zwischen den
Schalträdern und den Rädern der Vorgelegewelle stattfindenden
Impulse reichen nicht aus, die Bewegung der mit einer relativ
großen trägen Masse behafteten Vorgelegewelle wesentlich zu beeinflussen. Umgekehrt werden die Schwingungen der Schalträder von
den in den genannten Zahnbereichen übertragenen Impulsen bestimmt.

Für die 2. Gangstufe zeigen die **Bilder 59, 60, 61** die Rasselschwingungen des Schaltrads im Zahn- und Lagerbereich. Das mittlere Zahnspiel und das axiale Lagerspiel betragen 0.1 mm, das
radiale Lagerspiel 0.05 mm. Man sieht, daß im Zahnbereich und im
Lager in radialer Richtung wesentlich mehr Stöße stattfinden als
im Lager in axialer Richtung. Dies liegt daran, daß die Impulse
im Zahnbereich entsprechend dem kleinen Grundschrägungswinkel der
Stufe in axiale und radiale Richtungen aufgeteilt werden, wobei

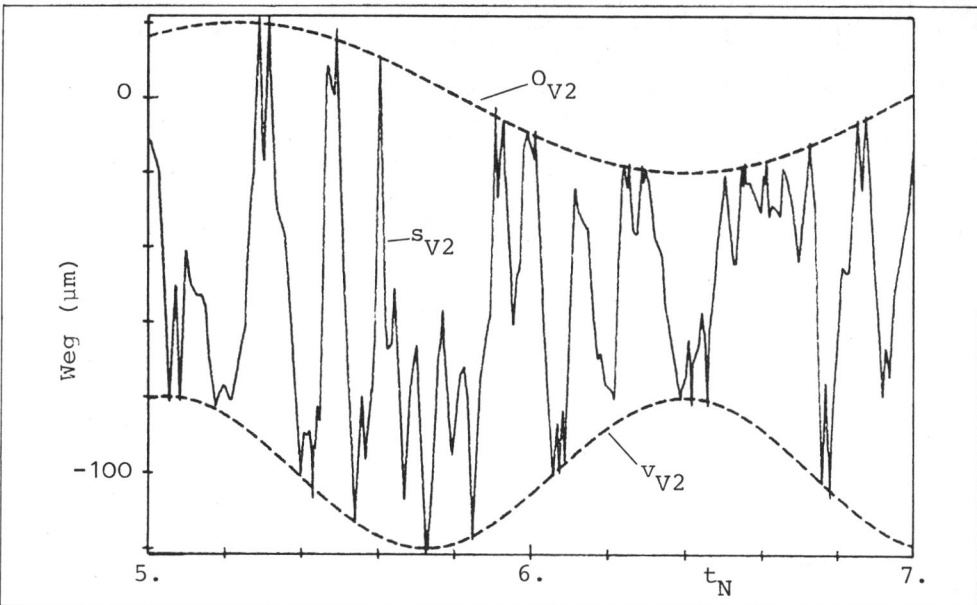

Bild 59: Verlauf des relativen Zahnabstandes s im Zahnbereich der 2. Gangstufe und der Spielgrenzen O_{V2}, v_{V2}

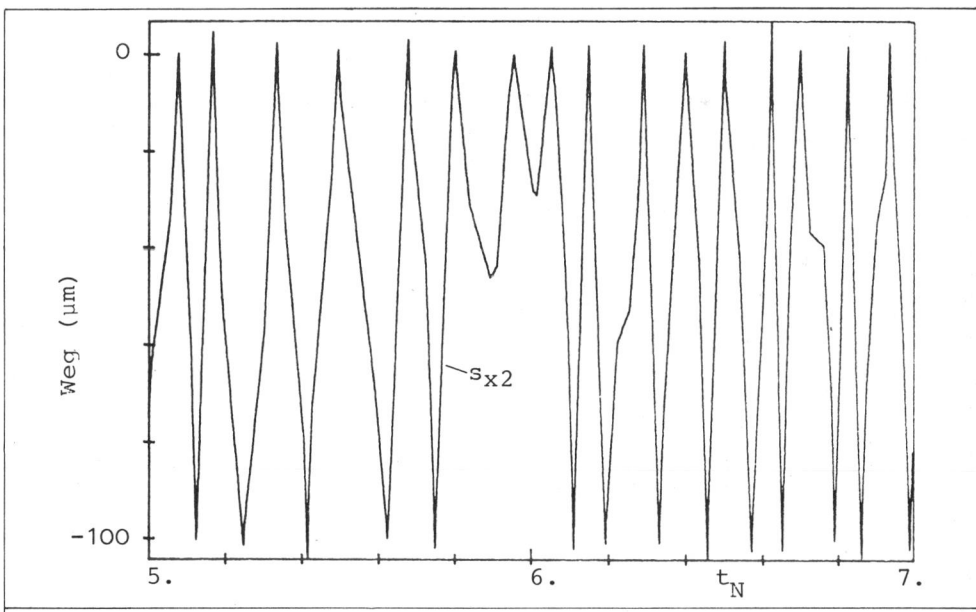

Bild 60: Verlauf der axialen Lagerschwingungen s_{x2} des Schaltrades der 2. Gangstufe

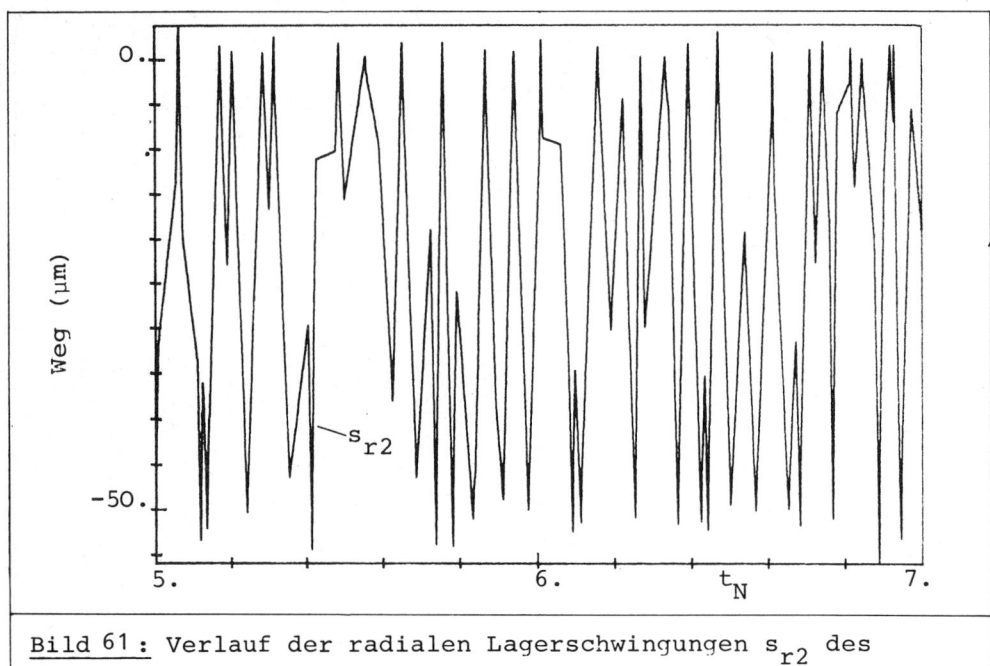

Bild 61: Verlauf der radialen Lagerschwingungen s_{r2} des

Schaltrades der 2. Gangstufe

die axiale Komponente mit dem Sinus und die radiale Komponente mit dem Cosinus dieses Winkels multipliziert werden. Damit erhält die radiale Richtung den größeren Anteil des Impulses. Ferner ist das Radialspiel des Lagers kleiner als das Axialspiel. Im kleinen Radialspiel werden nach relativ kurzen Flugphasen die Spielgrenzen erreicht, was zu häufigeren Stößen in diesem Bereich führt.

7.3.2. Energieverluste als Maß für Rasselgeräusche

Wie bereits im Kap. 7.2.4. erläutert, wird der Energieverlust des Getriebes infolge der Rasselschwingungen proportional dem Geräuschpegel angenommen. Die nach der Gln. (7.25) berechneten Energieverluste sind im **Bild 62** dargestellt. Entsprechend den im Getriebe gleichzeitig stattfindenden Stößen ergeben sich zu bestimmten Zeiten höhere Energieverluste. Daneben existieren Phasen, in denen an keiner Stelle ein Stoß stattfindet und damit die

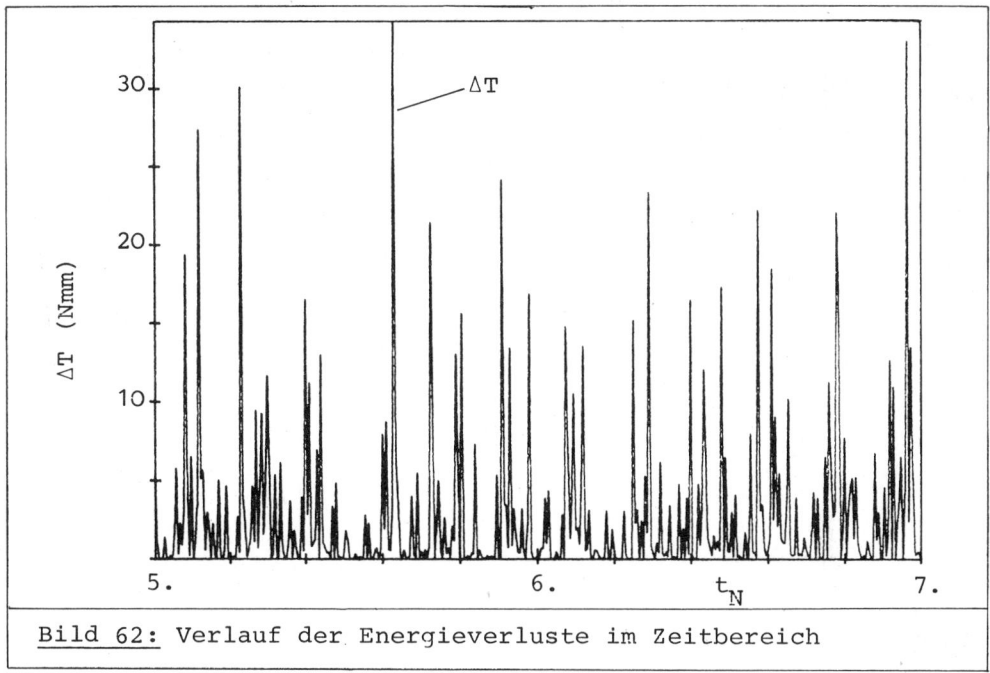

Bild 62: Verlauf der Energieverluste im Zeitbereich

Energieverluste null sind. Maßgeblich für die Energieverluste
sind die Massen, Massenträgheitsmomente und insbesondere die
Geschwindigkeiten vor und nach den Stößen. Hierbei spielt der
Stoßfaktor eine wesentliche Rolle, von der die Relativgeschwin-
digkeit nach dem Stoß abhängt. In den Rechenprogrammen wurde für
alle Spielbereiche der Stoßfaktor $\varepsilon = 0.87$ verwendet.

Neben dem Zeitverlauf der Energieverluste ist der mittlere Energieverlust von Interesse, der für eine vorgegebene Drehzahl bestimmt wird. Er stellt die Summe der über eine Kurbelwellendre-
hung ermittelten Energieverluste dar. Das <u>Bild 63</u> zeigt den im
Drehzahlbereich $800 < n < 3000$ dargestellten mittleren Energieverlust, wobei die Amplitude der Erregerfunktion mit $A = 0.2$ mm
für den genannten Drehzahlbereich konstant gehalten wurde. Aus
dem Diagramm geht hervor, daß der Energieverlust mit steigender
Drehzahl monoton zunimmt. Dieses Ergebnis entspricht den praktischen, an ähnlichen Systemen gewonnenen Erfahrungen bei Ge-
räuschmessungen /81/.

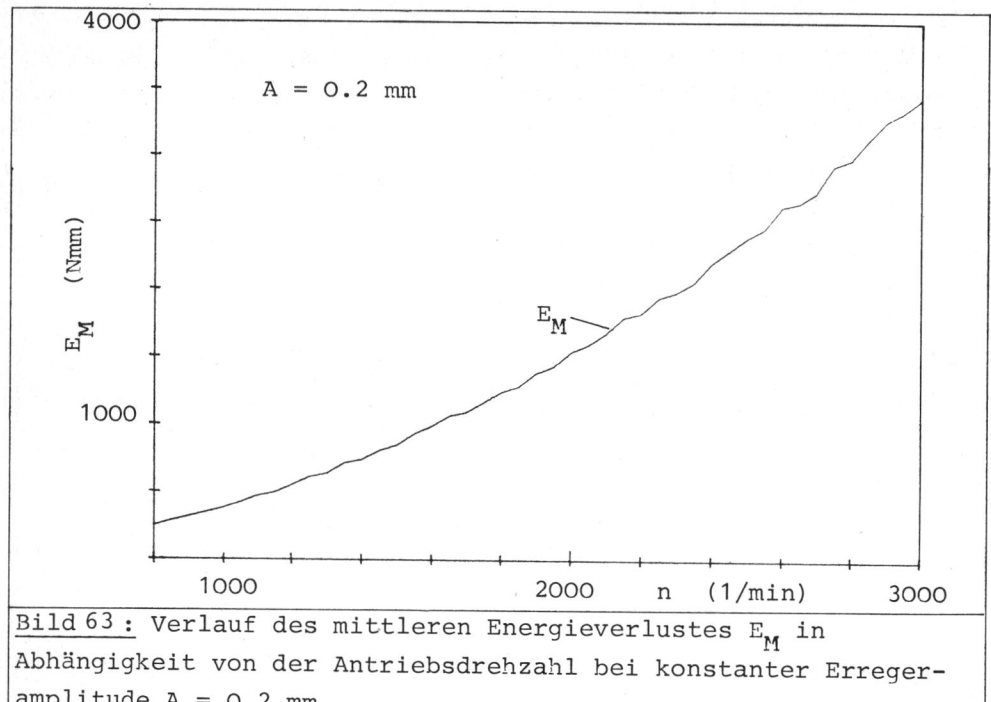

Bild 63 : Verlauf des mittleren Energieverlustes E_M in Abhängigkeit von der Antriebsdrehzahl bei konstanter Erreger-amplitude A = 0.2 mm

Die Drehungleichförmigkeit des Antriebsritzels und damit die Amplitude A der Erregerfunktion e ist im realen Betrieb drehzahlabhängig. Sie ergibt sich aus dem Schwingungsverhalten des verspannten Teils des Antriebsstrangs. Ein typischer Amplitudengang der Erregerfunktion e und der zugehörige Verlauf des mittleren Energieverlustes sind in **Bild 64** dargestellt, wobei der Drehzahlbereich 800 < n < 3000 betrachtet wird. Die Amplitude A nimmt von 0.5 mm bei n = 800 U/min bis 0.1 mm bei n = 3000 U/min ab. Aus dem Diagramm geht hervor, daß der Energieverlust bis ca. n = 1500 U/min abnimmt; ab dieser Drehzahl nimmt er zu. Dies liegt daran, daß bis n = 1500 U/min der Einfluß der Drehzahl gegenüber der Erregeramplitude überwiegt. Bei höheren Drehzahlen ist für den Energieverlust hauptsächlich nur noch die Drehfrequenz maßgeblich. Vergleichbare Zusammenhänge sind aus Messungen des Geräuschpegels beim Rasseln im Leerlauf und der Drehungleichförmigkeit des Antriebsritzels bekannt. Dies bedeutet, daß mit dem eingeführten Ansatz, nämlich Energieverlust als Maß für den

Geräuschpegel und im Zusammenhang mit dem Rasselmodell des Getriebes, die Rasselschwingungen in einem Schaltgetriebe praxisnah simuliert werden können.

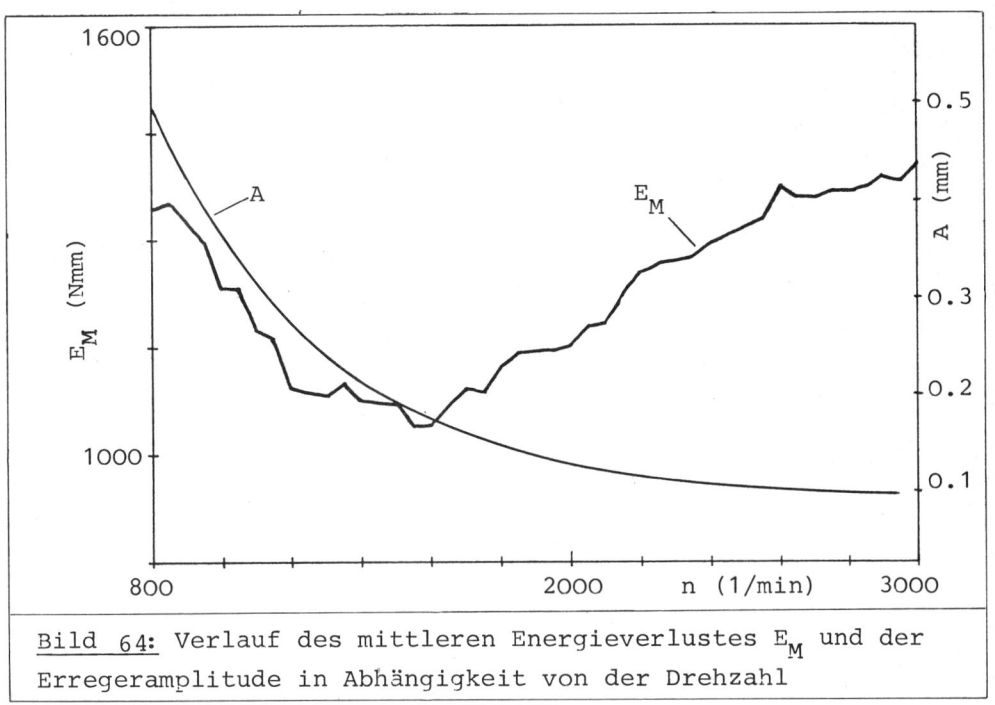

Bild 64: Verlauf des mittleren Energieverlustes E_M und der Erregeramplitude in Abhängigkeit von der Drehzahl

7.3.2.   Einfluß einiger Getriebeparameter auf Rasselgeräusche

Im vorhergehenden Unterkapitel wurde festgestellt, daß die mittleren Energieverluste und damit die Rasselschwingungen im starken Maße von der Drehungleichförmigkeit des Antriebsritzels abhängen. Die Anregung durch das Antriebsritzel stellt für die Rasselschwingungen eine äußere Erregerquelle dar, die nur im Zusammenhang mit dem gesamten Antriebsstrang zu sehen ist. Zur Verringerung dieser Erregerquelle muß also der gesamte Antriebsstrang optimiert werden, wobei bei dieser Optimierung sicherlich im Hinblick auf andere Schwingungen Kompromisse zu schließen sind. In /28/ wird auf diese Problematik ausführlich eingegangen.

Neben der äußeren Anregung wird man im Getriebe selbst versuchen, die entsprechenden Getriebeparameter so zu wählen, daß die Rasselgeräusche minimal bleiben. Die Optimierung des "Innenlebens" des Getriebes kann nur über einige wenige Parameter erfolgen. Betrachtet man nämlich die das Rasselverhalten beschreibenden Gleichungen in Kap. 7.1. und Kap. 7.2., so stellt man fest, daß die in Frage kommenden Parameter während der Flugphase und der Stoßhase folgende sind:

- o   Zahn- und Lagerspiele,
- o   Schleppmomente und -kräfte,
- o   Dämpfung während der Flugphase (Öldämpfung),
- o   Zahnfehler,
- o   Stoßzahl;

wenn man von den Massen, Massenträgheitsmomenten und sonstigen geometrischen Größen absieht.

Die Rasselschwingungen können nur innerhalb der Zahn- und Lager spiele stattfinden, die aus konstruktiven Gründen immer vorhanden sind. Wären sie Null, so gäbe es kein Rasselproblem. Es liegt also nahe, im Zuge der Geräuschverminderungsmaßnahmen zunächst diese Komponente näher zu betrachten. Weiterhin gilt die Öldämpfung als einer der wichtigsten Parameter, von denen das Rasselgeräusch wesentlich abhängt. Es ist im Kfz-Getriebebau (aber auch bei aufmerksamen Autofahrern) allgemein bekannt, daß kaltes (also zäheres) Getriebeöl mehr die Rasselschwingungen dämpft als es beim warmen (also dünner gewordenen) Öl der Fall ist.

Schleppmomente entstehen infolge der Bremswirkung des Öls bei drehenden Teilen und führen in Losradstufen zu einer geringen Verspannung der im Eingriff befindlichen Räder. Über den Einfluß dieses Effektes auf die Rasselschwingungen liegen keine theoretischen oder experimentellen Ergebnisse vor. Die Veränderung des

Zahnspiels im Betrieb durch die Zahnfehler (Einflankenwälzab-
weichung) bedeuten für die Rasselschwingungen gewissermaßen eine
innere Erregerquelle. Dieser Parameter und die Stoßzahl, die die
Materialeigenschaften der an Stößen (Rasselschwingungen) beteiligten Zahnräder charakterisiert, müssen bei Untersuchungen von
Rasselschwingungen ebenfalls berücksichtigt werden.

Während die Zahn- und Lagerspiele sowie Zahnfehler zumindest als
Mittelwerte aus Berechnung und/oder Messung vorliegen, ist die
praxisnahe Bestimmung der anderen, oben erwähnten Parameter
- experimentell oder rechnerisch - nur mit einem sehr hohen Aufwand möglich, da ihre Entstehungsmechanismen relativ kompliziert
sind. Deshalb werden diese Parameter bei folgenden Parameterstudien zwischen ihren theoretisch möglichen Grenzen in groben
Schritten variiert, um einen Einblick in ihren Einfluß auf die
Rasselschwingungen gewinnen zu können.

Es wird der für die Rasselgeräusche in erster Linie interessante
Drehzahlbereich 800 U/min < n < 2000 U/min betrachtet, wobei die
Drehungleichförmigkeit (die äußere Erregung) in diesem Bereich
konstant angenommen wird, um den Einfluß des jeweils betrachteten
Parameters besser studieren zu können. Ferner wird der Wertebe-
reich der y-Skala bei allen Diagrammen gleich gehalten. Damit
wird die optische Beurteilung der Einflüsse der erwähnten Parameter auf die Rasselgeräusche erleichtert.

In Bild 65 bis Bild 69 sind die mittleren Energieverluste bei
Variation der Zahn- und Lagerspiele, der Schleppmomente, der
Öldämpfung, der Amplitude der bezüglich der Radfrequenz sinusför-
mig angenommenen Einflankenabweichung (umgerechnet in Richtung
der Eingriffslinie) sowie der Stoßzahl dargestellt. Die jeweils
betrachteten Parameter sind dabei zwischen vorgegebenen Minimal-
und Maximalwerten variiert.

Wie aus den Bildern hervorgeht, sind die Einflüsse der untersuchten Parameter auf die als Maß für die Rasselgeräusche ange-
setzten mittleren Energieverluste sehr unterschiedlich. Während

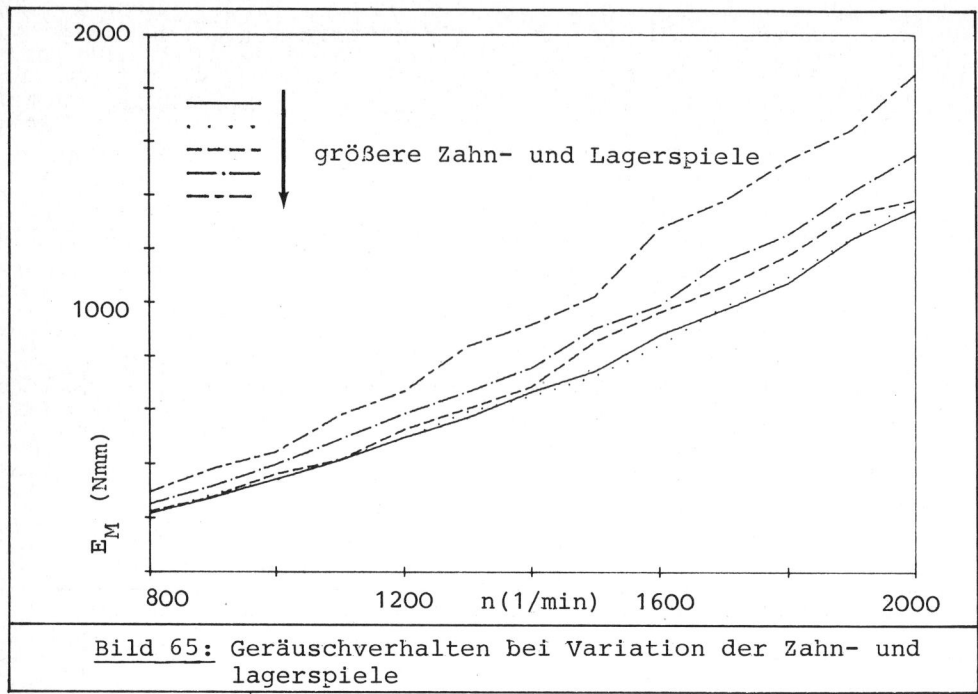

Bild 65: Geräuschverhalten bei Variation der Zahn- und lagerspiele

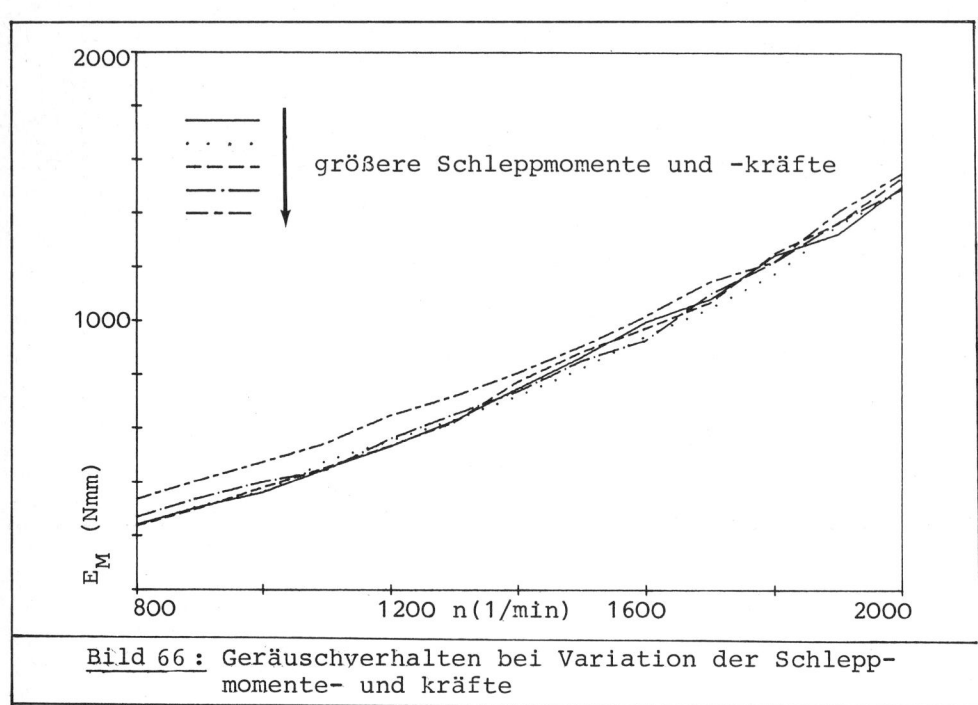

Bild 66 : Geräuschverhalten bei Variation der Schlepp- momente- und kräfte

die Schleppmomente und die Zahnspieländerungen durch die Zahnfehler kaum das Rasselverhalten beeinflussen, erweisen sich die
Zahn- und Lagerspiele sowie die Öldämpfung und die Stoßzahl als
wesentliche Parameter im Zusammenhang mit dem Rasselverhalten.

Das Ergebnis bei der Variation der Zahn- und Lagerspiele
(Bild 65) zeigt, daß bei Rasselschwingungen Spiele eine wesentliche Geräuschquelle darstellen: Bei größeren Spielen sind die
mittleren Energieverluste größer und damit das Getriebe lauter
als bei kleineren Spielen. Aus den Verläufen geht hervor, daß es
im Bereich der kleineren Spiele ein Optimum bezüglich des Geräuschverhaltens geben dürfte, das durch weitere Parameterstudien
gefunden werden kann.

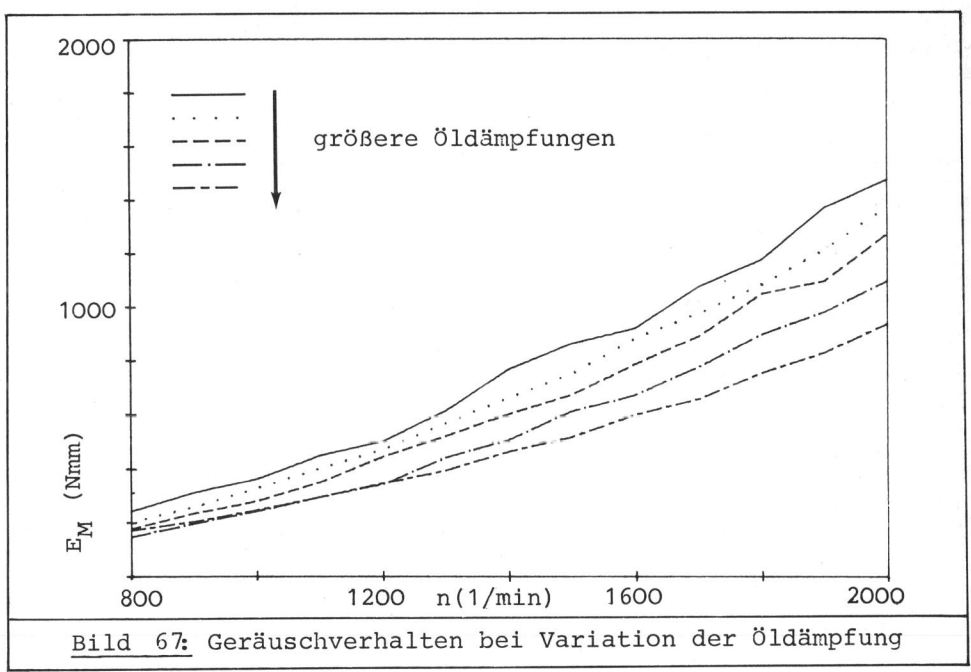

Bild 67: Geräuschverhalten bei Variation der Öldämpfung

170

Die Schleppmomente haben im betrachteten Drehzahlbereich unterschiedliche Auswirkungen (vgl. Bild 66). Während größere Schleppmomente bei niedrigeren Drehzahlen geräuschfördernden Charakter
haben, verlieren sie bei höheren Drehzahlen an Einfluß. Ganz
wesentlich ist dagegen der dämpfende Einfluß des Getriebeöls
(vgl. Bild 67). Höhere Öldämpfungen führen zum besseren Geräuschverhalten, insbesondere bei höheren Drehzahlen.

Der Einfluß der Zahnspieländerung durch Zahnfehler spielt eine
vernachlässigbar kleine Rolle bei Rasselschwingungen (vgl.
Bild 68). Der Grund hierfür dürfte sein, daß bei Zeitverläufen
die Zahnspiele zwar wegen der unterschiedlichen Amplituden der
Spielgrenzfunktionen (vgl. z.B. Gln. (7.27), Bild 57) verschiedene Werte annehmen, aber nach mehreren Kurbelwellenumdrehungen
das mittlere Zahnspiel und mit ihm dann auch der mittlere Energieverlust ungefähr konstant bleibt.

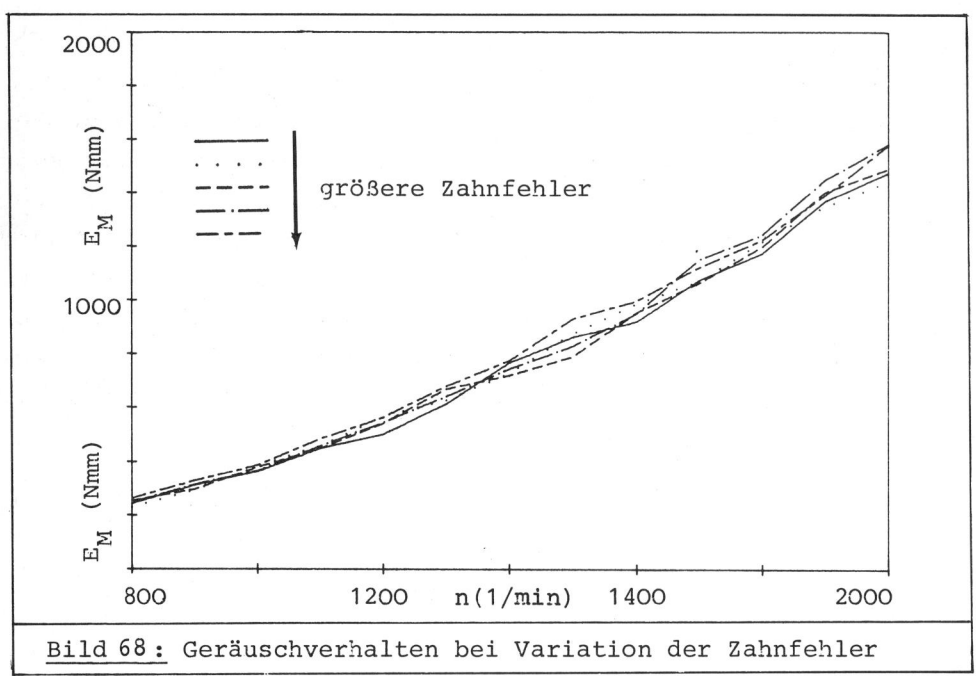

Bild 68 : Geräuschverhalten bei Variation der Zahnfehler

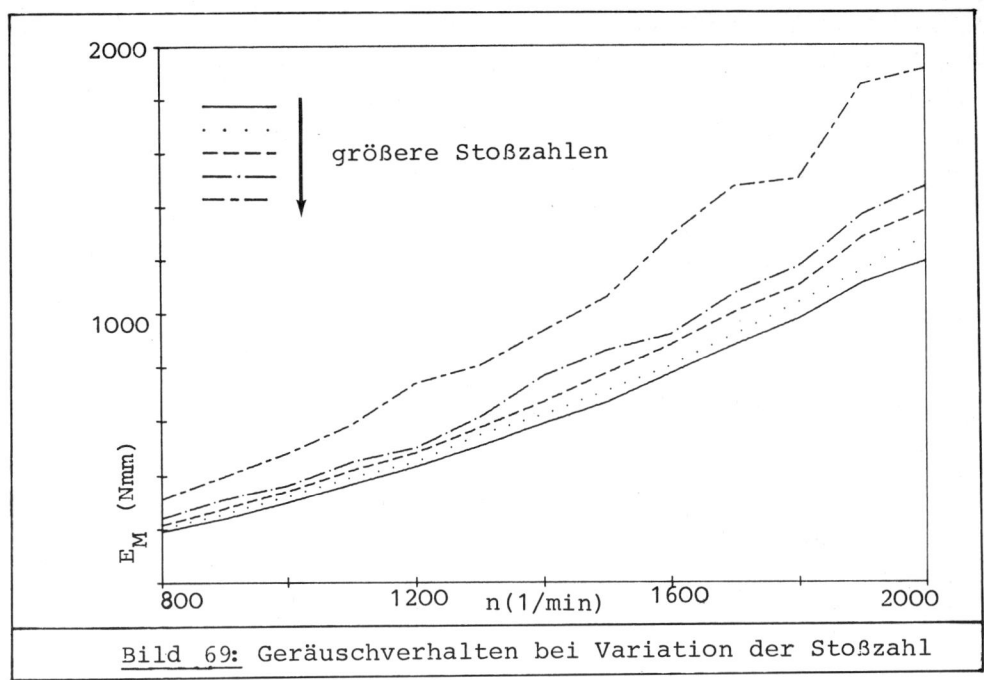

Bild 69: Geräuschverhalten bei Variation der Stoßzahl

Die Stoßzahl ist neben Zahn- und Lagerspiel sowie Öldämpfung der Parameter, der die Rasselgeräusche wesentlich beeinflußt (vgl. Bild 69).Größere Stoßzahlen führen zu einem schlechteren Geräuschverhalten als kleinere Stoßzahlen. Dieses Ergebnis kann plausibel erklärt werden, wenn man berücksichtigt, daß die Geschwindigkeiten der am Stoß beteiligten Komponenten nach dem Stoß und mit ihnen die entsprechenden Energieverluste umso geringer sind, je kleiner die Stoßzahl gewählt wird. Damit kommt den Lager- und Zahnradwerkstoffen eine große Bedeutung zu, die für das Elastizitätsverhalten der betrachteten Komponente und damit für die entsprechende Stoßzahl verantwortlich sind.

8 Zusammenfassung

Zahnradgetriebe werden in der Antriebstechnik häufig zur Anpassung der Drehzahl und/oder des Drehmoments eingesetzt. Für die Beurteilung ihrer Betriebssicherheit ist die Kenntnis des dynamischen Verhaltens Voraussetzung. In der Industrie werden Schwingungsuntersuchungen an Zahnradgetrieben fast nur nach überschlägigen Verfahren durchgeführt. Mit der steigenden Leistungsfähigkeit von Rechenanlagen werden sich in der Zukunft jedoch theoretische Untersuchungen immer mehr durchsetzen. Diese Entwicklung erfordert dabei insbesondere die Lösung zweier Problemkreise, nämlich die mechanische Modellierung des Getriebes einschließlich zugehöriger Systemparameter und die mathematische Behandlung des mechanischen Ersatzmodells. In der vorliegenden Arbeit wird zu diesen Problemkreisen ein Beitrag geleistet. Das Ziel ist es dabei

o   Methoden zur mechanischen und mathematischen Beschreibung und Analyse des Schwingungsverhaltens von Stirnrad- und Planetengetrieben unter Berücksichtigung der wichtigsten Erregerquellen zu entwickeln und exemplarisch anzuwenden.

Eine einheitliche und systematische Vorgehensweise bei der Erstellung der mechanischen Ersatzmodelle und der Herleitung der Bewegungsgleichungen erleichtert dabei die anschließenden Programmierungsarbeiten und ermöglicht die Übertragung der Ergebnisse auf Antriebsstränge mit anderen Zahnradgetrieben oder mit anderen Getriebeanordnungen.

Im Kapitel 1 wird eine Einführung in die Problemstellung und eine Literaturübersicht zum Stand der Erkenntnisse gegeben. Gleichzeitig werden einige wichtige Gesichtspunkte erläutert, die bei der Erstellung des mechanischen Ersatzmodells von Zahnradgetrieben eine Rolle spielen. Diese betreffen in erster Linie die Belastung, die Erregerquellen, die Anzahl zu berücksichtigender Freiheitsgrade und schließlich Ziel der Schwingungsuntersuchung. Aus der Diskussion dieser Gesichtspunkte geht hervor, welche problem-

spezifischen Eigenschaften ein gutes Getriebemodell bei konkreten
Anwendungsfällen besitzen muß, damit die darauf basierende theoretische Schwingungsanalyse praxisnah ist. Ferner wird eine mögliche Vorgehensweise bei der Behandlung der Bewegungsgleichung
angegeben, die bei Schwingungsuntersuchungen an Zahnradgetrieben
sinnvoll erscheint.

Zur Demonstration der mechanischen und mathematischen Systemmo-
dellierung werden drei unterschiedlich aufgebaute Getriebe, nämlich ein einstufiges Stirnradgetriebe, ein Kfz-Schaltgetriebe und
ein Planetengetriebe, betrachtet. Im Kapitel 2 werden die entsprechenden Ersatzmodelle erstellt und diskutiert. Es handelt
sich dabei um "starre" Mehrkörpersysteme, die aus starren Massenelementen, masselosen Federn und Dämpfern bestehen und alle wesentlichen Erregerquellen, wie zeitvariable Zahnsteifigkeit,
Zahnfehler, schwankende An- oder Abtriebsmomente, Spiele und
nichtlineare Kennlinien, berücksichtigen. Die Gleitlager werden
mit vier Steifigkeits- und vier Dämpfungskoeffizienten modelliert.

Bei dem einstufigen Stirnradgetriebe wird aufgrund der relativ
breiten Verzahnung der Zahneingriffsbereiche durch mehrere Koppelelemente (Feder-Dämpfer-Systeme) modelliert, wobei die Anzahl
der Koppelelemente beliebig gewählt werden kann. Dadurch wird
eine praxisnahe Simulation der Tragbilder im Verzahnungsbereich
ermöglicht. Die Anzahl der Freiheitsgrade beträgt im vorliegenden
Fall 12.

Im Schaltgetriebe wird zwischen dem (lose mitdrehenden) "Rasselsystem" und dem (momentübertragenden) "verspannten System" unterschieden. Das mechanische Ersatzmodell des verspannten Systems
berücksichtigt neben den 21 Getriebefreiheitsgraden weitere acht
Freiheitsgrade der Elemente des restlichen Antriebsstrangs, wie
Schwungscheibe, Tilger, Gelenkwelle, Hinterachsgetriebe und Abtriebswellen mit Hinterrädern.

Das geradverzahnte Planetengetriebe mit drei Planetenrädern läßt sich bei Vernachlässigung der Axialschwingungen als ein System mit 20 Freiheitsgraden modellieren. Die periodischen Zahnsteifigkeitsfunktionen der sechs Zahneingriffe weisen Phasenverschiebungen auf, da die Zähne zu unterschiedlichen Zeitpunkten zum Eingriff kommen. Die entsprechenden Formeln zur Berechnung dieser Phasenverschiebungen sowie die Parameter aller drei betrachteten Getriebe werden im Anhang angegeben.

Die Grundbausteine der mechanischen Ersatzmodelle aller untersuchten Getriebe sind starre Körper, Lager-Koppelelemente, Zahn-Koppelelemente, Torsions-Koppelelemente der Wellen und der Kupplungen. Unter Zugrundelegung eines Mehrkörpersystems, das die erwähnten Modellelemente beinhaltet, werden im Kapitel 3 die entsprechenden Bewegungsgleichungen allgemein hergeleitet. Dabei werden Strukturvektoren eingeführt, die den Zusammenhang zwischen der Auslenkung der Koppelelemente und des verallgemeinerten Lagevektors wiedergeben. Die Matrizen der lage- und geschwindigkeitsproportionalen Kräfte lassen sich durch dyadische Produkte dieser Strukturvektoren bilden; dies führt zu einer systematischen Vorgehensweise.

Die Strukturvektoren werden für die oben erwähnten Koppelelemente typischer Getriebeanordnungen hergeleitet und für Anwendungsfälle bereitgestellt. Die Anwendung der ausgearbeiteten Zusammenhänge (d.h. die Angabe der entsprechenden Strukturvektoren, der Koppelparameter, der Massenmatrix und der Belastungsvektoren) für die drei im Kapitel 2 erstellten Getriebemodelle verdeutlicht den Formalismus bei der Herleitung der Bewegungsgleichungen, der - wie die anschließenden Programmierarbeiten bestätigen - im Sinne einer einheitlichen und übersichtlichen sowie einer rechnergerechten Vorgehensweise Vorteile bietet.

Als mathematisches Modell erhält man i.a. ein gewöhnliches, nichtlineares inhomogenes Differentialgleichungssystem mit periodischen Koeffizienten und einem zeitvariablen Störvektor. In vielen Fällen, insbesondere wenn die Lager- und Zahnspiele nicht zum Tragen kommen, läßt sich die Bewegungsgleichung um einen (von der äußeren Belastung abhängigen) Arbeitspunkt linearisieren. Im Kapitel 4 werden zunächst die zur Untersuchung des statischen Systemverhaltens erforderlichen Beziehungen hergeleitet. Dabei erweist sich die Verwendung der im Kapitel 3 eingeführten Strukturvektoren wiederum als zweckmäßig.

Die Ermittlung der Lösungen von zeitvariablen Systemen erfordert i.a. die sehr rechenzeitintensive Integration der entsprechenden Zustandsgleichung. Im Kapitel 4 wird gezeigt, wie man mit Hilfe der Störungsrechnung das periodisch zeitvariable (parametererregte) System näherungsweise auf ein zeitinvariantes, störerregtes System zurückführen kann. Anschließend werden für die speziellen Bewegungsgleichungen der Getriebe zwei aus der Theorie der linearen, zeitinvarianten Systemen bekannten Methoden, nämlich das Frequenzgangverfahren und die Methode der Modaltransformation, erläutert sowie deren Vor- und Nachteile diskutiert.

Im Kapitel 5 werden die typischen Ergebnisse von numerischen Simulationen der Bewegungsgleichungen dargestellt und diskutiert. Dabei werden verschiedene Lösungsverfahren verwendet und zum Teil miteinander verglichen. Es werden einige Eigenformen sowie Zeit- und Drehzahl-Verläufe ausgewählter Koordinaten exemplarisch dargestellt. Beim doppelschrägverzahnten Stirnradgetriebe werden die Tragbilder der beiden Verzahnungshälften berechnet. Dabei wird festgestellt, daß wegen der möglichen Kippschwingungen der An- und Abtriebswellen bei bestimmten Drehzahlbereichen die Verzahnungshälften unterschiedlich belastet werden. Ferner wird die Zahnkraft jeweils in der Zahnmitte maximal. Im Betriebsdrehzahlbereich bleiben die Schwingungsamplituden jedoch so klein, daß hinsichtlich der Dynamik eine hohe Betriebssicherheit dieses Getriebes gewährleistet ist.

Die für den Antriebsstrang mit dem Schaltgetriebe in der fünften Gangstellung dargestellten Torsionseigenformen zeigen bei niedrigen Eigenfrequenzen Schwingungsknoten in der Kupplung und der Hinterachse. Bei höheren Eigenfrequenzen gibt es nur noch im Getriebe große Eigenbewegungen, während sie im restlichen An-

triebsstrang klein bleiben. In allen Zeitverläufen der dargestellten Koordinaten macht sich die Motoranregung extrem stark
bemerkbar. Die hochfrequente Parametererregung infolge der wechselnden Zahnsteifigkeiten in der Konstante und der geschalteten
Gangstufe kommen dagegen im wesentlichen nur im Getriebe zum
Tragen. Insbesondere wird das Lager der Getriebeabtriebswelle von
diesen Schwingungen betroffen.

Die berechneten Zeitverläufe des Drehwinkels an der
Schwungscheibe und der Gelenkwelle stimmen mit den vorliegenden
Meßergebnissen sehr gut überein. Damit wird die Brauchbarkeit des
Rechenmodells gezeigt, das für Parameterstudien oder Optimie-
rungen weiter verwendet werden kann. Die Amplituden-Drehzahl-
Verläufe einiger ausgewählter Koordinaten zeigen, daß keine reso-
nanzartigen Überhöhungen vorhanden sind und die Amplituden mit
steigender Drehzahl im wesentlichen monoton abnehmen.

Beim Kompaktplanetengetriebe werden die Schwingungen in der
Stirnschnittebene betrachtet. Der exemplarisch dargestellte
Lastvergrößerungsfaktor sowie der entsprechende Zahnauslenkungsfaktor eines der sechs Zahneingriffe des Getriebes weisen über
der Drehzahl Überhöhungen auf, die insbesondere in der Nähe der
Drehzahl am größten sind, bei der Schwingungen mit der Zahneigenfrequenz angeregt werden. Der Zahnauslenkungsfaktor wird dabei
über zwei grundsätzlich verschiedene Methoden ermittelt, nämlich
einmal mit Hilfe der Integration der Zustandsgleichung und zweitens mittels der Frequenzgangmethode ausgehend von der über eine
Störungsrechnung ermittelten Näherungsgleichung. Beide Methoden
liefern annähernd gleiche Ergebnisse. Die Rechenzeitersparnis der
Näherungsmethode gegenüber der numerischen Integration beträgt
dabei 95%. Aus den dargestellten Amplituden-Drehzahl-Verläufen
der Torsionsschwingungen der Planetenräder sowie der Radialschwingungen des Sonnenrads geht hervor, daß im Betriebsdrehzahlbereich die Schwingungsamplituden relativ klein bleiben.

In Zahnradgetrieben können eine Reihe von besonderen Schwingungserscheinungen auftreten. Die wichtigsten sind dabei die sogenann-

ten Parameter- und Kombinationsresonanzen sowie die sprunghaften Amplitudenänderungen in Resonanzkurven. Diesem Problemkreis ist das Kapitel 6 gewidmet. Für die Beurteilung des Stabilitätsverhaltens bei Parameter- und Kombinationsresonanzen werden unter Zugrundelegung einer gerad- und schrägverzahnten Getriebestufe Näherungsformeln angegeben und in Form von Stabilitätskarten ausgewertet. Die Zahneingriffsfrequenz, der Schwankungsanteil der zeitvariablen Zahnsteifigkeit und -dämpfung erscheinen dabei in den Karten als Parameter. Als Ergebnis der Stabilitätsanalyse wird festgestellt, daß erstens die periodische Zahndämpfung das Stabilitätsverhalten praktisch nicht beeinflußt und zweitens - wenn überhaupt eine Instabilität möglich ist - diese in erster Linie in der Umgebung der doppelten Zahneigenfrequenz auftritt. Zur Abschätzung des Stabilitätsverhaltens in der Umgebung dieser Parameterresonanz wird eine Vorgehensweise vorgeschlagen, die auf der Störungsrechnung nach LINDSTEDT und POINCARÉ basiert und in konkreten Anwendungsfällen i.a. hinreichend genaue Ergebnisse liefert.

Nichtlineare Schwingungen infolge des Flankenabhebens können auftreten, wenn die Schwingungsamplituden im Zahnbereich größer werden als die entsprechenden statischen Auslenkungen. Dies ist häufig dann der Fall, wenn entweder die An- und/oder Abtriebsmomente stark schwanken oder die Parametererregung wegen veränderlicher Zahnsteifigkeit oder die innere Störerregung durch Zahnfehler sehr intensiv sind. Anhand eines einfachen Getriebemodells wird im Kapitel 6 gezeigt, wie sich die Nichtlinearität infolge des Zahnabhebens bei unter Belastung laufenden Getrieben auswirkt.

Den analytischen Untersuchungen liegt eine Näherungsmethode zugrunde, die mit der Störungsrechnung und der äquivalenten Linearisierung arbeitet. Als Ergebnis erhält man Resonanzkurven, die entsprechend der - wegen des Zahnspiels - nichtlinearen Zahnfederkennlinie nach links und rechts überhängende Äste aufweisen. Nach Überschreiten des linearen Bereichs (also wenn die Zahnflanken abheben) erhält man zunächst nach links überhängende Äste.

178

Wenn die Amplituden größer werden, gelangen die Rückflanken zum Eingriff. In diesem Fall biegt die Resonanzkurve nach rechts. Für den quasistationären Hoch- und Herunterlauf des Getriebes bedeutet dies, daß in der Zahnauslenkung und damit in der Zahnkraft sprunghafte Änderungen der Amplituden stattfinden. Parameterstudien zeigen, daß diese Amplituden bei kleineren Dämpfungen und größeren Schwankungen der periodischen Zahnsteifigkeit stark ansteigen. Während sie beim Hochlauf i.a. klein bleiben, können sie beim Herunterlauf relativ große Werte annehmen. Die Leistungsfähigkeit der vorgestellten Näherungsrechnung wird durch Vergleich mit Ergebnissen aus numerischer Integration nachgewiesen.

Im Kapitel 7 werden Schwingungen in unbelasteten Getriebestufen untersucht. Während bei momentübertragenden und deshalb verspannten Getriebestufen die Zähne und Lager durch Feder-Dämpfer-Elemente (evtl. mit Spiel) modelliert werden dürfen, müssen sie bei gering oder gar nicht verspannten Getrieben als stoßübertragende Komponenten mit Spiel betrachtet werden. Die Stöße an den Spielgrenzen und die dadurch angeregten Schwingungen - Rasselschwingungen genannt - stellen eine der wesentlichen Geräuschquellen in Schaltgetrieben dar. Die zur mathematischen Systembeschreibung erforderlichen Beziehungen werden unter Verwendung eines einfachen Einstufenmodells (eine Getriebestufe, bestehend aus einem Antriebs- und einem Losrad mit drei Freiheitsgraden) angegeben. Dabei werden die allgemeine Stoßtheorie für Mehrkörpersysteme herangezogen und die entsprechenden Matrizen in den Zwangsbedingungen mit Hilfe der Strukturvektoren aufgebaut.

Zur Untersuchung der Rasselschwingungen in einem Pkw-Getriebe liegt ein Modell mit 20 Freiheitsgraden für die vierte Gangstellung oder Leerlauf zugrunde. Neben den Spielen in den Verzahnungsbereichen werden bei den Lagern radiale und axiale Spiele zugelassen. Die Drehschwingungen des Antriebsritzels wirkt dabei als Anregung, die über den Zahneingriff der Konstanten in das System eingeleitet wird. Die durch eine derartige Anregung induzierten Stöße in den Losradstufen bewirken einen Energieverlust, der im weiterem als Maß für die Geräuschentwicklung betrachtet wird. Die berechneten Drehzahl-Verläufe der Energieverluste bei Variation der Erregeramplituden bestätigt diesen Ansatz: die erzielten Ergebnisse stimmen mit praktischer Erfahrung überein. Eine Parameterstudie macht deutlich, daß insbesondere die Größe der Zahn- und Lagerspiele, die Dämpfungseigenschaft des Getriebeöls und die Stoßzahl (Materialeigenschaft) der Räder das Geräuschverhalten des Getriebes wesentlich beeinflussen.

Literatur

/1/ ANTONY, G.: Untersuchung des dynamischen Verhaltens von Planetengetrieben. Dissertation, RWTH Aachen, 1984.

/2/ ARNAUDOW, K.: Untersuchung des Lastausgleiches in Planetengetrieben. Dissertation, TU Dresden, 1968.

/3/ AURICH, H.: Schwingungsverhalten von Zahnradgetrieben. Maschinenmarkt, Würzburg, Jg.72 (1966) Nr.45, S.20-26.

/4/ BALASUBRAMANIAN, B.: Dynamische Lastverteilung in Planetensätzen. Dissertation, Universität Karlsruhe 1983.

/5/ BASTERT, C.: Die Verlagerung der Zentralräder in Planetengetrieben. Forsch.Ing.-Wes.37 (1971), Nr.1.

/6/ BIEZENO, C.B.; GRAMMEL, R.: Technische Dynamik. Springer Verlag, Berlin, Heidelberg, New York, 1971 (Reprint).

/7/ BLANCK, N.: Bestimmung des elastischen Verformungsverhaltens einer geradverzahnten Stirnradstufe mit der Finite-Elemente-Methode. Diplomarbeit am Lehrstuhl B für Mechanik, TU München, 1984.

/8/ BÖHM, F.: Drehschwingungen von Zahnradgetrieben. Österr. Ing.-Archiv 13 (1959), S.82-102.

/9/ BÖHM, R.: Beitrag zum Torsionsschwingungsverhalten von Werkzeugmaschinenantrieben mit Zahnradschaltgetrieben. Dissertation, TU München, 1976.

/10/ BRAUER, J.: Rheonome Schwingungserscheinungen in evolventenverzahnten Stirnradgetrieben. Dissertation, TU Berlin, 1969.

/11/ BREMER, H.: Nichtlineare Schwingungssysteme. Vorlesungsma-
        nuskript, Lehrstuhl B für Mechanik, TU München, 1983.

/12/ DEHNER, E.; HEIDRICH, G.; KÜCÜKAY, F.: Kompaktplanetenge-
        triebe - eine neue Planetengetriebegeneration.
        Erscheint demnächst in Antriebstechnik.

/13/ DIEKHANS, G.: Numerische Simulation von parametererregten
        Getriebeschwingungen. Dissertation, RWTH Aachen, 1981.

/14/ DIN 3990: Grundlagen für die Tragfähigkeitsberechnung von
        Gerad- und Schrägstirnrädern. Beuth Verlag GmbH, Ber-
        lin, Köln.

/15/ DIZIOĞLU, B.: Kinematik des Lastausgleiches in Planetenge-
        trieben. VDI-Berichte Nr. 167, 1971, S.193-198.

/16/ DUBBEL.: Taschenbuch für den Maschinenbau. Springer Verlag,
        Berlin, 1981, 14. Auflage (Herausgeber: BEITZ, W.;
        KÜTTNER, K.H.).

/17/ EHRLENSPIEL, K.: Planetengetriebe-Lastausgleich und kon-
        struktive Entwicklung. VDI-Berichte 1967, Nr. 105,
        S.57-67.

/18/ EICHER, N.; STÜHLER, W.: Schwingungserscheinungen in evol-
        ventenverzahnten Stirnradgetrieben. VDI-Berichte,
        Nr. 381, 1980.

/19/ EICHER, N.: Einführung in die Berechnung parametererregter
        Schwingungen. TUB Dokumentation Weiterbildung, Berlin,
        1981.

/20/ EICHER, N.: Parameterresonanzen 1. und 2. Art bei Schwin-
        gungssystemen mit allgemeinen harmonischen Erregerma-
        trizen. Ingenieur-Archiv 54 (1984), S.188-204.

/21/ ESCHMANN, P.: Das Leistungsvermögen der Wälzlager. Springer
　　　　Verlag, Berlin, Heidelberg, Göttingen, 1964.

/22/ FRITSCH, F.: Der Lastausgleich in Stirnrad-Planetengetrieben
　　　　mit Rücksicht auf dynamische Wirkungen. Dissertation,
　　　　Technische Hochschule Wien, 1970.

/23/ GEBHARDT, W.: Schwingungsverhalten von Werkzeugmaschinenan-
　　　　trieben. Dissertation, Universität Stuttgart, 1981.

/24/ GERBER, H.: Innere dynamische Zusatzkräfte bei Stirnradge-
　　　　trieben. Dissertation, TU München, 1984.

/25/ GLIENICKE, J.: Feder- und Dämpfungskonstanten von Gleitla-
　　　　gern für Turbomaschinen und deren Einfluß auf das
　　　　Schwingungsverhalten eines einfachen Rotors. Disserta-
　　　　tion, Karlsruhe, 1966.

/26/ GOLD, W.: Statisches und dynamisches Verhalten mehrstufiger
　　　　Zahnradgetriebe. Dissertation, RWTH Aachen, 1979.

/27/ GOSDIN, M.: Mechanische Modellierung und Parameterbestimmung
　　　　bei einem Pkw-Antriebsstrang. Diplomarbeit am Lehrstuhl
　　　　B für Mechanik, TU München, 1984.

/28/ GOSDIN, M.: Analyse und Optimierung des dynamischen Verhal-
　　　　tens eines Pkw-Antriebsstranges. Dissertation, TU Mün-
　　　　chen, 1985.

/29/ HARRIS, L.: Dynamic Loads on the Teeth of Spur Gears. Insti-
　　　　tution of Mechn. Engs. Proceeding (1958), Nr.2.

/30/ HIDAKA, T.; TERAUCHI, Y.: Dynamic Behavior of Planetary
　　　　Gear. 1st Report: Load Distribution in Planetary Gear
　　　　Bulletin of the JSME, Vol.19, No.132, June 1976,
　　　　S.690-698.

/31/ HIDAKA, T.; TERAUCHI, Y.; ISHIOKA, K.: Dynamic Behavior of
    Planetary Gear. 2nd Report: Displacement of Sun Gear
    and Ring Gear, Bulletin of the JSME, Vol.19, N.138,
    Cec. 1976, S.1563-1570.

/32/ HIDAKA, T.; TERAUCHI, Y.; NOHARA, M.; OSHITA, J.: Dynamic
    Behavior of Planetary Gear. 3rd Report: Displacement of
    Ring Gear in Direction of Line of Action. Bulletin of
    the JSME, Vol.20, No.150, Dec. 1977, S.1663-1672.

/33/ HIDAKA, T.; TERAUCHI, Y.; ISHIOKA, K.: Dynamic Behavior of
    Planetary Gear. 4th Report: Influence of the Trans-
    mitted Tooth Load on the Dynamic Increment Load, Bulle-
    tin of JSME, Vol.22, No.167, June 1979, S.877-884.

/34/ HIDAKA, T.; TERAUCHI, Y.; NAGAMURA, K.: Dynamic Behavior of
    Planetary Gear. 5th Report: Dynamic Increment of
    Torque. Bulletin of the JSME, Vol.22, No.169, July
    1979, S.1017-1025.

/35/ HIDAKA, T.; TERAUCHI, Y.; NAGAMURA, K.: Dynamic Behavior of
    Planetary Gear. 6th Report: Influence of Meshing-Phase,
    Bulletin of JSME, Vol.22, No.169, July 1979, S.1026-
    1033.

/36/ HIDAKA, T.; TERAUCHI, Y.; NAGAMURA, K.: Dynamic Behavior of
    Planetary Gear. 7th Report: Influence of the Thickness
    of the Ring Gear. Bulletin of JSME, Vol.22, No.170,
    August 1979, S.1142-1149.

/37/ HIDAKA, T., TERAUCHI, Y.; FUJII, M.: Analysis of Dynamic
    Tooth Load on Planetary Gear. Bulletin of JSME, Vol.23,
    No.176, Febr. 1980, S.315-323.

/38/ HOLZWEISSIG, F.; DRESIG, H.: Lehrbuch der Maschinendynamik.
    VEB Fachbuchverlag, Leipzig, 1979.

184

/39/ HORTEL, M.: Beitrag zur inneren Dynamik von Planetendiffe-
    rentialgetrieben mit hohen Parametern (Übersetzung aus
    dem Tschechischen). Zbornik referator VI. Konferencie o
    dynamike stroyov, Bratislava-Smolenice, 1970, S.518-533

/40/ HORTEL, M.: Zur Problematik der Behandlung dynamischer Vor-
    gänge in Planeten-Differential-Getrieben (Übersetzung
    aus dem Tschechischen), Stroynicky casopis 24 (1973)
    H.5, S.447-458.

/41/ HORTEL, M.: Über nichtlineare parametrische Probleme in
    einer Klasse von Getriebesystemen mit kinematischen
    Bindungen. VII. Intern. Konf. über nichtlineare Schwin-
    gungen Band II, 1, Abhandlung der Akademie der Wiss.

/42/ HORTEL, M.: Lösungen von Schwingungserscheinungen in Syste-
    men mit Planetendifferentialgetrieben und anisotropen
    Wellenlagerungen. SYROM 77, Vol.II-2, Paper 31, S.343-
    351.

/43/ IMSL. FORTRAN-Unterprogrammbibliothek für Mathematik und
    Statistik. IMSL, INC., Houston, Texas, USA.

/44/ JARAUSCH, R.; MADER, H.: Berechnung erzwungener gedämpfter
    Drehschwingungen von Getrieben. Industrie-Anzeiger,
    Nr.63, S.1547-1556, 1962.

/45/ JARCHOW, F.; VONDERSCHMIDT, R.W.: Dynamische Zahnkräfte in
    Zahnräder-Umlaufgetrieben. VDI-Berichte Nr.374, 1980.

/46/ JARCHOW, F.; WAGNER, H.TH.; VONDERSCHMIDT, R.W.: Lastver-
    teilung in Planetengetrieben. Forschungsreport zum FVA-
    Forschungsvorhaben Nr.51, 1981.

/47/ KALKERT, W.: Untersuchung über den Einfluß der Fertigungsge-
        nauigkeit auf den Zahnkraftverlauf und die Flankentrag-
        fähigkeit ungehärteter Stirnräder. Disseration, RWTH
        Aachen, 1962.

/48/ KUBO, A.: Untersuchungen über das dynamische Verhalten von
        Hochgeschwindigkeitsgetrieben. Dissertation, Universi-
        tät Kyoto, 1971.

/49/ KUBO, A.; KIYONO, S.: Vibrational excitation of cylindrical
        involute gears due to tooth form error. Bulletin of the
        JSME, Vol.23, No.183, S.1536-1543.

/50/ KÜÇÜKAY, F.: Über das dynamische Verhalten von einstufigen
        Zahnradgetrieben. Fortschrittsberichte der VDI-Zeit-
        schriften, Reihe 11, Nr.43, Düsseldorf 1981.

/51/ KÜÇÜKAY, F.: Identifikation der Zahndämpfung in Mehrmassen-
        modellen von Zahnradgetrieben. MW 706, B-8104, TU
        München, 1982.

/52/ KÜÇÜKAY, F.: Stabilitätsuntersuchung an einstufigen Zahn-
        radgetrieben, ZAMM 63 (1983), T68-T71.

/53/ KÜÇÜKAY, F.: Zur Formulierung und Programmierung der Bewe-
        gungsgleichungen von Antriebssträngen. VDI-Z, Bd.126,
        (1984), S.769-774.

/54/ KÜÇÜKAY, F.: Rheonichtlineare Zahnradschwingungen. ZAMM 64
        (1984), T58-T61.

/55/ KÜÇÜKAY, F.: Dynamic behavior of high speed gears. Proceed-
        ings of the 3nd International Conference, "Vibrations
        in Rotating Machinery", York/England (1984).

/56/ KÜÇÜKAY, F.: Parametererregte Schwingungen in Planeten-
        Standgetrieben. ZAMM 65 (1985), S.T71-T74.

/57/ KLUMPERS, K.: Experimentelle und theoretische Bestimmung der
      Dämpfungskennwerte von Wälzlagern und Wälzlagersyste-
      men. Abschlußbericht zum FVA-Forschungsvorhaben Nr.19,
      1979.

/58/ KOS, M.: Bewertung der Ausgleichssysteme in Planetengetrie-
      ben mit dynamischen Kraftbeiwerten. Konstruktion 33
      (1981) H 3, S.91-96.

/59/ LACHENMAIER, S.: Auslegung von evolventischen Sonderverzah-
      nungen für schwingungs- und geräuscgharmen Lauf von Ge-
      trieben. Dissertation, RWTH, Aachen, 1983.

/60/ LINKE, H.: Untersuchung zur Ermittlung dynamischer Zahnkräf-
      te von einstufigen Stirnradgetrieben mit Geradverzah-
      nung. Disseration, TU Dresden, 1969.

/61/ LOOMAN, J.: Zahnradgetriebe. Springer-Verlag Berlin-Heidel-
      berg-New York, 1970.

/62/ MAGNUS, K.: Schwingungen. B.G. Teubner Verlag, Stuttgart,
      1976, 3. Auflage.

/63/ MOLERUS, O.: Laufunruhige Drehzahlbereiche mehrstufiger
      Stirnradgetriebe. Dissertation, TH Karlsruhe 1963.

/64/ MURTHY, J.R.; REDDY, G.C.: A new method for torsional rigi-
      tity of drive systems. Proceedings of the International
      Symposium on Gearing and Power Transmissions, Tokyo,
      1981.

/65/ MÜLLER, H.W.: Die Umlaufgetriebe. Springer-Verlag Berlin-
      Heidelberg-New York, 1971.

/66/ MÜLLER, P.C.; SCHIEHLEN, W.O.: Lineare Schwingungssysteme.
      Akademische Verlagsgesellschaft, Wiesbaden, 1976.

/67/ MÜLLER, P.C.: Identifikation von Dämpfungseinflüssen bei Zahnradgetrieben. Abschlußbericht zum DFG-Forschungsprojekt Mu 448/3-1, 1983.

/68/ MÜLLER, R.D.: Statische und dynamische Analyse von Werkzeugmaschinenantrieben und Zahnradgetrieben. Dissertation, TU München, 1980.

/69/ NAAB, K.: Stabilitätsuntersuchungen an linearen Systemen mit periodisch zeitvariablen Parametern. Fortschrittberichte der VDI-Zeitschriften, Reihe 11, Nr.41, Düsseldorf 1981.

/70/ NAKADA, T.; UTAGAWA, M.: The Dynamic Loads on Gear caused by the Varying Elasticity of the Mating Teeth. Proceedings of the 6th Japan National Congress for App. Mech. (1956).

/71/ NEIDHARDT, R.: Ergebnisse von Diskretisierungsrechnungen zur Darstellung der Zahnradgetriebe als Torsionsschwingungssysteme. Maschinenbautechnik 30 (1981), Nr.12, S.553-560.

/72/ NIEMANN, G.; WINTER, H.: Maschinenelemente, Band II. Springer Verlag, Berlin, Heidelberg, New York, Tokyo, 1983.

/73/ NOPPEN, R.: Berechnung der Elastizitätseigenschaften von Maschinenbauteilen nach der Methode finiter Elemente. Dissertation, RWTH Aachen, 1973.

/74/ OPITZ, H.: Einfluß der Verzahnungsgenauigkeit auf das dynamische Verhalten von Stirnradgetrieben. VDI-Berichte Nr.127, 1969.

/75/ OSMAN, M.O.M.; BAHGAT, B.M.; SANKAR, T.S.: The effect of
     bearing clearances on the dynamic response in gearing.
     Proceedings of the International Symposium on Gearing
     and Power Transmissions, Tokyo, 1981.

/76/ PAGEL, J.: Innere dynamische Kräfte von einstufigen Stirn-
     radgetrieben mit Schrägverzahnung. Disseration, TU
     Dresden, 1972.

/77/ PARS, L.A.: Treatise on Analytical Dynamics. Woodbridge:
     Ox Bow Press 1979.

/78/ PEEKEN, H.; TROEDER, CH.; DIEKHANS, G.: Parametererregte Ge-
     triebeschwingungen. VDI-Z Bd. 122 (1980), Nr.20, S.869-
     877; Nr.21, S.967-977; Nr.22, S.1029-1043; Nr.23/24,
     S.1101-1113.

/79/ PEEKEN, H.; TROEDER, CH., TOOTEN, K.: Belastung von Zahn-
     rädern durch "Hämmern". VDI-Berichte, Nr.488, 1983.

/80/ PFEIFFER, F.: Mechanische Systeme mit unstetigen Übergängen.
     Ingenieurarchiv 54 (1984), Nr.3, S.232-240.

/81/ PFEIFFER, F.; KÜÇÜKAY, F.: Eine erweiterte Stoßtheorie und
     ihre Anwendung in der Getriebedynamik. VDI-Z, Bd.127,
     (1985), Nr.9, S.341-350.

/82/ PFEIFFER, F.: Technische Mechanik VI (Höhere Kinetik). Vor-
     lesungsskriptum, Lehrstuhl B für Mechanik, TU München,
     1985.

/83/ PICKARD, J. u.a.: Planetengetriebe in der Praxis, Kontakt
     und Studium, Band 30, Expert-Verlag, 1981.

/84/ RETTIG, H.: Zahnkräfte und Schwingungen in Stirnradgetrie-
     ben. Konstruktion 17 (1965), Heft 2, S.41-53.

/85/ RETTIG, H.: Innere dynamische Zusatzkräfte an Zahnradgetrieben, Literaturrecherche und Auswertung. Forschungsbericht zum FVA-Forschungsvorhaben Nr.7, 1971.

/86/ RETTIG, H.: Innere Dynamische Zusatzkräfte bei Zahnradgetrieben. Antriebstechnik 16 (1977), S.655-663.

/87/ RIVIN, E.; KOTLYARENKO, K.: Preparatory Procedures for the Dynamic Calculation of Gear Boxes. Machines and Tooling, Vol.XXXlV, No.1O, 1963.

/88/ SCHLAF, G.: Beitrag zur Steigerung der Tragfähigkeit und Laufruhe von geradverzahnten Stirnrädern durch Profilrücknahme. Dissertation, TH Dresden, 1962.

/89/ SCHMIDT, G.: Berechnung der Wälzpressung schrägverzahnter Stirnräder unter Berücksichtigung der Lastverteilung. Dissertation, TU München, 1972.

/90/ SCHMIDT, G.: Parametererregte Schwingungen. VEB Deutscher Verlag der Wissenschaften, Berlin, 1975.

/91/ SOMMER, J.W.: Ein Beitrag zur Berechnung des stationären und instationären Verhaltens linearer Schwingungssysteme mit konstanten und veränderlichen Koeffizienten. Dissertation, RWTH Aachen, 1979.

/92/ SPEER, K.: Beitrag zur experimentellen und analytischen Ermittlung von Zahnfußbeanspruchungen in einem mehrstufigen Getriebe. Dissertation, Universität-Gesamthochschule-Duisburg, 1983.

/93/ STRAUCH, H.: Zahnradschwingungen. Z. VDI, Bd.95, Februar 1953, S.159-163.

/94/   STRAUCH, H.: Theorie und Praxis der Planetengetriebe.
       Krausskopf-Verlag, Mainz, 1970.

/95/   TOMM, D.; TEBBE, G.: Einfluß der Kupplung auf die durch
       Schwingungen im Antriebsstrang von Kraftfahrzeugen
       verursachten Geräusche in Handschaltgetrieben, VDI-Be-
       richte Nr.456, 1982.

/96/   TROEDER, CH.; PEEKEN, H.; DIEKHANS, G.: Schwingungen von
       Zahnradgetrieben. VDI-Berichte, Nr.320, 1978.

/97/   TUPLIN, W.: Dynamic Loads on Gear Teeth. Machine Design,
       October 1953, S.203-211.

/98/   VONDERSCHMIDT, R.W.: Zahnkräfte in geradverzahnten Plane-
       tengetrieben. Dissertation, Ruhr-Universität Bochum,
       1982.

/99/   WEBER, C.; BANASCHEK, K.: Formänderung und Profilrücknahme
       bei gerad- und schrägverzahnten Rädern. Schriftenreihe
       Antriebstechnik Heft 11, 1953, Braunschweig, Vieweg u.
       Sohn.

/100/ WECK, M.; LACHENMAIER, S.; SALJE, H.: Numerische Simulation
       des dynamischen Leerlaufverhaltens von Pkw-Getrieben.
       VDI-Z, Bd.126 (1984), S.663-665.

/101/ WECK, M.; FRITSCH, P.: Zahnflankenhämmern. VDI-Z, Bd.127
       (1985), Nr.7, S.247-251.

/102/ WINTER, H.; KOJIMA, M.: A Study on the Dynamics of geared
       system. Proceedings of the International Symposium on
       Gearing and Power Transmissions, Tokyo, 1981.

/103/ WINTER, H.: PODLESNIK, B.: Zahnfedersteifigkeit von Stirn-
        radpaaren. Antriebstechnik
        Teil 1: Grundlagen und bisherige Untersuchungen, Bd.22
                (1983), Nr.3, S.39-42,
        Teil 2: Einfluß von Verzahnungsdaten, Radkörperform,
                Linienlast und Wellen-Naben-Verbindung, Bd.22
                (1983), Nr.5, S.51-58,
        Teil 3: Einfluß der Radkörperform auf die Verteilung
                der Einzelfedersteifigkeit und der Zahnkraft
                längs der Zahnbreite, Bd.23 (1984), Nr.11,
                S.43-49.

/104/ WITFELD, H.: Computergemäße Berechnung der Trägheitsmomente
        von Rotoren. ZAMM 63 (1983),S.T130-T133.

/105/ZEMAN, J.: Dynamische Zusatzkräfte in Zahnradgetrieben.
        VDI-Z. 99 (1957), S.244-254.

/106/ ZIEGLER, H.: Verzahnungssteifigkeit und Lastverteilung
        schrägverzahnter Stirnräder. Dissertation,   RWTH
        Aachen, 1971.

Anhang

A.1 Parameter des Turbo-Stirnradgetriebes

Geometrie

Schwerpunktsabstände der Lager A,B,C,D	l_A	(m)
	l_B	(m)
	l_C	(m)
	l_D	(m)
Schwerpunktsabstände der Stufenebene I	l_1	(m)
	l_2	(m)
Grundkreisradius des Antriebsrades	r_{g1}	(m)
Grundkreisradius des Abtriebsrades	r_{g2}	(m)
Wälzkreisradius des Antriebsrades im Stirnschnitt	r_{w1}	(m)
Wälzkreisradius des Abtriebsrades im Stirnschnitt	r_{w2}	(m)
Grundschrägungswinkel	β	(Grad)
Betriebseingriffswinkel im Stirnschnitt	α	(Grad)
Zahnbreite (projiziert auf die Radachse)	b	(m)
Anzahl der Zahnkoppelelemente	z_f	(-)
Verdrehwinkel des i-ten Lagers (i=A,B,C,D)	ψ_i	(Grad)
Zahnfehlerfunktionen des Antriebsrades	f_{11}, f_{r1}	(m)
Zahnfehlerfunktionen des Abtriebsrades	f_{12}, f_{r2}	(m)

Steifigkeiten

Zahnsteifigkeit	$k_v(t)$	(N/m)
Verteilungsfaktoren der Zahnsteifigkeit auf die Zahnkoppelelemente (i=1,...2m)	p_i	(-)
Anzahl der Zahn-Koppelelemente pro Verzahnungshälfte	m	(-)
axiale Lagersteifigkeit der Antriebswelle	k_a^A	(N/m)
axiale Lagersteifigkeit der Abtriebswelle	k_a^D	(N/m)

Kupplungstorsionssteifigkeit $\qquad$ k_K (Nm/rad)

Steifigkeitskoeffizienten des Lagers i (i=A,B,C,D) $\qquad$ $k_{1,1}^i$ (N/m)

$k_{1,2}^i$ (N/m)

$k_{2,1}^i$ (N/m)

$k_{2,2}^i$ (N/m)

Dämpfungen

mittlere Zahndämpfung $\qquad$ d_v (Ns/m)

axiale Lagerdämpfung der Antriebswelle $\qquad$ d_a^A (Ns/m)

axiale Lagerdämpfung der Abtriebswelle $\qquad$ d_a^D (Ns/m)

Kupplungstorsionsdämpfung $\qquad$ d_K (Nsm/rad)

Dämpfungskoeffizienten des Lagers i (i=A,B,C,D) $\qquad$ $d_{1,1}^i$ (Ns/m)

$d_{1,2}^i$ (Ns/m)

$d_{2,1}^i$ (Ns/m)

$d_{2,2}^i$ (Ns/m)

Massen und Massenträgheitsmomente

Masse der Antriebswelle mit Antriebsrad $\qquad$ m_{AN} (kg)

Masse der Abtriebswelle mit Abtriebsrad $\qquad$ m_{AB} (kg)

Längsträgheitsmoment der Antriebswelle mit Antriebsrad $\qquad$ J_1^x (kgm^2)

Querträgheitsmoment der Antriebswelle mit Antriebsrad $\qquad$ J_1^y (kgm^2)

Querträgheitsmoment der Antriebswelle mit Antriebsrad $\qquad$ J_1^z (kgm^2)

Längsträgheitsmoment der Abtriebswelle mit Abtriebsrad $\qquad$ J_2^x (kgm^2)

Querträgheitsmoment der Abtriebswelle mit Abtriebsrad $\qquad$ J_2^y (kgm^2)

Querträgheitsmoment der Abtriebswelle mit J_2^z (kgm^2)
Abtriebsrad

A.2 Parameter des Antriebsstrangs mit Schaltgetriebe (verspanntes System)

<u>Geometrie</u>

Schwerpunktsabstände :

Lager A - Antriebswelle	l_1	(m)
Lager B - Antriebswelle	l_2	(m)
Lager C - Antriebswelle	l_3	(m)
Lager C - Abtriebswelle	l_4	(m)
Lager D - Abtriebswelle	l_5	(m)
Lager E - Vorgelegewelle	l_6	(m)
Lager G - Vorgelegewelle	l_7	(m)
Stufe I - Antriebswelle	l_8	(m)
Stufe I - Abtriebswelle	l_9	(m)
Stufe II - Abtriebswelle	l_{10}	(m)
Stufe II - Vorgelegewelle	l_{11}	(m)

Grundschrägungswinkel der Konstanten	β_I	(Grad)
Grundschrägungswinkel der geschalteten Stufe	β_{II}	(Grad)

Betriebseingriffswinkel der Konstanten im Stirnschnitt	α_I	(Grad)
Betriebseingriffswinkel der geschalteten Stufe im Stirnschnitt	α_{II}	(Grad)

Grundkreisradius des Antriebsritzels	r_{g1}	(m)
Grundkreisradius des Vorgelegerades der Konstanten	r_{g2}	(m)
Grundkreisradius des Vorgelegerades der geschalteten Stufe	r_{g3}	(m)
Grundkreisradius des Schaltrades der geschalteten Stufe	r_{g4}	(m)
Wälzkreisradius des Antriebsritzels	r_{o1}	(m)
Wälzkreisradius des Vorgelegerades der Konstanten	r_{o2}	(m)
Wälzkreisradius des Vorgelegerades der geschalteten Stufe	r_{o3}	(m)
Wälzkreisradius des Schaltrades der geschalteten Stufe	r_{o4}	(m)

Grundkreisradius des Antriebsrades im Achsgetriebe $\quad \bar{r}_{g1}$ (m)

Grundkreisradius des Tellerrades im Achsgetriebe $\quad \bar{r}_{g2}$ (m)

mittlerer Grundschrägungswinkel des Achsgetriebes $\quad \bar{\beta}$ (Grad)

Radialspiele des Lagers A $\qquad v_y^A$ (m)

$\qquad v_z^A$ (m)

Axialspiel des Lagers B $\qquad v_x^B$ (m)

Radialspiele des Lagers B $\qquad v_y^B$ (m)

$\qquad v_z^B$ (m)

Radialspiele des Lagers C $\qquad v_y^C$ (m)

$\qquad v_z^C$ (m)

Axialspiel des Lagers D $\qquad v_x^D$ (m)

Radialspiele des Lagers D $\qquad v_y^D$ (m)

$\qquad v_z^D$ (m)

Radialspiele des Lagers E $\qquad v_y^E$ (m)

$\qquad v_z^E$ (m)

Axialspiel des Lagers G $\qquad v_x^G$ (m)

Radialspiele des Lagers G $\qquad v_y^G$ (m)

$\qquad v_z^G$ (m)

Verzahnungsspiel der Konstanten $\qquad v_I$ (m)

Verzahnungsspiel der geschalteten Stufe $\qquad v_{II}$ (m)

Zahnfehlerfunktion des Antriebsrades der Konstanten $\quad f_1$ (m)

Zahnfehlerfunktion des Vorgelegerades der Konstanten $\quad f_2$ (m)

Zahnfehlerfunktion des Vorgelegerades der
geschalteten Stufe $\qquad f_3$ (m)

Zahnfehlerfunktion des Schaltrades der geschalteten $\quad f_4$ (m)
Stufe

Steifigkeiten

radiale Steifigkeiten des Lagers A $\qquad k_y^A$ (N/m)

	k_z^A	(N/m)
axiale Steifigkeit des Lagers B	k_x^B	(N/m)
radiale Steifigkeiten des Lagers B	k_y^B	(N/m)
	k_z^B	(N/m)
radiale Steifigkeiten des Lagers C	k_y^C	(N/m)
	k_z^C	(N/m)
axiale Steifigkeit des Lagers D	k_x^D	(N/m)
radiale Steifigkeiten des Lagers D	k_y^D	(N/m)
	k_z^D	(N/m)
radiale Steifigkeiten des Lagers E	k_y^E	(N/m)
	k_z^E	(N/m)
axiale Steifigkeit des Lagers G	k_x^G	(N/m)
radiale Steifigkeiten des Lagers G	k_y^G	(N/m)
	k_z^G	(N/m)
Torsionssteifigkeit der Antriebswelle	k_{an}	(Nm/rad)
Torsionssteifigkeit der Abtriebswelle	k_{ab}	(Nm/rad)
Torsionssteifigkeit der Vorgelegewelle	k_{vg}	(Nm/rad)
Zahnsteifigkeit der Konstanten	$k_{v4}(t)$	(N/m)
Zahnsteifigkeit der geschalteten Gangstufe	$k_{vs}(t)$	(N/m)
Polynomkoeffizienten der nichtlinearen	a_0	(Nm/rad)
Steifigkeit der elastischen Kupplung	a_1	(Nm/rad^2)
	a_2	(Nm/rad^3)

Stützwerte der nichtlinearen Schaltkupplungs-
steifigkeit $M_i - \varphi_i$ (i=1,...,7)

Winkel :	φ_i	(Grad)
Momente:	M_i	(Nm)
Tilgersteifigkeit	k_T	(Nm/rad)
Gelenkwellensteifigkeit (Wellenteil 1)	k_{G1}	(Nm/rad)
Gelenkwellensteifigkeit (Wellenteil 2)	k_{G2}	(Nm/rad)
Gelenkwellensteifigkeit (Wellenteil 3)	k_{G3}	(Nm/rad)

mittlere Zahnsteifigkeit des Hinterachsgetriebes k_{ZH} (N/m)

Abtriebswellensteifigkeit (doppelter Wert) k_{HA} (Nm/rad)

Reifensteifigkeit (doppelter Wert) k_R (Nm/rad)

Dämpfungen

radiale Dämpfung des Lagers A d_y^A (Ns/m)

   d_z^A (Ns/m)

axiale Dämpfung des Lagers B d_x^B (Ns/m)

radiale Dämpfungen des Lagers B d_y^B (Ns/m)

   d_z^B (Ns/m)

radiale Dämpfungen des Lagers C d_y^C (Ns/m)

   d_z^C (Ns/m)

axiale Dämpfung des Lagers D d_x^D (Ns/m)

radiale Dämpfungen des Lagers D d_y^D (Ns/m)

   d_z^D (Ns/m)

radiale Dämpfungen des Lagers E d_y^E (Ns/m)

   d_z^E (Ns/m)

axiale Dämpfung des Lagers G d_x^G (Ns/m)

radiale Dämpfungen des Lagers G d_y^G (NS/m)

   d_z^G (Ns/m)

mittlere Dämpfung der elastischen Kupplung d_{EK} (Nsm/rad)

Torsionsdämpfung der Antriebswelle d_{an} (Nsm/rad)

Torsionsdämpfung der Abtriebswelle d_{ab} (Nsm/rad)

Torsionsdämpfung der Vorgelegewelle d_{vg} (Nsm/rad)

mittlere Zahndämpfung der Konstanten d_{v4} (Ns/m)

mittlere Zahndämpfung der geschalteten Stufe d_{vs} (Ns/m)

Beiwerte für die sechs Bereiche der Schalt-kupplung $d_{\varphi i}$ (Nsm/rad)

Tilgerdämpfung d_T (Nsm/rad)

Gelenkwellendämpfung (Wellenteil 1) d_{G1} (Nms/rad)

Gelenkwellendämpfung (Wellenteil 2) d_{G2} (Nms/rad)

Gelenkwellendämpfung (Wellenteil 3) d_{G3} (Nms/rad)

mittlere Zahndämpfung des Hinterachsgetriebes d_{ZH} (Nsm/rad)

Abtriebswellendämpfung (doppelter Wert) d_{HA} (Nsm/rad)

Reifendämpfung (doppelter Wert) d_R (Nsm/rad)

Massen

Antriebswelle und Mitnehmerscheibe m_{an} (kg)

Abtriebswelle zusammen mit Schalträdern und m_{ab} (kg)
Schaltelementen

Vorgelegewelle m_v (kg)

Massenträgheitsmomente

Querträgheitsmomente :

  Antriebwelle und Mitnehmerscheibe J_{an}^y (kgm^2)

                                         J_{an}^z (kgm^2)

  Abtriebswelle zusammen mit Schalträdern und J_{ab}^y (kgm^2)

  Schaltelementen J_{ab}^z (kgm^2)

  Vorgelegewelle J_v^y (kgm^2)

                                         J_v^z (kgm^2)

Längsträgheitsmomente :

  linkes Teil der Antriebswelle J_{an}^l (kgm^2)

  rechtes Teil der Antriebswelle J_{an}^r (kgm^2)

  linkes Teil der Abtriebswelle zusammen mit den lose J_{ab}^l (kgm^2)

  mitdrehenden Rädern

  rechtes Teil der Abtriebswelle zusammen mit den J_{ab}^r (kgm^2)

  lose mitdrehenden Rädern

  linkes Teil der Vorgelegewelle J_v^l (kgm^2)

rechtes Teil der Vorgelegewelle	J_V^r	(kgm^2)
Schwungrad mit restlichen drehenden Teilen, wie Druckplatte der Kupplung, Kurbelwelle, usw.	J_S	(kgm^2)
linkes Teil der Gelenkwelle 1	J_{G1}	(kgm^2)
rechtes Teil der Gelenkwelle 1 + linkes Teil der Gelenkwelle 2	J_{G2}	(kgm^2)
rechtes Teil der Gelenkwelle 2 + linkes Teil der Gelenkwelle 3	J_{G3}	(kgm^2)
rechtes Teil der Gelenkwelle 3 + Ritzel des Achsgetriebes	J_{AR}	(kgm^2)
Tellerrad mit Ausgleichskorb + rechtes Teil der Abtriebswelle (doppelter Wert)	J_K	(kgm^2)
Hinterrad (doppelter Wert) + linkes Teil der Abtriebswelle	J_R	(kgm^2)

A.3 Parameter des Kompaktplanetengetriebes

Geometrie

Schwerpunktsabstände :

Lager A - Laufradwelle	l_1	(m)
Lager B - Hohlradwelle	l_4	(m)
Antriebskupplung - Hohlradwelle	l_5	(m)
Stirnschnittebene - Sonnenrad	l_2	(m)
Stirnschnittebene - Hohlradwelle	l_3	(m)
Grundkreisradius der Planetenräder	$r_{g,P}$	(m)
Grundkreisradius des Sonnenrades	$r_{g,S}$	(m)
Grundkreisradius des Hohlrades	$r_{g,H}$	(m)
Wälzkreisradius der Planetenräder	$r_{o,P}$	(m)
Wälzkreisradius des Sonnenrades	$r_{o,S}$	(m)
Wälzkreisradius des Hohlrades	$r_{o,H}$	(m)
Betriebseingriffswinkel	α	(Grad)
Zahnfehlerfunktion des Hohlrades	f_H	(m)
Zahnfehlerfunktion des Sonnenrades	f_S	(m)

Zahnfehlerfunktion der Planetenräder	f_{P1}	(m)
	f_{P2}	(m)
	f_{P3}	(m)
Radialspiele des Wälzlagers B	v_y^B	(m)
	v_z^B	(m)
Spiele in den sechs Zahneingriffen (i=1,...,6)	v_{vi}	(m)
Verdrehwinkel der Planetenlager und des Lagers A (i=P1,P2,P3,A)	ψ_i	(Grad)
Steifigkeitsphasenverschiebung	p_H	(mm)
Steifigkeitsphasenverschiebung	p_S	(mm)
Steifigkeitsphasenverschiebung	p_q	(mm)

Steifigkeiten

Zahnsteifigkeiten der sechs Zahneingriffe (i=1,...,6)	$k_{vi}(t)$	(N/m)
Kupplungstorsionssteifigkeit	k_φ^K	(Nm/rad)
Kupplungsradialsteifigkeiten	k_y^K	(N/m)
	k_z^K	(N/m)
Radialsteifigkeiten des Lagers B	k_y^B	(N/m)
	k_z^B	(N/m)
Steifigkeitskoeffizienten der Planetenlager und des Lagers A (i=P1,P2,P3,A)	$k_{1,1}^i$	(N/m)
	$k_{1,2}^i$	(N/m)
	$k_{2,1}^i$	(N/m)
	$k_{2,2}^i$	(N/m)
Torsionssteifigkeit der Laufradwelle	k_S	(Nm/rad)

Dämpfungen

mittlere Zahndämpfungen in den sechs Zahneingriffen (i=1,...,6)	d_{vi}	(Ns/m)

Torsionsdämpfung der Kupplung $\qquad$ d_φ^K (Nms/rad)

Radialdämpfungen der Kupplung $\qquad$ d_y^K (Ns/m)

d_z^K (Ns/m)

Radialdämpfungen des Lagers B $\qquad$ d_y^B (Ns/m)

d_z^B (Ns/m)

Dämpfungskoeffizienten der Planetenräder und des $\qquad$ $d_{1,1}^i$ (Ns/m)

Lagers A (i=P1,P2,P3,A) $\qquad$ $d_{1,2}^i$ (Ns/m)

$d_{2,1}^i$ (Ns/m)

$d_{2,2}^i$ (Ns/m)

Torsionsdämpfung der Laufradwelle $\qquad$ d_S (Nms/rad)

Massen

Laufradwelle mit Sonnenrad $\qquad$ m_S (kg)

Planetenrad $\qquad$ m_P (kg)

Hohlrad mit Antriebswelle $\qquad$ m_H (kg)

Massenträgheitsmomente

Querträgheitsmomente :

  Laufradwelle mit Sonnenrad $\qquad$ J_S^y (kgm^2)

J_S^z (kgm^2)

  Hohlrad mit Antriebswelle $\qquad$ J_H^y (kgm^2)

J_H^z (kgm^2)

Längsträgheitsmomente :

  linkes Teil der Laufradwelle mit Sonnenrad $\qquad$ $J_{S,l}^x$ (kgm^2)

  rechtes Teil der Laufradwelle mit Sonnenrad $\qquad$ $J_{S,r}^x$ (kgm^2)

  Planetenrad $\qquad$ J_P^x (kgm^2)

  Hohlrad mit Antriebswelle $\qquad$ J_H^x (kgm^2)

A.4 Parameter des Schaltgetriebes (Rasselsystem)

<u>Geometrie</u>

Grundkreisradien der Schalträder und des Zwischen- r_{gi}^{s} (m)
rades (i=1,...,6)

Grundkreisradien der Vorgelegeräder (i=1,2,3,4,5,k) r_{gi}^{v} (m)

Grundschrägungswinkel der Losradstufen β_{i} (Grad)
(i=1,2,...,6,k)

Verzahnungsspiele der Losradstufen (i=1,...,6,k) v_{vi} (m)

axiale Lagerspiele der Schalträder und des v_{xi} (m)
Zwischenrades (i=1,...,6)

radiale Lagerspiele der Schalträder und des v_{ri} (m)
Zwischenrades (i=1,...,6)

axiales Lagerspiel der Vorgelegewelle v_{xk} (m)

Amplituden der in Richtung der Eingriffslinie a_{i} (m)
umgerechneten, sinusförmigen Wälzabweichungsfunktionen
(i=AR,SR1,SR2,SR3,SR5,SRR,ZR,VR1,VR2,VR3,VR4,VR5,VRR)

<u>Dämpfungen</u>

Öldämpfungen der Schalträder und des Zwischenrades $d_{\varphi i}$ (Nsm/rad)
in Drehrichtung (i=1,...,6)

Öldämpfungen der Schalträder und des Zwischenrades d_{xi} (Ns/m)
in Axialrichtung (i=1,...,6)

Öldämpfungen der Schalträder und des Zwischenrades d_{ri} (Ns/m)
in Radialrichtung (i=1,...,6)

Öldämpfung der Vorgelegewelle in Drehrichtung d_{φ} (Nsm/rad)

Öldämpfung der Vorgelgewelle in Axialrichtung d_{x} (Ns/m)

Schleppmomente und -kräfte

Schleppmomente der Schalträder und des Zwischenrades (i=1,...,6)	$T_{\varphi i}$	(Nm)
Schleppkräfte der Schalträder und des Zwischenrades in Axialrichtung (i=1,...,6)	T_{xi}	(N)
Schleppkräfte der Schalträder und des Zwischenrades in Radialrichtung (i=1,...,6)	T_{ri}	(N)
Schleppmoment der Vorgelegewelle	T_{φ}	(Nm)
Schleppkraft der Vorgelegewelle in Axialrichtung	T_{x}	(N)

Massen und Massenträgheitsmomente

Masse der Vorgelegewelle	m	(kg)
Massen der Schalträder und des Zwischenrades (i=1,...,6)	m_i	(kg)
Massenträgheitsmoment der Vorgelegewelle	J	(kgm^2)
Massenträgheitsmomente der Schalträder und des Zwischenrades	J_i	(kgm^2)

Stoßzahlen

Stoßzahl für den Zahneingriff der Konstanten	ε_{vk}	(-)
Stoßzahlen für die Zahneingriffe der Losradstufen (i=1,...,6)	ε_{vi}	(-)
Stoßzahl für den axialen Lagerbereich der Vorgelegewelle	ε_{x}	(-)
Stoßzahlen für die axialen Lagerbereiche der Schalträder und des Zwischenrades (i=1,...,6)	ε_{xi}	(-)
Stoßzahlen für die radialen Lagerbereiche der Schalträder und des Zwischenrades (i=1,...,6)	ε_{ri}	(-)

A.5 Berechnung der Phasenverschiebung p_q

In Abhängigkeit davon, ob Hohlrad- oder Sonnenrad angetrieben werden und die Planetenradzähnezahl eine gerade oder eine ungerade
Zähnezahl darstellt, müssen vier Fälle F1 bis F4 unterschieden
werden :

    F1 :   gerade Planetenradzähnezahl, treibendes Sonnenrad

    F2 :   gerade Planetenradzähnezahl, treibendes Hohlrad

    F3 :   ungerade Planetenradzähnezahl, treibendes Sonnenrad

    F4 :   ungerade Planetenradzähnezahl, treibendes Hohlrad

Ferner ist zu beachten, daß i.a. der Wälzkreisdurchmesser und die
mit ihm zusammenhängenden Parameter für die Paarungen Planetenrad-
Sonnenrad (kurz P-S) und Planetenrad-Hohlrad (kurz P-H) unterschiedliche Werte annehmen. Entsprechend den vier Fällen erhält
man für p_q

$$F1 : \quad p_q = g_{f1} - g_{f2} + u_{1,I} + u_{1,II'}$$

$$F2 : \quad p_q = g_{f2} - g_{f1} - u_{1,I} - u_{1,II} + g_{\alpha,I} - g_{\alpha,II'}$$

$$F3 : \quad p_q = g_{f1} - g_{f2} - u_2 + u_{1,I'}$$

$$F4 : \quad p_q = g_{f2} - g_{f1} + u_2 - u_{1,I} + g_{\alpha,1} - g_{\alpha,II}.$$

Es gelten folgende Abkürzungen, wobei die den Zahneingriffen zwischen Planetenrad und Hohlrad bzw. zwischen Planetenrad und Sonnenrad entsprechenden Parameter und Abkürzungen mit den Indizes I bzw.
II gekennzeichnet sind.

$$g_{f,I} \; = 0.5 \cdot (- \sqrt{d_{a,H}^2 - d_{b,H}^2} + d_{b,H} \cdot tg\alpha_{W,I}),$$

$$g_{f,II} = 0.5 \cdot (\sqrt{d_{a,P}^2 - d_{b,P}^2} - d_{b,P} \cdot tg\alpha_{W,II}),$$

$$g_{\alpha,I} \; = 0.5 \cdot (\sqrt{d_{a,P}^2 - d_{b,P}^2} - \sqrt{d_{a,H}^2 - d_{b,H}^2}) + a \cdot sin\alpha_{W,I'}$$

$$g_{\alpha,II} = 0.5 \cdot (\sqrt{d_{a,S}^2 - d_{b,S}^2} + \sqrt{d_{a,P}^2 - d_{b,P}^2}) - a \cdot sin\alpha_{W,II'}$$

$$u_{1,I} = 0.5 \cdot d_{W,P,I} \cdot \sin \vartheta_{P,I} \cdot \cos \alpha_{W,I},$$

$$u_{1,II} = 0.5 \cdot d_{W,P,II} \cdot \sin \vartheta_{P,II} \cdot \cos \alpha_{W,II},$$

$$u_{2} = 0.5 \cdot d_{W,H} \cdot \sin \vartheta_{H} \cdot \cos \alpha_{W,I}.$$

Die Parameter in den obigen Gleichungen lauten :

$d_{a,P}$, $d_{a,H}$, $d_{a,S}$: Kopfkreisdurchmesser von Planetenrad, Hohlrad und Sonnenrad

$d_{b,P}$, $d_{b,H}$, $d_{b,S}$: Grundkreisdurchmesser von Planetenrad, Hohlrad und Sonnenrad

$\alpha_{W,I}$: Betriebseingriffswinkel (Eingriff P-H)

$\alpha_{W,II}$: Betriebseingriffswinkel (Eingriff P-S)

a : Betriebsachsabstand (positiv zu nehmen)

$d_{W,P,I}$: Wälzkreisdurchmesser des Planetenrades (Eingriff P-H)

$d_{W,P,II}$: Wälzkreisdurchmesser des Planetenrades (Eingriff P-S)

$\vartheta_{P,I}$: halber Zahndickenwinkel am Wälzkreis des Planetenrades (Eingriff P-H)

$\vartheta_{P,II}$: halber Zahndickenwinkel am Wälzkreis des Planetenrades (Eingriff P-S)

ϑ_{H} : halber Zahndickenwinkel am Wälzkreis des Hohlrades

Für einen Werkzeugeingriffswinkel von 20° erhält man zur Berechnung der halben Zahndickenwinkel die Beziehungen

$$\vartheta_{P,I} = \frac{1}{Z_P} \cdot (\frac{\pi}{2} + 0,728 \cdot x_P) + 0,0149 - \operatorname{inv}(\alpha_{W,I}),$$

$$\vartheta_{P,II} = \frac{1}{Z_P} \cdot (\frac{\pi}{2} + 0,728 \cdot x_P) + 0,0149 - \operatorname{inv}(\alpha_{W,II}),$$

$$\vartheta_{H} = \frac{1}{Z_H} \cdot (\frac{\pi}{2} + 0,728 \cdot x_H) - 0,0149 + \operatorname{inv}(\alpha_{W,I}),$$

mit

Z_P: Planetenradzähnezahl

Z_H: Hohlradzähnezahl

x_P: Profilverschiebungsfaktor des Planetenrades

x_H: Profilverschiebungsfaktor des Hohlrades

Bei der Berechnung der Evolventenfunktion inv(α) gilt die
Beziehung

$$\text{inv}(\alpha) = \text{tg}\alpha - \alpha.$$

Sachverzeichnis